GS1 System
and Product Traceability

# GS1系统与产品追溯

张成海◎编著

清華大學出版社
北京

**图书在版编目（CIP）数据**

GS1 系统与产品追溯 / 张成海编著. -- 北京 ： 清华大学出版社, 2025.4.
ISBN 978-7-302-69050-4

Ⅰ. TN911.21

中国国家版本馆 CIP 数据核字第 202544LX86 号

**责任编辑：** 吴 雷
**封面设计：** 李召霞
**责任校对：** 宋玉莲
**责任印制：** 刘 菲
**出版发行：** 清华大学出版社

**网　　址：** https://www.tup.com.cn，https://www.wqxuetang.com
**地　　址：** 北京清华大学学研大厦 A 座　　**邮　　编：** 100084
**社 总 机：** 010-83470000　　**邮　　购：** 010-62786544
**投稿与读者服务：** 010-62776969，c-service@tup.tsinghua.edu.cn
**质 量 反 馈：** 010-62772015，zhiliang@tup.tsinghua.edu.cn

**印 装 者：** 北京同文印刷有限责任公司
**经　　销：** 全国新华书店
**开　　本：** 185mm×260mm　　**印　张：** 17.25　　**字　　数：** 399 千字
**版　　次：** 2025 年 5 月第 1 版　　**印　　次：** 2025 年 5 月第 1 次印刷
**定　　价：** 89.00 元

---

产品编号：109969-01

PREFACE

# 前言

GS1 系统又称“全球统一标识系统”，是国际物品编码组织 GS1 负责开发和维护的应用于全球商贸领域通用的、标准化的商务语言，是全球商贸领域应用最为广泛的供应链管理标准和数字化解决方案。GS1 系统为供应链中不同层级的贸易项目（产品与服务）、物流单元、资产、位置、单证、服务关系及其他特殊领域对象提供全球唯一的编码标识，并且集条码和 EPC（产品电子代码）/RFID 标签等信息载体技术以及电子数据交换（EDI）、全球产品分类（GPC）、全球数据同步（GDS）、产品电子代码（EPC）、产品电子代码信息服务（EPCIS）等信息共享技术为一体，服务于供应链全过程信息的标识、采集与共享。

GS1 系统包含一套完整的编码体系、供应链中成熟应用的条码和射频识别技术，提供了供应链中标识主数据、业务交易数据和可见性事件数据共享标准与方法，分别解决了供应链中信息标识、自动采集以及信息交互等问题。

经过 40 多年的发展，目前 GS1 系统在全球 150 多个国家和地区广泛应用于贸易、物流、电子商务、电子政务等领域，尤其是在日用品、食品、医疗、纺织、建材等行业的应用更为普及，已成为全球通用的商务语言。无论是超市、仓库还是医院、学校、政府机关，无论是线上交易、移动支付还是工业制造、军事国防、农业生产、产品追溯，到处都可以见到 GS1 系统的身影，并且随着信息技术的发展，GS1 系统的应用会更加广泛。

GS1 早在 2017 年就制定了《GS1 全球追溯标准——GS1 供应链互操作追溯系统设计框架》及相关的数据共享标准 EPCIS，并在全球范围内得到了广泛应用。至今，GS1 已经制定了《GS1 全球追溯标准》《GS1 全球追溯关键控制点和一致性准则》等标准，并针对行业特点制定了《生鲜果蔬追溯指南》《肉类追溯指南》《鱼类追溯指南》等文件，为政府和企业建立追溯体系提供了借鉴。

我国 GS1 系统由中国物品编码中心负责组织实施和推广。中国物品编码中心自 1988 年成立以来，将商品条码作为 GS1 系统的核心，在我国大力推广商品条码、物品编码与自动识别技术。我国的商品条码，从早期满足产品出口对条码的需求，拓展到解决商业流通自动化需求、满足零售以外的行业和领域应用，直到目前满足网络经济和政府监管的需求。

随着食品安全问题的凸显，中国物品编码中心及时启动了基于 GS1 系统的食品安全追溯技术研究和系统建设工作，并取得了诸多成果。在技术研究与标准化方面，相继出版了《牛肉产品跟踪与追溯指南》《水果、蔬菜跟踪与追溯指南》《食品安全追溯应用案例集》等书籍；制定了《食品追溯信息编码与标识规范》《食品可追溯性通用技术规范》《食品追溯信息系统应用开发指南》等相关标准。同时，中国物品编码中心在全国范围内实施“条码推进工程”，先后在陕西、北京、上海、山东等地开展食品追溯技术研究和试点。同时，中国物品编码中心也建立了我国食品安全追溯信息平台，及时为社会提供食品安全追溯相关信息的查询及相关服务。

本书通过对 GS1 系统、GS1 系统中与追溯有关的标准和指南进行综合性介绍，不仅有利于 GS1 系统的宣传、普及和推广，而且有利于推动 GS1 系统在追溯领域的广泛应用，同时也为推进国家编码标识标准化工作发挥重要作用。

本书在国内首次公开引入的“GS1 系统架构”，对 GS1 系统在我国及全球的推广应用具有里程碑的意义。“GS1 系统架构”作为全球范围的标识、采集和共享技术标准，是 GS1 系统的核心内容，可为产品全流程追溯提供完备的技术标准支持；GS1 系统中的追溯应用标准和追溯指南，则能够为实现全球范围内的产品追溯，以及我国商品流通、国际贸易、跨境电商提供具体实施的技术指引；GS1 系统中的数据服务和解决方案也可为产品追溯提供有力支持。

本书将 GS1 系统、GS1 标准与我国产品追溯的发展现状相结合，为实施产品追溯的组织机构、平台系统、管理技术人员提供一套基于 GS1 系统的追溯解决方案。目前，产品追溯技术已经应用到各行各业，如食品安全、医药产品、化妆品、电子产品等领域。将 GS1 系统融入产品追溯系统，对提升追溯的时效性、追溯的精度、追溯系统的标准化程度都有着巨大现实意义。

本书对产品追溯链中的技术、标准、流程等进行专项介绍的同时，又将 GS1 系统中涉及水果、蔬菜、肉、鱼以及医药产品等技术指南进行了编译，在系统介绍 GS1 标识、采集、数据共享体系的基础上，全面分析 GS1 系统在产品追溯中的具体应用，对我国产品追溯系统建设具有指导意义。

本书在对 GS1 应用标准中的追溯一致性标准进行专门研究的基础上，向国内读者系统详细地介绍了如何评估产品追溯系统的规划设计、建设实施、监督评估的具体操作流程和方法，对提升我国产品追溯系统的质量和水平具有重大意义。

本书针对我国追溯系统建设中的共性问题，专门介绍了 GS1 标准体系中“数据共享”的技术标准，产品电子代码信息服务（Electronic Product Code Information Service，EPCIS）规定了可视化数据的通用数据模型，以及在企业内部和开放供应链中采集和共享可视化数据的接口，旨在使不同应用能够在企业内部和企业间创建和共享可视化事件数据。最终，这种共享可以使用户能够在相关业务环境中获得物理或数字对象的共享视图。

全书共分为 12 章，按照标准、应用、评估三个层次展开。第 1—5 章主要介绍 GS1 系统中与追溯有关的技术标准和应用标准，包括标识标准、采集标准、共享标准和追溯标准，尤其是引入了共享标准中的 EPCIS 以及相关的关键业务词汇 CBV；第 6—10 章主要介绍 GS1 标准在行业中的追溯应用方案，选取了社会上广泛关注的肉类、生鲜果蔬、海产品、药品等民生产品，系统介绍了 GS1 标准在这些产品追溯系统中的应用；第 11 章介绍了追溯一致性评估标准，第 12 章分析了我国追溯工作中存在的问题及成因，提出了相应的解决方案。

本书由中国物品编码中心张成海编著。参与本书编写的主要人员还有李素彩、孙小云、赵守香、张铎、张秋霞。中国物品编码中心王春光、石新宇、卿萍秀、韩洁、吴新敏、贾建华、梁栋、苏晓翠，北京交通大学周建勤、侯汉平，深圳市标准技术研究院徐立峰，北京服装学院张倩等，也参与了本书的编写。

本书在编写过程中，借鉴了国内外许多专家学者的学术观点，并且参阅了许多报刊媒体和网站的报道资料，在此特别鸣谢。

由于时间仓促，水平有限，书中难免有不妥之处，敬请读者批评指正。

编著者
2025 年 3 月

CONTENTS

# 目录

第 1 章

CHAPTER 1

# 产品追溯概述

## 1.1　追溯的起源与发展

追溯就是跟踪目标对象历史、应用、位置的一种能力。当对象为产品时，产品追溯与原材料和成分、加工历史，以及交货后产品的分布和位置相关。产品追溯是保障产品质量安全的一项重要措施，是基于风险管理的安全保障体系和信息记录体系，是“事前防范、事后补救”的重要手段。一旦发生问题，向前一步，即可对问题产品实现溯源，准确查出问题环节，直至追溯到生产源头；向后一步，即可按照从原料、成品、上市到最终消费整个链条所记载的信息向下进行追溯召回。为了方便读者更好地理解本书的相关内容，本节首先对基本的追溯概念进行阐述。

### 1.1.1　追溯及追溯系统

#### 1. 追溯的含义

“追溯”一词英文为“traceability”，中文有时也翻译为“追踪”“可追溯性”或“溯源”。国际上，关于“追溯”的早期定义来自国际食品法典委员会（Codex Alimentarius Commission，CAC）与国际标准化组织制定的国际标准 ISO 8042：1994《质量管理和质量保证——基础和术语》：“通过记载的信息，追踪实体的历史、应用情况和所处场所的能力。”目前，对“追溯”公认使用较多的定义是 ISO 9000：2015《质量管理体系基础和术语》中给出的，“追溯客体的历史、使用情况和所处位置的能力（注：当考虑产品或服务时，可追溯性可能涉及原材料和零部件的来源、加工的历史以及产品交付后的分销和所处位置）”。

欧盟委员会从食品角度界定“可追溯性”：在食品生产、加工、销售、运输等所有的一系列环节中，对这一系列过程可能涉及的物质进行追踪的能力，这些物质包括食品、禽畜、饲料，甚至是有可能成为饲料或者食品成分的一切物质。

美国生产与物流管理协会（APICS）从物流角度定义“可追溯性”：“可追溯性具有双重含义：一是指能够确定运输中的货物的位置，二是通过批号或系列号记录和追踪零部件、过程和原材料。”

美国农业部（USDA）从动物疾病追溯方向解释“可追溯性”：“动物疾病追溯是一种了解患病或处于危险中的动物在哪里、它们去过哪里以及何时去过的过程。这一过程在帮助对动物疾病事件作出快速反应、减少涉及调查的动物数量、最大限度地减少反应时间，以及降低生产商和政府的成本和影响方面至关重要。”

日本农林水产省在《食品可追溯制度指南》（简称《指南》）中将“食品可追溯性”定义为：“在生产、处理和加工、流通和销售的食品供应链的各阶段，能够跟踪和追溯食品及其信息的能力。”2010 年修改后的《指南》采用国际食品法典委员会 CAC 的定义。

中国良好农业规范（China GAP）中对“追溯”的定义为：“通过记录证明来追溯产品的历史、使用和所在位置的能力（即材料和成分的来源、产品的加工历史、产品交货后的分销和安排等）。”2019 年，我国发布的 GB/T 38155-2019《重要产品追溯 追溯术语》中将“追溯”定义为：“通过记录和标识，追踪和溯源客体的历史、应用情况和所处位置的活动。”本书采用该标准所提出的定义。

**2. 追溯系统**

追溯系统是一种用于记录、跟踪和管理产品从原材料采购、生产加工、包装、物流、销售到消费者手中的整个生命周期的信息系统。其核心目的是确保产品在供应链中的每一个环节都能被有效监控和追踪，从而提高产品质量、保障消费者权益、增强企业信誉，并满足法规的要求。产品追溯系统具备以下条件：

（1）具有唯一的追溯编码；

（2）可实现多点外部追溯；

（3）符合国家追溯系统建设要求。

上述条件体现了追溯系统的基本特征，既具有唯一标识产品的追溯码，同时又能实现供应链中两个环节（生产、加工、批发、销售、消费等）以上的追溯；符合国家对追溯系统和编码等标准化建设的要求。

### 1.1.2 追溯的起源

追溯最早是在食品行业提出的。1996 年在英国暴发的“疯牛病”是可追溯体系产生及其在国际范围内发展的导火索。其最初由欧盟国家在国际食品法典委员会（CAC）生物技术食品政府间特别工作组会议上提出，旨在将部分或整体食品供应链的相关信息透明化。一旦发现危及人体健康安全问题时，可以根据从农田到餐桌全过程中各个环节所必需记载的信息，追踪流向，实现问题产品的快速召回。

随着欧盟、美国、日本等发达国家都积极采用现代信息技术探索并实施食品全程可追溯体系，我国政府也紧跟国际，将之作为保障食品质量安全的重要手段，并由食品扩展到其他产品领域，在全国范围内大力推进重要产品追溯体系建设，从而更有效地保障产品质量安全，提升广大消费者信心。

### 1.1.3 追溯的发展

国际上，追溯制度的构建始于 20 世纪 80 年代末 90 年代初，目前欧盟、美国和日本等发达国家都建立了比较完善的农产品、食品追溯法规体系，有些扩展到药品、化妆品等重要消费品，并要求能够实现全供应链过程的追溯。

### 1. 欧盟产品追溯

1997 年，在以英国“疯牛病”危机为代表的食源性恶性事件在全球频繁发生的背景下，欧盟国家提出，应建立食品安全信息传递、控制食源性疾病危害和保障消费者利益的信息记录体系，也就是可追溯管理体系。它由最开始的只是针对牛肉产品，后面逐步扩大到包括水果、蔬菜、水产品、酒类和饮料、蛋品、转基因食品和转基因饲料产品、有机产品、鱼类和水产品等领域，目前已形成以《EC No.178/2002 法规》为核心较为完善的农产品/食品质量安全追溯法规体系。

《EC No.178/2002 法规》也称为《欧盟一般食品法》，涵盖了欧盟食品和饲料链条上的追溯体系等相关内容，是欧盟食品安全相关法律体系中关于食品追溯的核心法案，2004 年欧盟又发布了《EC No.178/2002 法规相关条款实施指南》针对每一条款分别从依据、含义、贡献和影响等角度详细分析和阐述并给出实施建议。

《EC No.178/2002 法规》于 2005 年 1 月 1 日正式生效。其中条款 18 直接规定在欧盟销售的所有食品都必须可追溯，即在生产、加工及销售的各个环节中，企业对食品、饲料、食用性动物及有可能成为食品或饲料组成成分的所有物质提供保证措施和数据并加贴追溯标签，确保其安全性和追溯性，特别强调没有加贴可追溯标签的肉类食品坚决不能上市交易。

欧盟法规里强调全供应链的追溯。如《欧盟食品及饲料安全管理法规》（2006）中涵盖了“从田间到餐桌”的整个食物链，实现了从初级原料、生产加工环节、终端上市产品到售后质量安全反馈的无缝隙衔接，对食品添加剂、动物饲料、植物卫生、食品链污染和动物卫生等易发生食品质量安全问题的薄弱环节都进行了重点规定。

欧盟强调安全认证体系的作用。在 2000 年发布的《食品安全白皮书》中明确指出要落实食物链中各参与主体的任务和责任。采用危害分析及关键控制点（hazard analysis and critical control point，HACCP）的食品安全认证体系，可给消费者提供足够的食品安全和风险及其他所需的信息，追溯的关键环节包括农产品的生产、加工、销售等。《EC No.852/2004 法规》（也称《欧盟食品卫生法》）中也全面推行 HACCP 体系。

欧盟将可持续发展引入可追溯认证。2017 年 4 月 19 日起，欧盟对进口有机产品实施的电子认证制度，旨在强化对进口有机产品的追溯、打击食品掺假、确保数据的真实性。2022 年 3 月 30 日，欧盟委员会通过了《可持续产品生态设计法规》（*Eco-design for Sustainable Product Regulation*，ESPR）提案，旨在创建一个强大而连贯的政策框架，使可持续产品成为欧盟的规范。它作为 ESPR 提案的一部分，引入了产品数字护照（digital product passport，DPP）的概念。产品数字护照（DPP）是指针对商品整个生命周期以数字方式收集和记录到的产品最重要信息的集成，并通过扫描二维码的形式获取相关数据。产品数字护照包括产品性能、产品可追溯性、符合性声明、技术文件、用户手册以及制造商、进口商或授权代表相关信息。它将增强产品的可追溯性，并允许消费者和制造商访问有关特定产品及其来源的所有信息。其本质是一组特定于产品的、可通过数据载体进行电子访问的数据集，通过数据载体链接唯一标识符，主要采集核验产品从设计、制造、物流、使用、回收所关联的各类绿色可持续信息，在跨国贸易和流通中证明产品的产地、身份及可持续水平。

**2. 美国产品追溯**

美国产品追溯首先是从食品追溯开始，逐渐扩展到农产品、水产品、药品、化妆品和其他消费品。美国强调全供应链的追溯，将食品供应链可追溯体系分为三个环节：产品生产环节、包装加工环节和运输销售环节。整个食品追溯体系分布在从国家安全到产品安全和食品市场管理等各方面的法律法规中。这些法律法规覆盖了所有食品，为食品质量安全制定了非常具体的标准以及监管程序。

美国食品安全立法始于 1906 年颁布的《食品药品法》《肉类制品监督法》。随后制定的《联邦食品药品化妆品法案》（1938）对食品药品监督管理局进行了授权，并在加工生产环境和卫生条件、企业资质认证、标准监管程序、食品掺假和贴标错误、紧急召回食品控制等方面制定了详细规则，奠定了美国食品安全监管体系的基础。

美国国会于 2002 年 6 月 12 日颁布的《生物反恐法案》将食品安全提升到国家安全战略的高度，提出“从农场到餐桌”的风险管理，要求企业建立食品安全追溯制度，要求在种植环节推行良好农业规范（good agricultural practice，GAP）管理体系，在加工环节推行良好生产规范（good manipulate practice，GMP）管理体系，以及危害分析及关键控制点（HACCP）食品质量安全认证体系。

美国《食品安全跟踪条例》（2004）要求所有与食品生产有关的企业都必须建立食品质量安全可追溯制度。此外，美国在《联邦安全和农业投资法案》给出了食品召回规定。

《FDA 食品安全现代化法案》（*Food Safety Modernization Act*，FSMA）（2011）对食品行业建立食品档案和追溯制度提出了要求，具有很强的可操作性。其配套规章《产品追溯》规定食品企业要建立生产档案和追溯制度。

2022 年 11 月 15 日，美国食品和药物监督管理局（FDA）发布了一项关于食品追溯追踪的最终规则，旨在促进更快地识别和迅速从市场上清除可能被污染的食品，从而减少食源性疾病。符合最终规则要求的食品将包含在《食品追溯追踪清单》中。《食品追溯追踪清单》包括鲜切水果和蔬菜、鲜蛋、坚果酱，以及某些新鲜水果、新鲜蔬菜、即食熟食沙拉、奶酪和海产品。规则的核心是要求制造、加工、包装或贮存食品的人员保存记录与重大追溯事件有关的关键数据元素。受规则约束的企业和农场、零售食品机构和餐馆将被要求在 24 小时内或在 FDA 同意的合理时间内向 FDA 提供相关信息。

**3. 日本追溯发展**

日本对食品安全管理较为重视，目前相关法律法规体系已经非常完善，涵盖饲料添加剂最高残留限量、农药和肥料使用、动植物防疫和控制、转基因食品标识、农产品标识和食品品质标识、食品制造过程管理、食品安全风险评估以及可追溯制度等各个方面。

早在 1950 年，日本就已经制定《农林产品标准化与适当品质标识法》（简称《JAS

法》），就此生产信息公开制度开始实施。国家对能提供以上资料的生产者实施生产信息公开 JAS 制度的认证。

在 21 世纪初暴发“疯牛病”、金黄葡萄球菌污染奶制品等农产品质量安全事故的背景下，日本开始大力推动食品的可追溯制度建设。最开始是在肉牛生产环节引入可追溯系统。

2002 年，日本颁布关于针对“疯牛病”对策的法律。该法律要求强制实施从牛的养育场到肉品包装厂的追踪。2003 年 5 月制定并开始实施《食品安全基本法》，表明日本政府要建立一套保证食品“从田间到餐桌”全过程的食品质量安全控制系统。从 2003 年起，日本将可安全追溯体系通过分销途径延伸到消费者环节。

2003 年 6 月日本通过了《牛肉可追溯法》。同年，日本颁布《食品可追溯体系指南》。2005 年至 2009 年，日本农业协作组织（简称“农协”）对通过该协会统一组织上市的肉类、蔬菜、大米等所有农产品实现可追溯。到 2010 年，日本对国内的食品基本建立了可追溯体系。

此外，韩国、澳大利亚、加拿大等国家也相继出台了相关的法律法规，对食品安全追溯做出了相应的规定。

**4. 我国产品追溯发展**

我国追溯法律制度的建设比发达国家要晚一点。随着国内食品安全问题不断出现，食品的安全可追溯率先受到我国政府部门及社会各界的重视。2009 年 6 月 1 日起，《中华人民共和国食品安全法》正式实施。该法案将食品安全问题提高到国家战略的高度，通过法律的强制性保障食品安全。同年 7 月，国务院颁布了《食品安全法实施条例》。该条例的实施，明确了食品的生产和流通必须具备可追溯性，为我国开展食品安全追溯工作提供了法律保障。

2012 年 2 月，国务院印发的《质量发展纲要（2011—2020 年）》明确规定，搭建以组织机构代码实名制为基础、以物品编码管理为溯源手段的质量信用信息平台，推动行业质量信用建设，增强产品质量安全溯源能力，建立质量安全联系点制度，健全质量安全监管长效机制。

2015 年 10 月，修订后的《中华人民共和国食品安全法》首次将“追溯”明确写入法律。其中第 42 条明确规定“国家建立食品安全全程追溯制度，食品生产经营者应当依照本法的规定，建立食品安全追溯体系，保证食品可追溯”，再次将食品的安全可追溯上升至前所未有的高度，为我国食品行业全面展开追溯体系建设提供了法律依据。此后，我国各级政府部门相继出台了一系列政策法规和文件，对包含食品在内的不同产品领域开展追溯体系建设工作提出部署和指导，也促使“十三五”时期我国各重要领域的追溯体系建设迎来了一股热潮。

2017 年 6 月 1 日新修订实施的《农药管理条例》明确要求农药标签标注可追溯电子信息码。2017 年 7 月 1 日新修订实施的《中医药法》规定要“建立中药材流通追溯体系”。2018 年 10 月 26 日修正实施的《野生动物保护法》规定需要出售、购买、利用国家重点保护野生动物及其制品的，应取得和使用专用标识，以确保可追溯。2020 年 9 月 1 日新修订实施的《固体废物污染环境防治法》明确要求如实记录工业固体废物的种类、数量、流向、贮存、利用、处置等信息。2021 年 1 月 1 日起施行的《化妆品监督管理条例》要求真实、完整记录化妆品原料以及直接接触化妆品的包装材料的进货查验和产品销售情况。2021 年 4 月 15 日起实施的《生物安全法》规定，对涉及生物安全的重要设备和特殊生物因子，要确保其可追溯。

2015 年 12 月，国务院办公厅发布《关于加快推进重要产品追溯体系建设的意见》（国办发〔2015〕95 号）（以下简称《意见》），指明了当前我国追溯体系建设工作的七大重点领域，包括食用农产品、食品、药品、农业生产资料、特种设备、危险品、稀土产品等对人民群众生命财产安全和公共安全有重大影响的产品，提出要加快推进这些重要领域的追溯体系建设。《意见》的发布为我国追溯体系建设工作提出了总体的部署和指导。

之后，我国原国家食品药品监管总局、原农业部、商务部、工业和信息化部、原国家质量监督检验检疫总局等部门，相继发布了推进相关领域追溯体系建设的相关文件，如《国家食品药品监管总局关于食用植物油生产企业食品安全追溯体系的指导意见》（食药监食监一〔2015〕280 号），《国家食品药品监管总局关于印发婴幼儿配方乳粉生产企业食品安全追溯信息记录规范的通知》（食药监食监一〔2015〕281 号），《农业部关于加快推进农产品质量安全追溯体系建设的意见》（农质发〔2016〕8 号），原国家质量监督检验检疫总局等十部门《关于开展重要产品追溯标准化工作的指导意见》（标委办农联〔2016〕124 号），《质检总局办公厅关于推进重要进出口产品质量信息追溯体系建设的意见》（质检办通〔2017〕419 号），商务部等七部委《关于推进重要产品信息化追溯体系建设的指导意见》（商秩〔2017〕53 号），《质检总局特种设备局关于在全国推广应用移动式压力容器公共服务信息追溯平台的通知》（质检特函〔2017〕38 号），《农业农村部办公厅关于做好 2018 年水产品质量安全可追溯试点和养殖经营主体动态数据库建设试点工作的通知》（农办渔〔2018〕60 号），《农业农村部关于农产品质量安全追溯与农业农村重大创建认定、农产品优质品牌推选、农产品认证、农业展会等工作挂钩的意见》（农质发〔2018〕10 号），《关于全面开展兽药追溯有关事项的公告》（中华人民共和国农业农村部公告第 174 号），《市场监管总局办公厅关于开展电梯质量安全追溯信息平台试点工作的通知》（市监特设函〔2019〕1502 号），国家药品监督管理局、国家卫生健康委员会《关于做好疫苗信息化追溯体系建设工作的通知》（药监综药管〔2019〕103 号），《国家药监局关于发布〈药品上市许可持有人和生产企业追溯基本数据集〉等 5 项信息化标准的公告》（国家药监局公告 2020 年第 26 号），《国家药监局关于做好重点品种信息化追溯体系建设工作的公告》（国家药监局公告 2020 年第 111 号），《农业农村部办公厅关于组织开展农产品质量安全追溯典型案例征集工作的通知》（农办质〔2020〕15 号）等。

地方政府部门和有关机构也纷纷以国家政策文件为指导，出台了地方的重要产品追溯工作指导文件和管理规定，如《呼和浩特市肉类蔬菜流通追溯管理办法》《上海市食品安全信息追溯管理办法》《甘肃省食品安全追溯管理办法》《福建省食品安全信息追溯管理办法》《湖北省食品安全信息追溯管理办法》《山东省药品监督管理局关于进一步做好药品信息化追溯体系建设工作的通知》《大连市药品医疗器械经营企业进销存信息全程追溯的实施方案》等。

我国政府高度重视冷链食品追溯管理工作。2020 年 11 月，国务院发布《关于进一步做好冷链食品追溯管理工作的通知》，明确要求“建立和完善由国家级平台、省级平台和企业级平台组成的冷链食品追溯管理系统”，冷链食品出现质量安全问题后，各地监管部门利用省级平台对同批次冷链食品的流向进行溯源倒查和精准定位，并通过国家平台上报关键信息。2021 年 11 月，国务院发布《“十四五”冷链物流发展规划》（以下简称《规划》）。《规划》中明确提出要加快建设冷链追溯监管平台，目标是“到 2025 年建成覆盖冷链产品重点品类、流通全链条、内外贸一体化的全国冷链食品追溯管理平台”。要实行农产品、食品溯源凭证机制，不得收储无来源农产品、食品。要利用智能感知、卫星定位、区块链等技术，建设真实、及时、可信的智慧追溯系统。《规划》将冷链物流追溯体系建设提高到国家发展规划的战略高度，为“十四五”期间我国追溯体系建设工作作出重要部署。

### 1.1.4　我国追溯体系建设

在追溯试点建设方面，我国工作的主要开展模式是以各政府部门为主导，以各部门自身业务范围为核心，围绕食用农产品、食品、药品等重要产品，积极推进相关领域追溯体系建设。

**1. 国家层面**

商务部建立了肉菜、中药材、酒类三类产品流通追溯体系。肉菜方面，2010 年以来，商务部会同财政部分五批在 58 个大中型城市开展肉菜流通追溯体系建设试点。2018 年，58 个试点建设工作顺利完成，初步实现了试点范围内肉类蔬菜的来源可追溯、去向可查证、责任可追究，有效提升了流通领域的肉菜安全保障能力。中药材方面，2012 年以来，商务部分三批在 18 个省市开展中药材流通追溯体系建设试点。2018 年，试点全部完成考核验收并转入常态化运行，消费者可通过手机、互联网、终端查询机等途径，在任何时间、地点了解到所购买中药材的流通信息，使试点范围内的中药材和饮片形成了来源可追溯、去向可查证、责任可追究的全程追溯链条。酒类方面，商务部探索建设了酒类商品流通追溯体系，鼓励利用无线射频（RFID）、二维码等技术，便于消费者查询酒类追溯信息，初步在茅台、五粮液、古井等 8 家企业建成了酒类追溯体系。另外，商务部还发挥国家重要产品追溯体系建设牵头作用，推动建设覆盖中央、省、市（及部分具备条件的县）各级重要产品追溯管理平台。2016 年，商务部在山东、上海、宁夏和厦门四地开展重要产品追溯体系建设示范工作，在肉菜、中药材基础上开展特色产品和乳制品追溯体系建设。2018 年，商务部总结四地经验，编制《重要产品追溯管理平台建设指南（试行）》并发放给全国各地商务部门，用于指导当地的重要产品追溯管理平台建设工作。

农业农村部开展了农产品及农资追溯体系建设。农产品方面，农垦追溯系统发展较成熟。原农业部农垦局早在 2003 年左右就开始在全国农垦系统内启动农产品追溯工作，2008 年在有关部门的大力支持下，正式实施“农垦农产品质量追溯系统建设项目”，截至 2014 年年底，农垦农产品质量追溯系统建设企业达到 344 家。农垦农产品追溯发展带动了种植业产品、水产品、畜禽产品等其他农产品的追溯发展。2016 年 6 月 21 日，原农业部出台《关于加快推进农产品质量安全追溯体系建设的意见》(农质发〔2016〕8 号)，选择苹果、茶叶、猪肉、生鲜乳、大菱鲆等几类农产品统一开展追溯试点，逐步扩大追溯范围，力争“十三五”末农业产业化国家重点龙头企业、有条件的“菜篮子”产品及“三品一标”规模生产主体率先实现可追溯。同年，原农业部新启动了国家农产品质量安全追溯管理信息平台建设工作，并于 2017 年 7 月正式上线，率先在四川、山东、广东 3 个省份开展试运行。2018 年，国家农产品质量安全追溯管理信息平台建成并全面运行。截至 2021 年 4 月 30 日，国家农产品追溯平台与 28 个省级农产品质量安全追溯平台和农垦行业平台基本实现了对接，申请注册的企业 25.18 万家，审核通过 22.08 万家，社会访问量累计达到 5820 万次，覆盖产品种类 1472 个，入驻企业及其产品追溯赋码 94.4 万批次。农资方面，2013 年起原农业部积极推进兽药、种子、农药等主要农资追溯体系的建设。兽药方面，2013 年原农业部建设了“国家兽药产品追溯信息系统”，该追溯系统可实现对兽药产品的全过程追溯管理。2020 年，兽药生产环节已实现企业和产品追溯全覆盖，经营环节企业注册入网率 100%，追溯实施率 97%。种子方面，原农业部种子局建立了全国种子可追溯试点查询平台，2014 年 12 月 21 日起试运行。2015 年 1 月 16 日，原农业部发布《农业部关于进一步加强种子市场监管工作的通知》(农种发〔2015〕1 号)，指出将进一步扩大种子质量可追溯试点范围，引导农民使用全国种子可追溯试点查询平台辨别种子真伪。农药方面，推行高毒农药定点经营和实名购买制度，2014 年原农业部在河北、浙江、江西、山东、陕西 5 省实施高毒农药定点经营示范项目；推动农药企业使用电子追溯码，2021 年生产企业基本落实了“一瓶一码”(一个农药最小包装对应一个唯一的二维码)的要求，实现农药产品质量可追溯。

国家市场监督管理总局开展了食品和特种设备追溯体系建设。食品方面，原国家质量监督检验检疫总局(现国家市场监督管理总局，下同)于 2006 年左右就启动了食品安全信息追溯平台的建设，开发了信息综合查询系统，建立了新疆瓜果、四川茶叶、山东蔬菜等 100 多个具有地方特色的食品安全追溯应用示范。2012 年，原国家质量监督检验检疫总局正式启用进口食品进出口商备案系统，实现了对进口食品境外出口商、境内进口商、境内销售的全过程信息记录和双向追溯，初步建立了我国进口食品信息追溯体系。2020 年 12 月，为加强进口冷链食品“物防”工作，国家市场监督管理总局建设并上线运行全国进口冷链食品追溯管理平台，推动全国 31 个省份全部建成省级追溯平台，并于 2021 年实现全部省级平台与国家平台数据对接、国家平台与海关总署数据对接。特种设备方面，2017 年，原国家质量监督检验检疫总局大力推进电梯、移动式压力容器、气瓶等产品的追溯平台建设，对全国 31 个省(区、市)超过 95%的移动式压力容器实现信息化管理，新出厂液化石油气瓶制造信息追溯实现全覆盖。

工业和信息化部大力推进婴幼儿配方乳粉、食盐、白酒、稀土等重要产品追溯体系建设。婴幼儿配方乳粉方面，2013 年起，工信部在伊利、蒙牛等婴幼儿配方乳粉企业利用二维码开展追溯体系建设试点，开通食品工业企业质量安全追溯平台，截至 2018 年 6 月底，9 家试点企业共向平台上传 5.7 亿条产品数据，消费者可通过智能手机、平台网站对试点企业婴幼儿配方乳粉产品相关信息进行实时追溯和查询。2019 年，“婴配乳粉追溯”小程序上线，标志着国产婴幼儿配方乳粉追溯体系基本建设完成。2022 年 1 月，工信部将进一步提升婴配乳粉追溯数据查询率作为 2022 年追溯体系建设工作的重点任务。食盐方面，2016 年年底，工信部建设完成全国食盐电子防伪追溯平台，截至 2020 年 8 月，全国共有 113 家食盐定点生产企业和 836 家食盐定点批发企业建设完成食盐电子追溯系统，平台累计发码 41 亿枚，消费者可以通过扫描包装袋上的二维码查询产品信息。白酒方面，2019 年 5 月，工信部启动全国白酒质量安全追溯体系建设试点工作，选择江小白、泸州老窖、汾酒等 12 家酒企作为试点单位，并将加快建立和完善全国酒业防伪追溯平台。稀土方面，2019 年 9 月，工信部原材料工业司委托中国电子信息产业发展研究院召开了稀土产品追溯体系技术培训会，六家稀土集团参加。2022 年 1 月，发布《工业和信息化部自然资源部关于下达 2022 年第一批稀土开采、冶炼分离总量控制指标的通知》，明确要求稀土企业加快建设企业内部追溯系统。

其他部门和组织也积极推进各重要产品追溯平台建设。例如，原国家食药监局、公安部、原农业部等 8 部门 2004 年将肉类行业确定为食品安全信用系统建设试点行业，启动肉类食品追溯制度和系统建设项目，出台了《肉类制品跟踪与追溯应用指南》《生鲜产品跟踪与追溯应用指南》，制定了我国肉类食品追溯应用解决方案等。2012 年，原国家安全监管总局会同公安部建成的全国烟花爆竹流向管理信息系统投入运行。同年，原国家质量监督检验检疫总局正式启用进口食品进出口商备案系统，实现了对进口食品境外出口商、境内进口商、境内销售的全过程信息记录和双向追溯，初步建立了我国进口食品信息追溯体系。2014 年，中华全国供销合作总社选择无锡市供销合作社作为“农资物联网”示范基地，到 2015 年，实现了无锡区域“农资物联网”技术应用范围的农资销售有记录、去向可跟踪、信息可查询、责任可追溯。2019 年原国家食药监局完成国家疫苗追溯协同服务平台的设计、开发和测试工作，天津市已率先完成疫苗追溯监管平台建设，并成功与协同平台对接，上海、江苏等部分省市作为疫苗追溯建设试点省份已上线试运行，目前已形成北京、天津、上海、海南等可借鉴的先行经验。

**2. 地方层面**

与此同时，地方农业、商务、食药监等部门也纷纷建立了地方性的政府追溯平台或系统。

2003 年，上海市商务委员会建立了食用农产品流通安全追溯系统，实现食用农产品“从农田到餐桌”的质量控制。该系统追溯对象以肉类和蔬菜为主，包括：蔬菜、畜禽、禽蛋、粮食、瓜果、食用菌六大类。

2004 年，北京市农业局（现北京市农业农村局，下同）、河北省农业厅（现河北省农业农村厅，下同）一起承担了原农业部（现农业农村部，下同）的“进京蔬菜产品质量追溯制度试点项目”，让河北 6 县市蔬菜试点基地使用统一信息码，向北京新发地和大洋路两个批发市场供货；上海市畜牧部门依据《上海市动物免疫标识管理办法》，给猪、牛、羊等畜牧产品的养殖、加工、销售建立档案。同年，山东省潍坊市寿光田苑蔬菜基地和洛城蔬菜基地实施“蔬菜安全可追溯性信息系统研究及应用示范工程”，以 EAN/UCC（现改名 GS1）编码系统为主导能自动识别蔬菜的包装、仓储、运输、销售、购买及消费的全过程，大大提高了绿色蔬菜的质量控制水平。

2005 年，上海市商务委员会建立活禽、冷鲜禽流通安全信息追溯体系。同年 9 月北京市农业局开发使用了食用农产品质量安全追溯系统，并在顺义区开始实施蔬菜分级包装和质量安全可追溯制度，消费者可在市农业局网站上通过包装箱上的条码直接查询蔬菜生产流通过程的信息。该系统的主要功能是实现农产品生产、包装、储运和销售全过程的信息跟踪。与此同时，济南市食品安全信用体系建设试点工作启动。

2008 年，北京市推出奥运食品可追溯系统来保障奥运食品安全，采用 RFID 标识、GPS、自动控制等现代信息技术，记录奥运食品从生产基地到最终消费地的全程跟踪信息。

2010 年，原广东省海洋与渔业局运营的水产品质量安全追溯网，其追溯主要以水产品为研究对象，将溯源技术应用于“从养殖到餐桌”的全过程中按照水产品生产流程，将消费者关心的养殖、加工、包装、检验、运输、销售等作为供应链的追溯环节，采用 GS1 系统对水产品供应链全过程的每一个节点进行有效的标识，以实施跟踪与溯源，并以电话、网络、短信向公众提供追溯查询服务、认证监管服务和防伪服务。

2011 年，原广东省海洋与渔业局推出关于广东省水产品标识管理实施细则，规定水产品标识的内容应包括产品名称、产地、规格、生产日期和生产者（销售者）及其地址、联系电话等。

2012 年，山东省济南市响应商务部的号召，设计并实施了肉菜流通追溯系统，实现了产品在各环节流通数据的采集，并通过将这些数据汇总到济南市肉菜追溯管理平台，实现全供应链追溯信息的获取与分析，有助于促进肉菜质量安全管理。

2013 年，由北京农业信息技术研究中心和山东省滨州市科技局联合开发的黄河三角洲农产品安全追溯平台投入使用，面向农产品监管、生产、流通、销售等环节存在的主要问题和实际需求，集成和应用现代农业信息技术，构建农产品质量管理与溯源技术体系。

2015 年陕西省榆林市在全市建立了农产品质量安全监管追溯系统，因此榆林被农业农村部列为全国唯一实行了整市推进农产品质量安全追溯系统的建设试点城市。

2019 年起，青海省在 10 个试点县开展牦牛藏羊可追溯工程建设，给牛羊佩戴电子耳标，以实现牦牛藏羊及其产品的全程可追溯。辽宁省专门建设“辽宁省特种设备质量安全追溯管理系统”用于录入特种设备关键数据，并于 2020 年 10 月起试运行。

2021 年 4 月，安徽省研发并推广“食安蚌埠”追溯平台，积极构建市场监管与商务、农业部门互通追溯体系。2021 年 9 月，上海、江苏、浙江、安徽四省份市场监管总局联合开展长三角地区保健食品安全信息追溯管理工作，在上海、南京、无锡、杭州、宁波、合肥六个试点城市的保健食品生产企业中，选择 2～3 家开展试点，每家试点企业选择 2～3 个试点品种，在产品外包装上提供二维码供消费者查询食品安全追溯信息。

进口冷链食品追溯管理方面，2020 年，在国家市场监督管理总局的推动下，31 个省份的市场监管部门全部建成省级进口冷链食品追溯管理平台，并与国家级追溯平台实现数据对接。例如，2020 年 6 月 22 日，浙江发布冷链食品追溯系统“浙冷链”，实现对所有进入浙江的进口冷链食品从供应链首站到消费环节产品最小包装的闭环追溯管理。2021 年 12 月，“浙冷链”升级至 2.0 版，覆盖所有进口冷链食品和国产肉类水产。

2020年11月1日，北京冷链食品追溯平台正式推出，进口冷藏冷冻肉类、水产品需上传追溯数据，并落实电子追溯码赋码、贴码后才能上市销售。2021年2月12日起，赋码品种范围扩大到全部储存温度在0度以下（含0度）的进口冷链食品。2020年11月30日，云南省上线冷链食品追溯平台“云智溯”，省外采购进口冷藏冷冻肉类、水产品并运入云南省的进口冷链食品生产经营单位在“云智溯”中上传相关产品品种、规格、批次、产地、检验检疫等追溯数据，并使用“云智溯”按批次为相关产品进行电子追溯码赋码。2022年1月，进入昆明市存储、销售、加工的进口水果也必须在“云智溯”上传相关证明材料。

### 3. 行业发展层面

第三方系统服务商、标准化机构等也加入追溯平台建设的大军，全国建立了成百上千个追溯平台，“追溯”一词成为高频词汇，成为社会关注的热点。例如，追溯云信息发展股份有限公司开发的第三方重要产品追溯服务平台“追溯云”，为企业提供追溯服务并与政府平台对接，品类覆盖蔬菜、肉类、水果、粮油、茶叶饮品等。由中国物品编码中心建设的中国食品（产品）安全追溯平台是国家发改委确定的重点食品质量安全追溯物联网应用示范工程，应用GS1国际统一追溯标准，与阿里巴巴、京东等知名电商密切合作，实现信息公示、公众查询、诊断预警、质量投诉等功能。国家条码推进工程办公室自2004年6月起在山东潍坊市寿光田苑蔬菜基地和洛城蔬菜基地实施“蔬菜安全可追溯性信息系统研究及应用示范工程”，从源头抓质量，实施农产品市场准入制、标识制、召回制，开展农产品供应链的跟踪与追溯研究，建立无公害蔬菜质量安全追溯系统。在中国物品编码中心的帮助和支持下，四川省标准化研究院、峨眉山市质量技术监督局与峨眉山仙芝竹尖茶叶有限责任公司合作，建立基于商品条码的茶叶制品安全溯源示范系统，有效完善了茶叶质量管理体系。北京爱创成功为200多家制药企业建立药品追溯系统。华为云推出“医码平川”追溯平台，可查询药品生产、流通、销售等全过程追溯信息，截至2021年9月，该平台已与老百姓等6家药企和张仲景大药房等10家药品零售企业签约。

一些大型企业则选择建立自己的追溯平台。例如，北京同仁堂建立基于16位防伪码的防伪查询系统，消费者可通过电话或网站查询药品真伪，这是一种点对点的追溯模式。飞鹤产品可追溯系统于2012年正式运行，是国内乳制品行业中首家为消费者提供在线查询奶源地、生产、质检等关键信息的追溯平台的企业。2013年，贵州茅台作为商务部酒类追溯体系建设试点单位之一，上线RFID溯源系统，方便消费者查询酒品名、规格、生产批次、生产日期、销售渠道等信息。2014年，肯德基、麦当劳等企业的供应商之一，大成食品公司率先运用国内首个“食品安全实名溯源系统”，消费者通过微信扫描包装上的二维码，可以看到从农资、农场到食品初加工、深加工的全部过程，以及产品用料、出栏、加工、检验等各个时间点；人员可追溯到养殖人、品管负责人、兽医等，保证溯源的真实、可监控。2020年，麦当劳在湖北孝感建立第一个智慧产业园，用RFID等物联网技术实现从原材料、生产制造、仓储物流到冷链配送全过程数据实时可追溯，从而保证食品安全和品质。

经过政府、行业机构及企业的共同努力，我国追溯体系建设取得了积极成效，但也暴露出一些问题，其中比较突出的一点是因条块分割、多头管理所导致的追溯平台众多且标准不统一的问题，突出表现就是编码体系混乱，追溯码难以统一。这导致包装上多码并存，形成万“码”奔腾的混乱局面，不仅给企业带来成本，也让消费者无所适从。如国家市场监管总局采用商品条码开展产品追溯，农业农村部采用 OID 编码开展农产品追溯，工信部采用 handle 和 OID 对乳制品和特色产品进行追溯，商务部采用自己制定的标准对肉菜、中药材和酒类进行追溯等。编码不统一导致各平台追溯数据不能互通，使得生产流通中各节点的追溯信息无法真正形成完整的追溯链条，从而难以实现全过程的追溯。而因为政府建立的追溯平台多从监管出发，与企业内部经营管理和质量控制结合不紧密，在帮助企业优化供应链流程、提高经营管理水平、提升品牌知名度和品牌价值等方面作用不大，不能满足企业的个性化需求，单纯地为追溯而追溯，缺少持续的运作动力，导致企业参与的积极性也不高。此外，面对各地各级管理部门提出的不同监管要求，企业需要在多个追溯平台上重复填报追溯信息，给企业带来极大的负担，迫切希望政府能够统一监管的方法和渠道。因此，在产品追溯体系建设过程中，需要考虑企业已有的应用基础和现状，充分利用已有的成熟技术和标准，选择恰当的追溯技术，以统一追溯平台管理，从而减轻企业负担，提高产品追溯效果。

## 1.2 追溯的分类

根据不同维度，可以将追溯划分为正向追溯与逆向溯源、外部追溯与内部追溯、主体追溯与客体追溯。

### 1.2.1 正向追溯和逆向溯源

根据追溯事件发生的节点及追溯方向的不同，产品追溯可分为正向追溯和逆向溯源。

正向追溯就是在发现某一批原材料或零部件不合格后，能利用标识追溯出它用在了哪些零部件和成品上，如果成品已经卖出，则要追溯出该成品安装在哪里，以便及时追回不合格品，将损失减少到最低限度，也就是从上游的原材料到下游的产品的追踪过程。

逆向溯源就是在安装或售后服务过程中发现成品中有不合格的部件，并找出不合格原因后，能够利用标识追溯出其采购、生产、安装、售后服务的各个环节，根据不合格原因找出责任点。如果不合格原因是一批零件或原材料不合格，则要继续利用正向追溯，追溯出使用了这些不合格品的成品，也就是从下游的产品到上游的原材料的追溯过程。

### 1.2.2 外部追溯与内部追溯

从企业实施的角度，产品追溯分为外部追溯和内部追溯。内部追溯是企业在自身业务操作范围内实施追溯的行为，主要针对一个组织内部各环节的联系，追溯只在企业内部发挥作用，产品的每道加工工序或环节都可作为一个追溯点，目的是掌握产品在企业内部各生产加工环节的流动情况，并明确各环节负责人和关键指标，为企业内部责任定位与追责乃至外部产品追溯提供依据。外部追溯指的是追踪产品供应链中全部或部分的历史信息的能力，是对追溯对象从一个组织转移到另一个组织时进行追踪和（或）溯源的行为，是供应链上组织之间的协作行为，目的是记录并定位产品供应链中的责任主体，并能将之关联起来实现信息追踪与溯源。简言之，内部追溯是企业自身的行为，外部追溯是企业间的行为，内部追溯加上外部追溯一起才能形成整个供应链的追溯，这需要供应链的所有参与者的协助和共同努力。

如图 1-1 所示当追溯单元由一个组织转移到另一个组织时，就是外部追溯。按照“向前一步，向后一步”的设计原则实施，以实现组织之间和追溯单元之间的关联为目的，需要上下游组织协商共同完成。若追溯单元仅在组织内部各部门之间流动，涉及的追溯是内部追溯。内部追溯与组织现有管理体系相结合，是组织管理体系的一部分，以实现内部管理为目标，可根据追溯单元特性及管理需求自行决定。

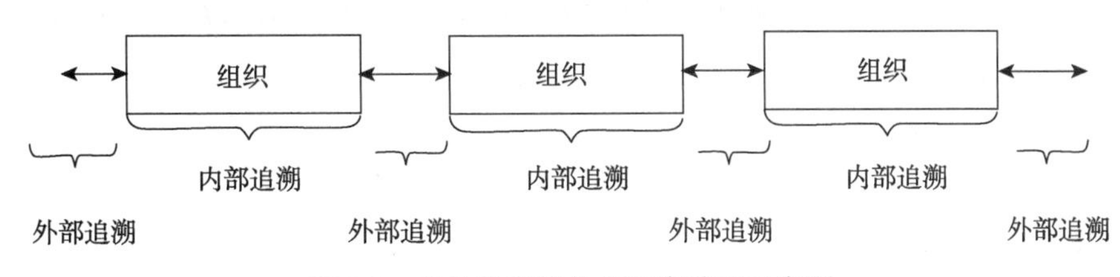


图 1-1　产品供应链各方追溯关系示意图

### 1.2.3　客体追溯与主体追溯

站在追溯目标的角度，可分为客体追溯和主体追溯。客体追溯就是产品追溯，目的是通过追溯保证产品质量安全，实施问题产品的召回。而主体追溯是产品监管用到的术语，它是指对供应链上组织的责任追溯，也就是当出现问题产品时，通过追溯查到导致问题的责任主体。客体追溯是指追踪产品在供应链中实际流通路径的过程，关注点在于了解产品在实际流通过程中所经历的作业环节、所发生的活动及事件等，即产品从哪来到哪去。而主体追溯是指通过追溯系统追踪产品的质量责任主体的过程，一般同产品的所有权发生改变或质量责任主体变化息息相关，实际上，主体追溯就是追踪产品贸易关系的过程。就追溯本身而言，既要关注客体追溯从而实现产品召回和下架，又要关注主体追溯，找到出现问题的责任方。

## 1.3　追溯的作用

追溯通过记录从原材料至最终消费者的整个产品流通链条的过程，为产品质量提供了保证。目前，追溯是国际公认的产品安全管理措施，也是一种旨在加强产品安全信息传递、控制质量危害和保障消费者利益的信息记录体系。在国际主要的质量管理体系中，如 HACCP、GAP、IFS、ISO 9000 都涉及追溯，因此追溯是质量管理体系中必不可少的一项。建立产品追溯体系，对政府、企业和消费者都有益处。

从政府监管角度看，追溯可以提升政府的监管质量和产品安全治理能力，通过追溯体系的建设和完善实现对产品的全流程质量监控和有效管理，健全产品风险预警制度和召回制度，确保出现产品安全质量问题时，做到产品可召回、原因可查清、责任可追究，切实保障产品质量安全，履行政府责任。

从企业的角度看，建立追溯体系，一是可以提供内部物流和质量相关信息，创建信息的反馈循环，有利于加强企业与消费者和政府的沟通，增强产品的透明度和可信度，提升产品安全管理水平，同时为供应链中企业的相互了解提供了有效的渠道，便利了供应链内企业间的信息沟通，加强了贸易合作伙伴之间的协作；二是帮助企业快速定位问题产品，精准召回，最大限度减少质量安全事件带来的负面影响和损失；三是建立追溯体系有利于提高企业的信息化管理水平并支撑企业市场营销策略，提高品牌竞争力；四是帮助企业突破国际贸易壁垒，满足出口目标市场准入制度及法律法规要求，提高我国食品在国际市场上的竞争力。

从消费者角度看，企业实施追溯可以提高消费透明度，保护消费者的知情权，提升消费信心，这也是实施追溯所带来的主要价值之一。产品追溯体系作为一种可以对产品进行正向追溯、逆向溯源的质量控制系统，适用于任何产品。该体系的实施能充分整合供应链各方的力量、资源，促进产品质量安全管理水平的大幅提升，真正意义上保障产品安全和品质。产品追溯体系现被广泛应用于各个行业，在保障产品质量安全，降低质量问题危害，提升消费信心方面发挥着越来越重要的作用。

### 1.3.1 追溯与产品质量安全

产品质量追溯是指通过记录和跟踪产品生产过程，从原材料到最终产品的每一个环节进行追溯，以保障产品的合规性、质量可控性和安全性。它可以提供关键信息，帮助企业识别和解决任何质量问题并追溯到问题的起源。产品质量追溯的方法主要包括：

（1）批次追溯。通过标识和记录每个产品批次的关键信息，如原材料供应商、生产日期、生产工艺等，以便追溯到具体批次的产品。

（2）单品追溯。为每个产品分配唯一的系列号或标识符，以便跟踪该产品的生产和流向。

（3）过程追溯。记录产品制造过程中的关键环节和参数，如加工方法、工艺参数等，以保证产品质量的可控性。

（4）正向追溯。追踪产品的分销途径和消费者信息，以了解产品的最终流向和使用情况。

（5）逆向溯源。根据客户投诉或质量问题，回溯产品的生产和供应链，找出问题的源头并采取相应措施。

追溯对于产品质量管理的重要性体现在以下几个方面：

①强化质量控制：通过追溯产品制造过程中的每个环节，可以及时发现和纠正潜在质量问题，提高产品的稳定性和一致性。

②提升客户满意度：如果客户遇到问题，企业可以快速准确地找到问题的原因，并采取补救措施，增强客户对企业的信任和满意度。

③加强供应链管理：产品质量追溯可以帮助企业了解供应链的情况，监控供应商的

质量表现，减少风险，提高整体供应链的效率和可靠性。

④符合合规要求：一些行业和国家对产品质量追溯提出了法律和法规要求。建立完善的追溯系统可以确保企业合规并降低法律风险。

### 1.3.2　追溯与产品召回

产品召回是指生产商将已经送到批发商、零售商或最终用户手上的产品收回。产品召回的典型原因是所售出的产品被发现存在缺陷。例如，日本小林制药公司生产的红曲胆固醇颗粒等产品，出现了服药消费者死亡事件，中国消费者协会发布消费提示，应立即停止服用相关产品，积极配合召回。

产品召回制度是针对厂家原因造成的批量性问题而出现的处理办法。其中，对于质量缺陷的认定和厂家责任的认定是最关键的核心。在发达国家，产品召回方式有两种：一种是“自愿认证，强制召回”；另一种是“强制认证，自愿召回”。中国还没有全面实行产品强制召回制度。

### 1.3.3　追溯与责任追究

利用逆向溯源技术，从产品上的唯一代码开始，沿着追溯链条，可以确定产品在生产、仓储、运输等各个环节的责任主体和相关业务数据，精准确定出现质量问题的环节和该环节的直接责任人。例如，日本小林制药的红曲药致患者死亡事件，我们可以从患者服用的药品的 GTIN 和批次出发，沿着追溯链上的信息，确认药的原材料来源，确定本批次药品的质量问题源头，锁定相关责任主体。

### 1.3.4　追溯与产品防伪

防伪作为企业内部的管理需求，目的是防止产品被造假。追溯和产品防伪是相辅相成的关系，共同构建起完整的商品管理体系，提高商品的真实性和质量安全。

追溯和产品防伪是现代商品管理中的两个重要概念，它们通过不同的技术手段共同作用，旨在提高商品的真实性和质量安全，增强消费者对商品的信任和满意度。具体来说，追溯和产品防伪的关系体现在以下几个方面：

**1. 防伪为溯源提供可信赖的数据支持**

防伪技术通过对商品进行标识和保护，防止假冒伪劣商品的流通。这些防伪信息可以作为溯源的数据基础，为溯源提供可信赖的数据支持。消费者通过扫描商品上的防伪标识，能够获取商品的溯源信息，了解商品的生产过程、原料来源等，从而增强对商品的信任和满意度。

**2. 溯源为防伪提供可靠的验证手段**

溯源技术通过记录和追踪商品的全生命周期信息，提供消费者对商品的可信赖信息。消费者通过查询商品的溯源信息，可以验证商品的真实性和质量安全，防止购买假冒伪劣商品。溯源信息可以作为防伪的验证手段，帮助消费者识别真伪，保护消费者的权益。

### 3. 共同构建完整的商品管理体系

防伪和溯源可以共同构建起完整的商品管理体系，包括物理防护、管理控制、信息技术等多个方面。这些方面共同作用，可以保障商品的真实性和质量安全，提高企业的竞争力和市场份额。追溯和产品防伪通过提供可信赖的数据支持和可靠的验证手段，共同构建起一个完整的商品管理体系，在实际中两者通常一起出现，这种情况下建立的产品防伪溯源系统呈现标签化管理，即企业的产品防伪功能需求是通过溯源码来实现的。溯源码是印在标签上的具有对产品进行追溯功能的一连串数字码。市面上常见的产品防伪标签都是按照定制化的需求来进行生产的、独一无二的产品编码。带有防伪标签的产品被消费者购买后，可以进行产品真伪查询以及信息追溯，让消费者对企业的品牌和历史都有充分的认知和了解，从而起到品牌宣传与保护的作用。

## 1.4 产品追溯流程

建立追溯体系包括以下四个基本内容：一是确定追溯单元，追溯单元的确定是建立可追溯体系的基础；二是信息收集和记录，企业在产品生产和加工过程中应详细记录产品的信息，建立产品信息数据库；三是环节的管理，对追溯单元在各个操作步骤的转化进行管理；四是供应链内沟通，即追溯单元与其相对应的信息之间的联系。具体包括如下步骤：

### 1. 确定追溯单元

追溯单元是指需要对其历史、应用情况或所处位置的相关信息进行记录、标识并可追溯的单个产品、同一批次产品或同一品类产品。由于各项基本内容围绕追溯单元展开，所以追溯单元的确定非常重要。追溯单元应可以被跟踪、回溯、召回或撤回，追溯体系建立的基础与关键就是追溯单元的识别与控制。从追溯单元的定义来看，一个追溯单元在产品流通链条的移动过程同时伴随着与其相关的各种追溯信息的移动，这两个过程就形成了追溯单元的物理流和信息流。追溯体系的建立实质上就是将追溯单元的物理流和信息流之间的关系找到并予以管理，从而实现物理流和信息流的匹配。

组织应明确追溯体系目标中的产品和（或）成分，对产品和批次进行定义，确定追溯单元并对追溯单元进行唯一标识。根据产品在供应链中流通的层级，追溯单元具体可分为产品贸易单元、物流单元和装运单元，由存在于产品供应链中不同流通层级的追溯单元构成。

产品贸易单元指进行终端交易的产品单元。销售形式可以通过 POS 销售，也可以不通过 POS 销售。物流单元是在供应链过程中为运输、仓储、配送等建立的包装单元。通常物流单元由贸易单元构成。装运单元是装运级别的物理单元，由物流单元构成。例如，将 10 箱土豆和 8 箱西红柿装运在一个卡车上，该卡车即为一个装运单元。

### 2. 明确组织在供应链中的位置

完整的产品供应链涉及生产、加工、包装、贮藏、运输、销售等多个环节。组织可通过识别上下游贸易伙伴来确定其在供应链中的位置，通过分析供应链过程，各组织应对上一环节具有溯源功能，对下一环节具有追踪功能，即各追溯参与方应能对追溯单元的直接来源进行追溯，并能对追溯单元的直接接收方加以识别。各追溯参与方有责任对其输出的数据，以及其在供应链中上一环节和下一环节的位置信息进行维护和记录，同时确保追溯单元标识信息的真实唯一性。

### 3. 确定产品流向和追溯范围

组织应明确追溯体系所覆盖的产品流向，以确保能够充分了解自身与上下游贸易伙伴之间以及组织内部操作流程之间的关系。根据追溯单元的流动是否涉及不同组织，可将追溯范围划分为外部追溯和内部追溯。

### 4. 确定追溯信息

组织应确定不同追溯层级及范围内需要记录的追溯信息以实现追溯的完整性。需要记录的信息包括：来自供应方的信息；产品加工过程的信息；向顾客和（或）供应方提供的信息等。为方便和规范信息的记录和数据管理，宜将追溯信息划分为基本追溯信息和扩展追溯信息。追溯信息划分和确定原则如表 1-1 所示。

**表 1-1　追溯信息划分和确定原则**

| 追溯信息 | 追溯范围 | |
|---|---|---|
| | 外部追溯 | 内部追溯 |
| 基本追溯信息 | 以明确组织间关系和追溯单元来源与去向为基本原则；<br>是能够“向前一步，向后一步”链接上下游组织的必需信息 | 以实现追溯单元在组织内部的可追溯性、快速定位物料流向为目的；<br>是能够实现组织内各环节间有效链接的必需信息 |
| 扩展追溯信息 | 以辅助基本追溯信息进行追溯管理为目的，一般包含产品质量或商业信息 | 为组织内部管理、食品安全和商业贸易服务的更多信息 |
| 基本追溯信息必须记录，以不涉及商业机密为宜；<br>宜加强扩展追溯信息的交流与共享 | | |

产品追溯体系的参与主体及位置信息主要包括追溯单元提供者信息、追溯单元接收者信息、追溯单元交货地信息及物理位置信息。产品贸易单元基本追溯信息有贸易项目编码、贸易项目系列号和/或批次号、贸易项目生产日期/包装日期、贸易项目保质期/有效期。扩展追溯信息有贸易项目数量、贸易项目重量。对于由同类产品贸易单元组成的物流单元，其基本追溯信息有物流单元编码、物流单元内贸易项目编码、物流单元内贸易项目的数量和物流单元内贸易项目批/次号。扩展追溯信息有物流单元包装日期、物流单元重量信息和物流单元内贸易项目的重量信息。对于由不同类产品贸易单元组成的物流单元，其基本追溯信息有物流单元编码。扩展追溯信息有：物流单元包装日期和物流单元重量信息。

装运单元基本追溯信息包括装运代码和装运单元内物流单元编码。

### 5. 确定编码和载体

追溯信息编码的对象包括参与实施追溯的组织、追溯单元及物理位置。追溯体系的主体信息为追溯单元提供者、追溯单元接收者。位置是指与追溯相关的地理位置，如追溯单元交货地。追溯单元即追溯的对象。应根据技术条件、追溯单元特性和实施成本等因素选择标识载体。追溯单元提供方与接收方之间应至少交换和记录各自系统内追溯单元的一个共用的标识，以确保追信息交换通畅。载体可以是纸质文件、条码或 RFID 标签等。标识载体应保留在同一种追溯单元或其包装上的合适位置，直到其被消费或销毁为止。若标识载体无法直接附在追溯单元或其包装上，则至少应保持可以证明其标识信息的随附文件。应保证标识载体不对产品造成污染。

**6. 确定记录信息和管理数据的要求**

组织应规定数据格式，确保数据与标识的对应。在考虑技术条件、追溯单元特性和实施成本的前提下，确定记录信息的方式和频率，且保证记录信息清晰准确，易于识别和检索。数据的保存和管理，包括但不限于：规定数据的管理人员及其职责；规定数据的保存方式和期限；规定标识之间的关联方式；规定数据传递的方式；规定数据的检索规则；规定数据的安全保障措施。

**7. 明确追溯执行流程**

当有追溯性要求时，应按如下步骤进行（见图 1-2）。

（1）发起溯源请求：供应链上的任何组织均可发起溯源请求。提出溯源请求的追溯参与方应至少将溯源单元标识（或溯源单元的某些属性信息）、溯源参与方标识（或追溯性参与方的某些属性信息）、位置标识（或位置的某些属性信息）、日期/时间/时段、流程或事件标识（或流程的某些属性信息）之一告知追溯数据提供方，以获得所需信息。

（2）响应：当溯源发起时，涉及的追溯参与方应及时提供溯源单元和组织信息，以帮助追溯体系的顺利实施。溯源可沿产品链逐环节进行，与追溯请求方有直接联系的上游和（或）下游组织响应溯源请求，查找溯源信息并及时反馈给追溯请求方；否则应继续向其上游和（或）下游组织发起溯源请求，直至查出结果为止。追溯也可在组织内各部门之间进行，追溯响应类似上述过程。

（3）采取措施：若发现质量安全问题，组织应依据追溯界定的责任，在法律和商业要求的最短时间内采取适宜的行动，包括但不限于：快速召回或依照有关规定进行妥善处置；纠正或改进可追溯体系。

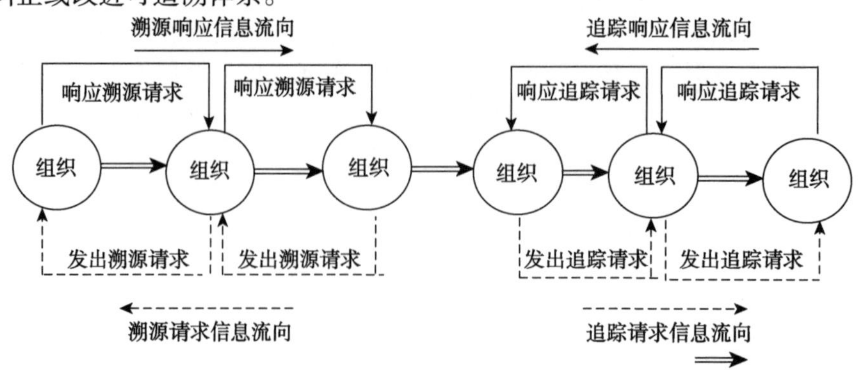


图 1-2　追溯执行步骤

# 1.5　追溯标准化

标准化对于产品追溯体系的建立有着至关重要的作用，通过制定和实施追溯标准，既能够加快我国追溯体系建设与国际接轨，还能避免追溯系统间数据格式与内容的不统一，促进整个追溯链条中各个节点信息的互联互通及全流程信息的通查通识，进而推动我国追溯体系建设整体工作的开展。

## 1.5.1　我国追溯标准化

### 1. 标准化机构

与追溯的发展相一致，我国追溯标准化工作最早集中在食品、食用农产品领域，成立了专业的标准化机构，制定了一批国家标准。2007 年，经国家标准化管理委员正式批准，在“全国食品质量控制与管理标准化技术委员会（SAC/TC313）”下专门成立了“食品追溯技术分技术委员会（SAC/TC313/SC1）”，专门用来开展我国食品安全、追溯等领域的标准化工作。分技术委员会成立后建立了食品追溯标准体系框架（见图 1-3），截至 2023 年 7 月，制定发布了 GB/T 22005—2009《饲料和食品链的可追溯性—体系设计与实施的通用原则和基本要求》、GB/T 38574-2020《食品追溯二维码通用技术要求》等在内的共 21 项国家标准，为我国食品安全和追溯标准化工作起到了重要的促进作用。

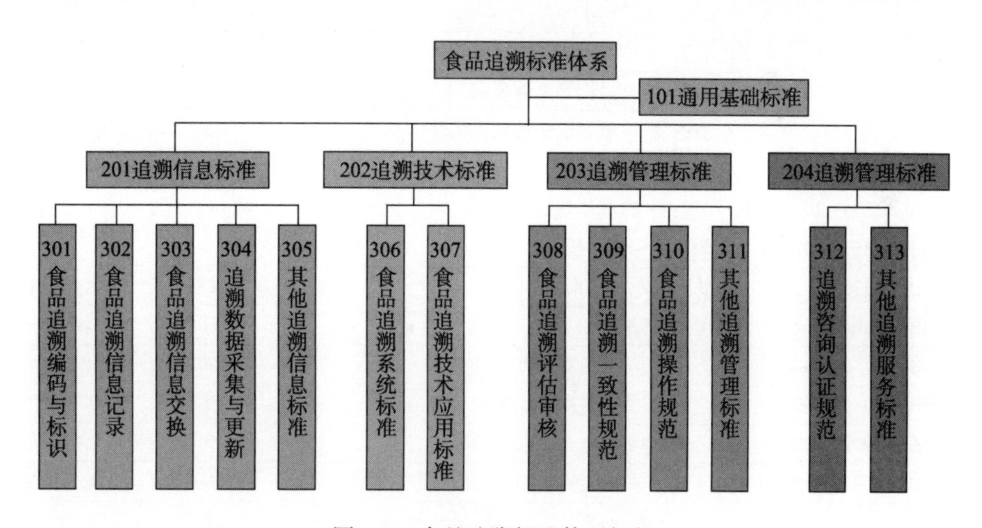


图 1-3　食品追溯标准体系框架

### 2. 标准制定

1）国家标准

随着《关于加快推进重要产品追溯体系建设的意见》（国办发〔2015〕95 号）的出台，我国各个领域追溯体系建设工作开展得如火如荼。为推进意见的实施，充分发挥标准化的支撑作用，原国家质量监督检验检疫总局、商务部、中央网信办、国家发展改革委、工信部、公安部、农业农村部等十部门联合印发了《关于开展重要产品追溯标准化工作的指导意见》（以下简称《指导意见》），并制定、实施了 GB/T 38159-2019《重要产品追溯—追溯体系通用要求》等六项追溯关键基础标准，为“十三五”时期我国全面开展重要产品追溯标准化工作提供了重要的标准化支持。

截至 2024 年底，我国已发布 41 项追溯相关的国家标准，如表 1-2 所示。这些标准有利于建立我国统一的追溯体系，为各个领域实施追溯提供基础的指导。

**表 1-2 追溯相关国家标准汇总**

| 序号 | 标准号及标准名 | 归口单位 | 领域 |
| --- | --- | --- | --- |
| 1 | GB/T 22005-2009 饲料和食品链的可追溯性 体系设计与实施的通用原则和基本要求 | TC313 | 食品 |
| 2 | GB/Z 25008-2010 饲料和食品链的可追溯性 体系设计与实施指南 | TC313 | 食品 |
| 3 | GB/T 29373-2012 农产品追溯要求 果蔬 | 424-cnis | 农产品 |
| 4 | GB/T 29568-2013 农产品追溯要求 水产品 | 424-cnis | 农产品 |
| 5 | GB/T 33915-2017 农产品追溯要求 茶叶 | TC339 | 农产品 |
| 6 | GB/T 34451-2017 玩具产品质量可追溯性管理要求及指南 | TC253 | 玩具 |
| 7 | GB/T 36061-2018 电子商务交易产品可追溯性通用规范 | TC563 | 电子商务 |
| 8 | GB/T 36759-2018 葡萄酒生产追溯实施指南 | TC313 | 食品 |
| 9 | GB/T 37029-2018 食品追溯 信息记录要求 | TC267 | 食品 |
| 10 | GB/T 38155-2019 重要产品追溯 追溯术语 | 424-cnis | 通用 |
| 11 | GB/T 38158-2019 重要产品追溯 产品追溯系统基本要求 | 424-cnis | 通用 |
| 12 | GB/T 38156-2019 重要产品追溯 交易记录总体要求 | 424-cnis | 通用 |
| 13 | GB/T 38157-2019 重要产品追溯 追溯管理平台建设规范 | 424-cnis | 通用 |
| 14 | GB/T 38154-2019 重要产品追溯 核心元数据 | 424-cnis | 通用 |
| 15 | GB/T 38159-2019 重要产品追溯 追溯体系通用要求 | 424-cnis | 通用 |
| 16 | GB/T 38574-2020 食品追溯二维码通用技术要求 | TC313 | 食品 |
| 17 | GB/T 38700-2020 特种设备追溯系统数据元 | TC287 | 特种设备 |
| 18 | GB/T 39017-2020 消费品追溯 追溯体系通则 | TC508 | 消费品 |
| 19 | GB/T 39105-2020 消费品追溯 追溯系统数据元目录 | TC508 | 消费品 |
| 20 | GB/T 39106-2020 消费品追溯 追溯系统数据交换应用规范 | TC508 | 消费品 |
| 21 | GB/T 39099-2020 消费品追溯 追溯系统通用技术要求 | TC508 | 消费品 |
| 22 | GB/T 39322-2020 电子商务交易平台追溯数据接口技术要求 | TC267 | 电子商务 |
| 23 | GB/T 20674.4-2020 塑料管材和管件 聚乙烯系统熔接设备 第 4 部分：可追溯编码 | TC48 | 塑料管材和管件 |
| 24 | GB/T 39454-2020 国际贸易业务数据规范 货物跟踪与追溯 | TC83 | 国际贸易 |
| 25 | GB/T 40204-2021 追溯二维码技术通则 | TC267 | 通用 |
| 26 | GB/T 40465-2021 畜禽肉追溯要求 | TC516 | 农产品 |
| 27 | GB/T 40480-2021 物流追溯信息管理要求 | TC269 | 物流 |
| 28 | GB/T 40843-2021 跨境电子商务 产品追溯信息共享指南 | TC563 | 电子商务 |
| 29 | GB/Z 40948-2021 农产品追溯要求 蜂蜜 | TC601 | 农产品 |

续表

| 序号 | 标准号及标准名 | 归口单位 | 领域 |
|---|---|---|---|
| 30 | GB/T 41047-2021 汽车产品召回过程追溯系统技术要求 | TC463 | 汽车 |
| 31 | GB/T 41438-2022 牛肉追溯技术规程 | TC516 | 农产品 |
| 32 | GB/T 42438-2023 珠宝玉石追溯体系服务规范 | TC298 | 珠宝玉石 |
| 33 | GB/T 43072-2023 气瓶追溯体系建设实施指南 | TC31 | 安全 |
| 34 | GB/T 43195-2023 进口冷链食品追溯 追溯系统开发指南 | TC267 | 食品 |
| 35 | GB/T 43260-2023 进口冷链食品追溯 追溯信息管理要求 | TC267 | 食品 |
| 36 | GB/T 43265-2023 进口冷链食品追溯 追溯系统数据元 | TC267 | 食品 |
| 37 | GB/T 43268-2023 进口冷链食品追溯 追溯体系通则 | TC267 | 食品 |
| 38 | GB/T 43792-2024 国际贸易业务流程规范 货物跟踪与追溯 | TC83 | 国际贸易 |
| 39 | GB/T 43903-2024 绿色制造 制造企业绿色供应链管理 信息追溯及披露要求 | TC337 | 环保 |
| 40 | GB/T 28843-2024 食品冷链物流追溯管理要求 | TC269 | 物流 |
| 41 | GB/T 44583-2024 重要产品追溯 追溯码编码规范 | 424-cnis | 通用 |

2）行业标准

随着《关于加快推进重要产品追溯体系建设的意见》（国办发〔2015〕95 号）的发布，我国关于追溯体系建设的行业标准也日趋完善。截至 2024 年底，农业农村部、商务部、工业和信息化部、中华全国供销合作总社等 11 个部门或组织针对 14 个行业共发布追溯标准 66 项，分布情况见表 1-3。行业标准发布单位主要为商务部和农业农村部，二者分别发布了 20 项左右行业标准各占 1/3 左右。

**表 1-3　追溯行业标准分布情况**

| 序号 | 发布部门 | 行业领域 | 数量 |
|---|---|---|---|
| 1 | 农业农村部 | 农业 | 18 |
| 2 |  | 水产 | 3 |
| 3 | 商务部 | 国内贸易 | 21 |
| 4 | 工业和信息化部 | 轻工 | 5 |
| 5 |  | 电子 | 3 |
| 6 |  | 通信 | 2 |
| 7 |  | 化工 | 1 |
| 8 | 中华全国供销合作总社 | 供销合作 | 7 |
| 9 | 国家烟草专卖局 | 烟草 | 2 |
| 10 | 国家市场监督管理总局（原国家食品药品监督管理局） | 医药 | 2 |
| 11 | 国家发展和改革委员会 | 物资管理 | 2 |
| 12 | 国家林业和草原局 | 林业 | 1 |
| 13 | 国家市场监督管理总局 | 认证认可 | 1 |
| 14 | 中国国家认证认可监督管理委员会 | 认证认可 | 1 |
| 15 | 国家市场监督管理总局（原国家质量监督检验检疫总局） | 出入境检验检疫 | 1 |

农业农村部发布的标准大致可分为两类：第一类是通用标准，规定了农产品质量追溯体系和兽医卫生追溯体系建设的规范，如 NY/T 1431-2007《农产品追溯编码—导则》、NY/T 2531-2013《农产品质量追溯信息交换接口规范》、NY/T 1761-2009《农产品质量安全追溯操作规程通则》、NY/T 3599.1-2020《从养殖到屠宰全链条兽医卫生追溯监管体系建设技术规范第 1 部分：代码规范》；第二类是具体品类的追溯标准，包括谷物、蔬菜、水果、畜肉、食用菌、蛋、乳、水产、茶叶等常见食物来源，如 NY/T 3819-2020《农产品质量安全追溯操作规程食用菌》、NY/T 3204-2018《农产品质量安全追溯操作规程—水产品》。

商务部则针对酒类、肉菜和中药材等三大重要产品的追溯实施发布了一系列标准，涉及信息、技术和管理三个层面，如 SB/T 10768-2012《基于射频识别的瓶装酒追溯与防伪标签技术要求》、SB/T 10769-2012《基于射频识别的瓶装酒追溯与防伪查询服务流程》、SB/T 10680-2012《肉类蔬菜流通追溯体系编码规则》、SB/T 11059-2013《肉类蔬菜流通追溯体系城市管理平台技术要求》、SB/T 11039-2013《中药材追溯通用标识规范》、SB/T 11038-2013《中药材流通追溯体系专用术语规范》等。

工业和信息化部发布了 11 项标准，涵盖轻工、电子、通信、化工四大领域。轻工领域有 5 项标准，QB/T 4971-2018《婴幼儿配方乳粉行业产品质量安全追溯体系规范》、QB/T 5279-2018《食盐安全信息追溯体系规范》、QB/T 5725-2022《食糖包装防伪追溯体系规范》和 QB/T 5711-2022《白酒质量安全追溯体系规范》、QB/T 5795-2023《肉制品安全信息追溯体系规范》，涉及乳粉、食盐、食糖和白酒等重要食品。电子领域的 3 项标准规定了二维码追溯系统的技术要求，包括 SJ/T 11751-2020《供应链二维码追溯系统数据接口要求》、SJ/T 11752-2020《供应链二维码追溯系统数据格式要求》和 SJ/T 11753-2020《供应链二维码追溯系统标识规则》。其余标准包括两项关于网络电子身份的追溯的通信标准以及一项关于化肥产品追溯的化工领域标准。

中华全国供销合作总社发布了 7 项关于农场质量和农业生产资料质量追溯的标准：GH/T 1225-2018《农资质量追溯体系建设规范》、GH/T 1223-2018《种子追溯系统建设技术规范》、GH/T 1200-2018《农资追溯电子标签（RFID）技术规范》、GH/T 1278-2019《农民专业合作社—农场质量追溯体系要求》、GH/T 1359-2021《果品流通追溯平台供应商评价规范》、GH/T 1362-2021《坚果炒货产品追溯技术规范》、GH/T 1450-2024《电子商务交易产品追溯信息编码与标识规范 茶叶》，这些标准有利于保障农场高质量发展和农产品安全。

3）地方标准

截至 2024 年底，关于追溯的地方标准有 220 多条。农产品、食品方面，不少省市为本地特色产品制定了追溯标准，如：四川的绿茶，宁夏的枸杞、贺兰山东麓的葡萄酒，广西的百香果、柑橘，广东的对虾、罗非鱼，江西的靖安白茶、赣南的脐橙、猕猴桃等。除农产品、食品外，危险品、特种设备等事关人民生命安全的重要产品的追溯体系也在建设当中。如江苏专门出台一项标准用于医疗废物追溯。以气瓶这一特种设备为例，北京、吉林、河北三地都发布了相关标准，用于指导当地建设气瓶追溯管理体系。

发布追溯标准最多的三个地区是山东、内蒙古、安徽。山东共发布 26 项追溯标准，其中 2 项通用性标准，22 项食品、农产品标准，2 项特种设备追溯标准。通用性标准为省级追溯平台建设的信息、技术和管理方面的支撑。食品、农产品方面，因地制宜地制定了扒鸡、干海参、大蒜等标准，为本地特色农产品、食品的追溯打下基础。内蒙古也发布了 23 项追溯标准，其中 21 项食品、农产品标准，另外 2 项分别为药品和特种设备追溯标准。内蒙古为本地奶牛、肉牛及其畜产品的质量追溯制定了一系列相关的标准，以技术层面为例，有基于射频识别和基于物联网的追溯系统标准。安徽共发布 20 项标准，其中有 18 项农产品或食品标准，涉及水产、粮食、食用油等餐桌上常见产品，另有 1 项农业生产资料的追溯标准、1 项储能电站用电池追溯规范标准。

### 1.5.2　国际追溯标准化

国际上，GS1 全球统一标识系统（GS1 系统）是各个国家或地区所使用的主要追溯技术手段，据统计，全球已有 100 多个国家或地区基于 GS1 标准建立和实施产品追溯体系，用于保障产品质量安全、提升供应链透明度和效率以及增强消费者信任。

GS1 系统由国际物品编码组织（GS1）进行管理和维护，是对全球多行业供应链进行有效管理的一套开放式国际标准，在我国被称为商品条码标识系统。GS1 系统是以对贸易项目、物流单元、位置、资产、服务关系等进行编码为核心的集条码、射频等自动数据采集、电子数据交换、全球产品分类、全球数据同步、产品电子代码（EPC）等系统于一体的、服务于全球物流供应链的开放的标准体系。目前该系统已在全球 150 多个国家和地区广泛应用于贸易、物流、电子商务、电子政务等领域，尤其是在日用品、食品、医疗、纺织、建材等行业的应用更为普及，已成为全球通用的商务语言，极大地提高了全球供应链以及商品流通的效率。在我国，中国物品编码中心负责 GS1 系统的研究和推广工作。

作为国际商贸流通领域的重要标准化机构，GS1 围绕全球食品安全可追溯方面的法律法规要求和标准化需求，组织全球的专家研究制定了《GS1 全球追溯性标准——GS1 供应链互操作追溯系统设计框架》（简称 GS1 GTS）、《GS1 全球可追溯一致性——控制点与一致性准则》（简称 GS1 GTC）和《GS1 全球可追溯一致性认证程序规则》等重要标准文件。该系列追溯文件符合国际标准化组织（ISO）、危害分析和关键控制点（HACCP）、良好农业规范（GAP）等国际上重要食品安全标准和规范的相关要求，具有国际统一性、标识唯一性、应用可行性的特点。基于实践的基础上，GS1 开发了一系列食品安全追溯的应用指南，包括《肉类（猪肉、牛肉、羊肉）产品追溯指南》《生鲜水果蔬菜追溯指南》《鱼类产品追溯指南》等，用于指导不同类型的食品企业实施追溯，帮助企业满足相关法律法规要求，保障食品质量安全。

第 2 章

CHAPTER 2

# 产品追溯技术

追溯系统可以通过商品从原辅料采购环节、产品生产环节、仓储环节、销售环节和服务环节的周期管理，实现“源头可追溯、流向可跟踪、信息可查询、责任可认定、产品可召回”的功能。通过采集生产制造过程中每一批次的人、材、机等相关的所有数据，为将来可能发生的质量问题，快速定位问题源头，减少企业损失。

要实现产品追溯，需要完成下列步骤：

（1）信息采集。从原材料到成品完工制造的全过程中人、材、机等相关所有数据实时记录并长期保存，可以通过“一物一码”，也可以通过批次追溯。

（2）信息储存。通过运用数字化工具，如生产执行系统（MES）可以在生产订单创建时打印带有条码的关联流转卡，通过扫码将数据存储至服务器中。

（3）信息查询。企业则可以通过输入系列号或批次码，轻松快速查阅相关信息，快速定位问题源头。

## 2.1 产品追溯基本原则

若想实现产品追溯，需遵循以下原则：

### 1. 产品供应链过程要规范化

为了实现产品全生命周期的可追溯性，每个企业都需实现内部业务流程的规范化管理，对关键信息进行有效标识。为了提升供应链不同追溯系统之间的互操作性，追溯体系应基于统一的、标准的信息标识与管理标准进行构建，以实现关键追溯信息的一致性以及在不同系统间的数据的自动识别和共享。

### 2. 明确追溯的对象

明确追溯对象的关键就是要确定“追溯单元”。产品可追溯体系的建立具有许多环节，其中对追溯单元的划分是最为基础的技术环节。追溯单元的确立是实现追溯的第一步，追溯单元是被作为一个单元整体控制的一组追溯对象，并可被唯一识别。追溯单元的大小决定着追溯系统的精度。追溯单元大，追溯精度低，召回成本高，但系统的运行成本低；追溯单元小，追溯精度高，召回成本低，但系统的运行成本高。因此，如何划分追溯单元，要从产品、技术和经济等多维角度出发，确定追溯的最佳单元，实现追溯系统的经济性平衡，从而在产品发生质量问题时实现快速召回，这样既能保证产品质量的安全又可降低企业损失。

在追溯系统实施中常用的追溯单元精度可分为按单件追溯和按批次追溯。按单件追溯的方法适用于追溯对象或产品特征能明确区分的产品个体。每个追溯对象都有相应的追溯编码，便于进行全过程信息的管理。这种方法的追溯精度高，但追溯系统运行成本较高。目前，该方法主要应用在家畜（牛、羊、猪）养殖追溯系统中，部分家禽养殖、水产养殖追溯系统也使用这种可追溯单元划分方法。按批次追溯的方法是将同一批次的产品视为一个可追溯单元，采用统一的编码，实现对追溯目标的产地、品质、数量、加工过程等信息的集合管理。这种方法追溯精度较低，不能精确到特定环节和个体，但追溯系统运行成本较低，适用于单体价值低、数量多的快速消费类产品。目前，该方法多应用于加工领域，如乳品追溯系统、果蔬产品追溯系统。

确定追溯单元要考虑产品追溯精度。追溯精度指的是追溯系统中可追溯的最小单元。追溯单元可以是单个产品、同一批次产品或者同一品类产品。追溯精度取决于追溯系统中使用的分析单位和可接受的误差。例如，对于植物源性初级农产品来说，由于生产规模及产品本身的特性，无法以个体为单位，其追溯单元精度只能是基于某一地块；而对于猪、牛等动物源性初级农产品，可以实现基于个体的养殖和加工，因此其追溯精度可以是单一个体。对追溯系统来说，产品质量安全追溯的精度反映了产品质量及安全的保证程度。

在追溯精度的确定上，要充分考虑不同类型产品的特点、追溯成本与效益综合确定，对于不同的行业、企业和产品需要采用不同的追溯精度，对于不同的追溯精度需要采用不同的编码方案。一般而言，追溯成本和追溯精度呈正相关，绝大多数产品追溯到产品批次级即可，仅对一些贵重或危险物品可以考虑“一物一码”，追溯到单品级。

### 3. 明确追溯的责任主体

明确追溯的责任主体就是确定“追溯参与方”。追溯参与方是指在追溯体系的实施当中所涉及的相关个人、组织或机构，包括生产商、商贸流通企业、消费者、系统集成商、具备资质的评价或检测等第三方服务机构、监管机构等主体。根据是否直接参与追溯流程，可将追溯参与方分为两类：直接追溯参与方和间接追溯参与方。其中，直接追溯参与方是直接参与产品的生产、交易、流通和使用的主体，包括原材料供应商、生产企业、批发零售商、物流服务商和消费者等；间接追溯参与方是指在追溯体系实施的过程中辅助提供或认证、使用追溯信息的第三方机构、追溯技术的提供机构、政府监管机构等。这些追溯参与方通过共同参与、共同建设促进追溯体系的落地与实施，每个追溯参与方都在产品追溯体系中发挥着重要作用：企业是建立和实施追溯体系的直接主体，有责任基于自身业务范围及时记录、保存、提供产品的真实有价值信息，推进追溯体系的落地和实施。消费者是追溯产品的接受者，他们可获得产品的真实信息，满足其知情权、选择权和维护权的需求，同时会提供真实使用反馈，进一步充实产品的信息。消费者的这些需求和反馈也会影响企业建立和实施可追溯系统的决策。政府监管机构在追溯体系中的主要职责是根据市场需求出台相关法律法规，进一步推进追溯体系建设。而第三方机构的作用包括对产品交易过程进行监督和管理，对产品进行安全认证与信息追溯，提供追溯编码等技术服务，同时也极大地促进了可追溯体系的应用和发展。

在我国相关国家标准中对“追溯参与方”也有明确的定义，且主要是针对直接追溯参与方的描述。例如，GB/T 37029-2018《食品追溯 信息记录要求》中“追溯参与方”定义为：“在追溯系统中，从事与生产、加工、包装、仓储、运输、配送、商贸等活动相关业务的企业”。GB/T 38155-2019 和 GB/T 36061-2018《电子商务交易产品可追溯性通用规范》中将“追溯参与方”定义为：“在供应链中从事产品初级生产、生产加工、包装、仓储、运输、配送、销售、消费（使用）等相关业务的组织或个人。”对于整个产品追溯体系来说，虽然需要企业、消费者以及政府和第三方机构的相互合作与配合，但是其核心的主体还是企业。

明确追溯体系中参与方的概念之后，还要进一步研究追溯参与方如何在追溯体系建设过程中发挥更大的作用。根据我国的产品追溯体系发展现状分析，整个产品供应链的各个节点还存在很多问题，比如企业、政府、消费者这三个行为主体中，各主体均追求自身效益最大化，企业追求利润最大化，希望尽可能降低成本；政府追求社会效益最大化，力求通过产品可追溯体系建设提高产品质量安全水平；而处于消费终端的消费者则既希望购买到高质量的安全产品，又期望价格合理或者较低。因此，在可追溯体系建立过程中，常常会出现企业不配合、政府又无法监管到位的现象。

为此，我国也正在大力推进产品质量安全追溯体系的建设，通过完善相关法律和标准，在更大限度上权衡企业、政府质量安全监管机构、第三方机构、消费者等产品供应链参与方的责任和义务，整合力量和资源推进我国产品追溯信息精准化、追溯流程便捷化、追溯系统整合化、追溯装备智能化、追溯管理专业化，真正意义上保障产品质量和安全。

**4. 确立关键控制点，做好关键信息记录和链接**

关键控制点是产品追溯体系构建的核心要素，是监测追溯体系运行效果的重要评测指标，涵盖企业的组织架构、人员、系统、信息等多个方面。制定好关键控制点之后，企业还需要做好关键信息的及时准确记录，针对不同追溯单元层级和不同的追溯环节之间，都要建立有效链接，只有这样才能确保追溯目标的实现。

**5. 供应链协同，“向前一步，向后一步”信息共享**

全链条追溯系统的建立需要每个企业都具备实施内部追溯和外部追溯的能力。在实施外部追溯时，需要供应链上各方的密切配合，并遵循“向前一步，向后一步”的追溯原则（见图 2-1），才能实现整个供应链的可追溯性。

“向前一步，向后一步”的追溯原则，即每个企业要向上溯源到产品的直接来源，向下追踪到产品的直接去向。“向前一步，向后一步”原则的前提是，各参与方都采用统一的编码、载体和数据交换标准，记录和共享确保供应链可追溯性的关键信息，只有这样才能实现全链条的追溯。

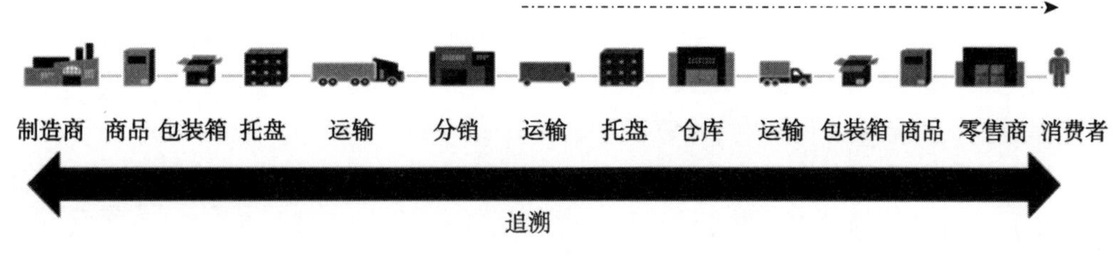


图 2-1　“向前一步，向后一步”的追溯原则

按照“向前一步，向后一步”的追溯原则，供应链的每一环节只要知道该环节的前一步信息和后一步信息，就可获得供应链的所有信息。当问题产品出现时，按照从生产、加工、运输、配送到最终消费的整个链条所记载的信息进行追溯，快速缩小问题范围，准确查出问题环节，直至追溯到生产源头，确保召回的高效性和准确性。这样就能将有问题的产品在最短时间内找出来，避免其流通到市场上，对消费者产生危害，也避免没有问题的产品受到牵连。

考虑可操作性，产品追溯体系的设计原则应采用“向前一步，向后一步”原则，即每个参与方只需要向前溯源到产品的直接来源，向后追踪到产品的直接去向；根据追溯目标、实施成本和产品特征，适度界定追溯精度、追溯范围和追溯信息。

## 2.2　编 码 技 术

产品信息编码是实现产品可追溯性的重要前提。产品信息编码包括产品的编码，以及产品相关信息的编码。对产品进行数字化描述时通常包括三方面的编码：一是分类编码；二是标识编码；三是属性编码。

### 2.2.1　产品分类编码

产品分类就是根据产品的各种特征属性，按照一定的原则和方法对产品进行归类与区分，从而建立起分类体系和排列顺序，并用代码的形式加以表示的过程。产品分类的直接产物是形成各式各样的分类表或分类目录。在分类表中，同类产品可以用同一组代码进行编码标识。因此，物品分类代码就是物品分类的代码化表现形式。

《产品总分类》（*Central Product Classification*，CPC）也称为“重要产品分类体系”，由联合国统计署制定，是一种涵盖经济活动、货物和服务的完整产品分类，意在充当一种国际标准，用以汇集各种要求并给出产品细目的数据。CPC 作为一个分类体系，包括了国内、国际交易的产品和经济活动产生的各种产品以及非生产的有形和无形资产，囊括了商品、服务和资产等全部可运输和不可运输的产品分类编码。CPC 的主要目的是为产品统计资料的国际比较提供一个框架，并作为发展或修订现行产品分类办法的指南，以便使它们能够符合国际标准。CPC 是国际统计、国际经济对比的基本工具之一。

《联合国标准产品与分类代码》（*The Universal Standard Products and Services*

*Classification*，UNSPSC）由联合国计划开发署（UNDP）主持开发，是一个将分类学应用于所有产品与服务的全球性的分类体系。它的产生主要是为了满足对全世界范围内不同种类的货物和服务进行采购、销售和对产品规则进行分析的需要，也就是为了满足商务的需要。

《商品名称及编码协调制度》（*The Harmonized Commodity Description and Coding System*，HS）是由海关合作理事会（*Customs Co-operation Council*，CCC）（为统一关税、简化海关手续而建立的政府间协调组织，又名世界海关组织）主持制定的一部供海关、统计、进出口管理及与国际贸易有关各方共同使用的商品分类编码体系。它是在《海关合作理事会分类目录》（*Customs Cooperation Council Nomenclature*，CCCN）和联合国《国际贸易标准分类》（*United Nations Standard International Trade Classification*，SITC）的基础上，以 CCCN 为核心，吸收了 SITC 和国际上其他分类体系的长处，参照国际上主要国家的税则、统计、运输等分类目录而制定的。

### 2.2.2 产品标识编码

产品标识编码将一组抽象的符号或数字按某种排列规则组合起来，表示产品本身、产品的状态和位置等信息，其目的是标识产品。标识编码是产品的唯一身份（ID）代码，是用以标识某类、某种、某个物品本身的代码。产品标识编码的核心功能是唯一标识一类/个产品，避免自然语言的二义性，便于信息的自动识别与采集。标识代码中有用于对一种产品进行标识的产品品种代码，也有对单个产品进行标识的单个产品编码。

常见的产品标识编码有：零售商品的编码——全球贸易项目代码（global trade item number，GTIN）、物流单元的编码——系列货运包装箱代码（Serial Shipping Container Code，SSCC）、车辆识别代码、车牌号、动物编码、身份证号码、统一社会信用代码等。

需要指出的是，置于某一既定产品分类代码之下的产品具有相同的特征，并且可以由这个既定的产品分类代码来代表这些特征。因此，产品分类代码本身也就是这个类目的标识代码。产品分类代码的主要功能是明确该产品在逻辑上应归属哪个类别，确定的是产品的归属关系；产品标识代码的主要功能是代表物品本身，是赋予物品本身的身份标识代码。但是，在具体应用中，特别是在一个分类体系内，产品分类代码在某种程度也可以看作该分类代码所涵盖的所有产品作为一个类别的标识，即“类”标识。

### 2.2.3 产品属性编码

产品属性是描述产品本身、与产品固有的物理功能或化学成分相关的、本质的、可测定的、可重复、可验证的特征。产品属性代码是对产品本身所固有的某一本质属性的唯一的、通用的代码化表示，是对产品属性的具体描述。产品属性值是衡量产品在某一方面属性的存在状态和表现程度的值。

常用的产品属性编码包括：

（1）GS1 系统应用标识符（application identifier，AI），如批号、生产日期、运输目的地等。

（2）美国国家标准（ANSI ASC MH10）数据标识符（data identifier，DI）。

（3）全球产品分类（global product classification，GPC）属性分类体系。

应用标识符是指商品条码标识系统中，用于标识物流单元、贸易项目、资产等相关信息的一组数据。当用户出于产品管理与跟踪的要求，需要对具体商品的附加信息，如生产日期、保质期、数量及批号等特征进行描述时，应采用应用标识符。应用标识符是由2～4 位数字组成的字符，用于标识其后数据的含义和格式，示例如表 2-1 所示。

表 2-1　应用标识符示例

| 应用标识符 | 数据含义 | 格式 | 备注 |
|---|---|---|---|
| 11 | 生产日期 | $N_1N_2N_3N_4N_5N_6$ | YYMMDD，6 位数字表示 |
| 13 | 包装日期 | | |
| 15 | 保质期 | | |
| 17 | 有效期 | | |
| 30 | 总量（包装内） | $N_1$，…，$N_8$ | 最长 8 位数字 |
| 10 | 批号 | $X_1$，…，$X_{20}$ | 数字和/或字母表示，长度可变最长 20 位 |
| 21 | 系列号 | $X_1$，…，$X_{20}$ | 数字和/或字母表示，长度可变最长 20 位 |

## 2.3　数据采集技术

数据采集又称数据获取，是指根据业务需要进行的原始数据的获取过程。由于现实世界中存在各种各样的数据，而在人们的生产活动中并不需要也不可能将现实世界的所有原始数据统统收集进来，所以在进行数据采集阶段面临的主要问题是数据的识别、收集的方法和数据的表现形式。

在数据采集过程中，需要遵循以下原则。

（1）可靠性原则：数据必须是真实对象或环境所产生的，必须保证数据来源是可靠的，必须保证采集的数据能反映真实的状况。

（2）完整性原则：必须按照一定的标准要求，采集反映事物全貌的数据。完整性原则是数据利用的基础。

（3）实时性原则：数据自发生到被采集的时间间隔，间隔越短就越及时，最快的是数据采集与数据发生同步进行。

（4）准确性原则：是指采集到的数据的表达是无误的，并且属于采集目的范畴之内，相对于企业或组织自身来说具有适用性，是有价值的。

（5）计划性原则：采集的数据既要满足当前需要，又要照顾未来的发展；既要广辟数据来源，又要持之以恒。

（6）预见性原则：数据采集人员要掌握社会、经济和科学技术的发展动态，随时了解未来，采集那些对将来发展有指导作用的预测性数据。

目前，常用的采集数据的方式有：人工采集、自动采集、网络采集等。人工采集是指由一线业务人员在工作现场所进行的数据采集，例如，销售人员将销售订单录入信息系统中。人工采集要求采集者及时、准确、全面地将业务数据录入信息系统。自动采集是一种通过各种电子设备（条码阅读器、传感器、摄像头、无线射频识别、无人机等）自动采集数据的方式。网络采集是一个利用互联网搜索引擎技术实现有针对性、行业性、精准性的数据抓取，按照一定规则和筛选标准进行数据归类，并形成数据库文件的过程。

下面主要介绍追溯系统中用到的自动采集技术。

### 2.3.1 条码技术

条码技术是产品追溯体系中最常用到的一种自动识别与数据采集技术，是由一组规则排列的条、空及其对应字符组成的标记，用以表示一定的信息，以标识物品、资产、位置和服务关系等。条码是一种信息记录形式，也是信息携带和识读的手段。

根据编码结构和条码性质的不同，可以将条码分为一维条码和二维码。一维条码可用于将数字或数字字母作为数据库关键字的领域，其存储的数据量有限，打印对比度不够，缺墨时会降低条码的识别质量。与一维条码相比，二维码的主要优势是能以较小的面积存储较大量的数据。它具有安全性强、密度高、能纠错、可表示多种语言文字、可承载图像数据、可引入加密机制等方面特征。其缺点是需要特殊的扫描器，堆叠式符号可用栅格激光扫描器识别，而矩阵式符号则需要图像扫描器阅读。常用的条码码制有 EAN 13、GS1-128、ITF-14 等一维条码，以及 Data Matrix、QR 码等二维码。

#### 1. 一维条码

一维条码由宽度不同、反射率不同的条和空，按照一定的编码规则（码制）编制而成，用以表达一组数字或字母符号信息的图形标识符，即一维条码是一组粗细不同且按照一定的规则安排间距的平行线条图形。

常见的一维条码是由反射率相差很大的黑条（简称“条”）和白条（简称“空”）组成的（见图 2-2）。这是因为黑条对光的反射率最低，而白空对光的反射率最高。当光照射到条码符号上时，黑条与白空可产生较强的对比度。条码识读器正是利用条和空对光的反射率不同来读取条码数据的。扫描器接收到的光信号需要经光电转换器转换成电信号并通过放大电路进行放大。通过电路放大的条码电信号经整形变成“数字信号”，从而进入计算机应用系统。

图 2-2　一维条码示例

#### 2. 二维码

二维码是在一维条码无法满足实际应用需求的前提下产生的，它可以在有限的几何空间内表示更多的信息，以满足千变万化的信息表示需要，如图 2-3 所示。

图 2-3　二维码

国外对二维码技术的研究开始于 20 世纪 80 年代末。在二维码符号表示技术研究方面，已研究出多种码制，这些二维码的密度都比传统的一维条码有了较大的提高，如 PDF 417 的信息密度是一维条码 Code39 的二十多倍。国际上主要将二维码技术应用于：①公安、外交、军事等部门对各类证件的管理；②海关、税务等部门对各类报表和票据的管理；③商业、交通运输等部门对商品及货物运输的管理；④邮政部门对邮政包裹的管理；⑤工业生产领域对工业生产线的自动化管理。

随着我国市场经济的不断完善和信息技术的迅速发展，国内对二维码这一新技术的研究和需求与日俱增。为此，中国物品编码中心自主研发了一种具有自主知识产权的二维码——汉信码。汉信码的研制成功有利于打破国外公司在二维码生成与识读核心技术上的商业垄断，降低我国二维码技术的应用成本，推进二维码技术在我国的应用进程。

汉信码在汉字表示方面具有明显的优势，支持 GB 18030 大字符集，能够表示《信息技术信息交换用汉字编码字符集基本集的扩充》中规定的全部汉字，在现有的二维码中表示汉字效率最高，达到了国际领先水平。此外，汉信码还具有抗畸变、抗污损能力强的特点，最大纠错能力可以达到 30%。若将汉信码二维码标签剪开 1/4 的口子、撒上近 1/3 的油墨、撕去一两个角，并变换不同的识读角度，都能够将汉信码上加载的信息全部恢复。汉信码还充分考虑了汉字信息的表示效率，相同的信息内容，汉信码只占快速响应矩阵码符号面积的 90%，占数据矩阵码符号面积的 63.7%。

## 2.3.2　射频识别技术

无线射频识别（radio frequency identification，RFID）是 20 世纪 90 年代兴起的一种非接触式的新型自动识别技术，通过射频信号自动识别目标对象并获取相关数据，具有识别工作无须人工干预、可工作于各种恶劣环境等特点。

射频识别技术是一种非接触式的自动识别技术，它通过射频信号自动识别目标对象并获取相关数据，识别工作无须人工干预，可工作于各种恶劣环境。射频识别技术可识别高速运动物体并能同时识别多个标签，操作快捷方便。射频识别技术的特点如下：

（1）可非接触识读（识读距离可以从十厘米至几十米）。

（2）可识别高速运动物体。

（3）抗恶劣环境，防水、防磁、耐高温，使用寿命长。

（4）保密性强。

（5）可同时识别多个识别对象。

典型的无线射频识别系统包括无线射频识别电子标签、读写器和计算机信息系统三个部分（见图 2-4）。电子标签具有智能读写和加密通信的能力，读写器由无线收发模块、控制模块和接口电路组成，通过调制的 RF 通道向标签发出请求信号，标签回答识别信息，然后由读写器把信号送到计算机或其他数据处理设备。

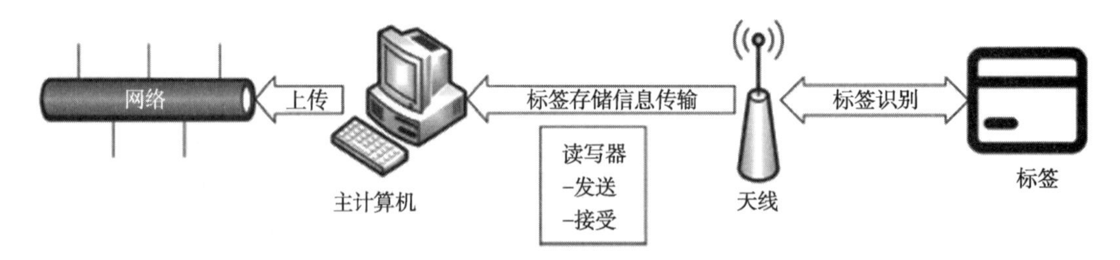


图 2-4　典型的无线射频识别系统

在实际应用中，电子标签附着在待识别物体的表面，其中保存有约定格式的电子数据。读写器通过天线发送出一定频率的射频信号，当标签进入该磁场时产生感应电流，同时利用此能量发送出自身编码等信息，读写器读取信息并解码后传送至主机进行相关处理，从而达到自动识别物体的目的。

按照工作频率的不同，无线射频识别系统可分为低频、高频、超高频和微波系统。低频无线射频识别系统的典型频率主要有 125 kHz、134.2 kHz，高频无线射频识别系统的频率以 13.56 MHz 为主，超高频无线射频识别系统主要使用 433 MHz、860～960 MHz 等 UHF 频率和频段，而微波无线射频识别系统的频率主要有 2.45 GHz、5.8 GHz。煤矿行业应用无线射频识别一般选择超高频无线射频识别系统。

无线射频识别技术目前已应用于物流、邮政、零售、医疗、动物管理等多个领域，包括：交通监控；高速公路自动收费系统；停车场管理系统；物品管理；流水线生产自动化；安全出入检查；仓储管理；动物管理；车辆防盗等。例如，中国邮政从 2018 年开始利用 RFID 技术跟踪邮件，从而了解邮件收寄、分拣、运输、投递等情况，更好地满足用户的需求。2019 年，海尔“智慧家庭”系统在 1000 多户家庭落地，其中，智慧洗护系统扫描 RFID 标签即可获取衣物的品牌、面料等信息，从而进行个性化洗护服务。2021 年 1 月，京东在重庆渝北的大件自动化仓开始全面应用 RFID 智能仓储解决方案，该技术可使仓库运营整体效能提高 300%，京东的这一创新性突破将为物流领域数字化转型提供路径。2022 年北京冬奥会上，RFID 技术与 5G 等技术完美结合，成功应用于门票管理、食品安全、安全防卫、防伪打假等方面。以食品安全为例，奥运期间所有食物全部赋予 RFID 标签，实现全流程可追溯，保障了食品安全。

射频识读系统工作流程如下：阅读器通过发射天线发送一定频率的射频信号，当射频卡进入发射天线工作区域时产生感应电流，射频卡获得能量被激活；射频卡将自身编码等信息通过卡内置发送天线发送出去；系统接收天线接收到从射频卡发送来的载波信号，经天线调节器传送到阅读器，阅读器对接收的信号进行解调和解码然后送到后台主系统进行相关处理；主系统根据逻辑运算判断该卡的合法性，针对不同的设定作出相应的处理和控制，发出指令信号控制执行机构动作。

射频识别系统的读写距离是一个关键参数。目前，长距离射频识别系统的价格昂贵，因此寻找提高其读写距离的方法十分重要。影响射频卡读写距离的因素包括天线工作频率、阅读器的 RF 输出功率、阅读器的接收灵敏度、射频卡的功耗、天线及谐振电路的 Q 值、天线方向、阅读器和射频卡的耦合度，以及射频卡本身获得的能量及发送信息的能量等。大多数系统的读取距离和写入距离是不同的，写入距离大约是读取距离的 40%～80%。

### 2.3.3　传感器技术

传感器是人类五官的延伸，是感知外界环境重要的途径之一。

传感器是一种检测装置，能感受到被测量的信息，并能将感受到的信息，按一定规律变换成为电信号或其他所需形式的信息输出，以满足信息的传输、处理、存储、显示、记录和控制等要求。它是实现自动检测和自动控制的基础。

国家标准 GB 7665-2005 对传感器的定义是："能感受规定的被测量件并按照一定的规律转换成可用信号的器件或装置，通常由敏感元件和转换元件组成。" 传感器的存在和发展，让物体有了触觉、味觉和嗅觉等感官，使物体慢慢"变活了"。根据应用领域的不同，传感器有时又被称为变换器、发送器、接收器等。

传感器主要由敏感元件、转换元件和转换电路三部分组成，它的作用主要是将来自外界的各种信号转换成电信号，实现非电量与电量的转换，如图 2-5 所示。

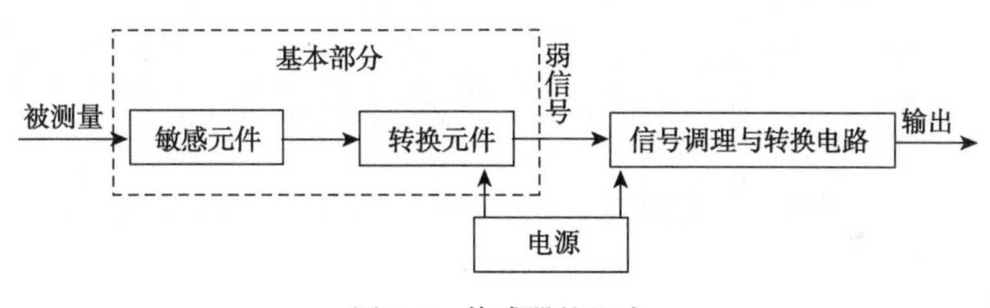


图 2-5　传感器的组成

其中，敏感元件作为传感器的核心部件之一，其主要作用是对直接感受进行测量，如环境温度、氧气浓度等，并输出与被测量成确定关系的某一物理量，主要是光、电信号。转换元件主要是将敏感元件的输出转换成电路参量，如电压、电阻变化等。转换电路的主要作用是将转换元件得到的电路参量接入转换电路，并转换成可直接利用的电信号。

传感器种类繁多，原理各异，可按照构成原理、工作原理、输出信号等进行分类，具体分类如表 2-2 所示。

**表 2-2　传感器分类**

| 分类方法 | 传感器类型 | 特性 | 应用案例 |
|---|---|---|---|
| 按照构成原理 | 结构型 | 以转换元件结构参数变化实现信号转换 | 电容式传感器 |
|  | 物理型 | 以转换元件物理特性变化实现信号转换 | 热电偶 |
| 按照基本效应 | 物理型 | 采用物理效应进行转换 | 热电阻 |
|  | 化学型 | 采用化学效应进行转换 | 电化学传感器 |
|  | 生物型 | 采用生物效应进行转换 | 生物分子传感器 |

续表

| 分类方法 | 传感器类型 | 特性 | 应用案例 |
| --- | --- | --- | --- |
| 按照能量关系 | 能量控制型 | 从外部供给能量并由被测输入量控制 | 电阻应变片 |
| | 能量转换型 | 直接由被测对象输入能量使其工作 | 热电偶 |
| 按照工作原理 | 电阻式 | 利用电阻参数变化实现信号转换 | 电阻应变片 |
| | 电容式 | 利用电容参数变化实现信号转换 | 电容传感器 |
| | 电感式 | 利用电感参数变化实现信号转换 | 电感传感器 |
| | 热电式 | 利用热电效应实现信号转换 | 热电电阻 |
| | 压电式 | 利用压电效应实现信号转换 | 压电式传感器 |
| | 电磁式 | 利用电磁感应原理实现信号转换 | 磁电式传感器 |
| | 光电式 | 利用光电效应实现信号转换 | 光敏电阻 |
| | 光纤式 | 利用光纤特性参数变化实现信号转换 | 光纤传感器 |
| 按照输入量 | 温度 | 基于用途分类 | 温度传感器 |
| | 压力 | | 压力传感器 |
| | 流量 | | 流量传感器 |
| | 位移 | | 位移传感器 |
| | 角度 | | 角度传感器 |
| | 加速度 | | 加速度传感器 |
| 按照输出信号 | 模拟量 | 输出量为模拟量 | 应变式传感器 |
| | 数字量 | 输出量为数字量 | 光栅式传感器 |
| 按照工作是否外接电源 | 无源式 | 无须外接电源 | 压电式传感器 |
| | 有源式 | 需要外接电源 | 应变式传感器 |

市场上的传感器种类繁多，根据实际需要选择合适的传感器产品时主要考虑以下因素：

### 1. 工作环境

在选择传感器之前，首先应对其使用环境进行调查并选择合适的传感器。通常，工作环境对于传感器的影响主要表现在以下几个方面：

（1）环境温度：高温环境对传感器容易造成涂覆材料融化、焊点开化、容易发生结构变化等问题。温度过低，传感器易出现漂移现象，从而导致测量误差较大。

（2）腐蚀性：腐蚀性较高的环境（如潮湿、酸性）对传感器易造成元器件或设备的受损，以及产生短路等影响，因此，针对土壤较为潮湿且具有一定腐蚀性的环境，如水产养殖，传感器的选择一定要满足抗腐蚀性的要求。此外，还要考虑防爆、粉尘浓度、湿度、电磁场等方面对于传感器的影响。

### 2. 性能指标

（1）被测量值的测量范围：根据需求，准确分析被测量范围，进而确定传感器的量程。例如，气温常年在 10～35 ℃，所选择的传感器测量范围应大于这个区间，同时，按照选择传感器应使其工作量在量程的 30%～70%的原则，对应选择的气温传感器测量范围为 0～50 ℃。

（2）灵敏度：通常传感器的灵敏度越高越好，灵敏度越高，被测量变化对应的输出信号就越利于处理。例如，某光照传感器的灵敏度为 0.001 mA/lx，即测量的光的强度每变化 1 lx，电流变化 0.001 mA，如果另外一款光照度传感器的灵敏度为 0.01 mA/lx，则当光的强度每变化 1 lx，电流变化 0.01 mA，相对而言，后者就更灵敏，性能更好。但要注意的是，选择时还要考虑外界噪声的干扰，建议选择信噪比（指信号与噪声的比）较高的传感器以减少干扰信号。

（3）精度：精度关系整个测量系统测量的精度，它是传感器测量准确性的一个重要性能指标。往往传感器的精度越高价格越贵，所以一般情况下，可以在满足测量精度要求下选择价格相对低一点的传感器，要同时兼顾性能和成本两个因素。

（4）线性范围和稳定性：线性范围是指传感器输出与输入成正比的范围，线性范围内灵敏度保持定值，因此，线性范围越宽量程越大，越能保证测量精度。

另外，稳定性也是非常重要的选择指标。影响传感器稳定性的因素有传感器本身的结构、使用环境等。稳定性有定量指标，在超过使用期后，在使用前应重新进行标定，以确定传感器的性能是否发生变化。

### 3. 传感器硬件接口及信号输出形式

传感器将被测量对象经过一定的规律转换成电信号或其他形式的信号后，还需要接入对应的设备才能将数据上传至网关。不同的传感器输出信号不同，也会影响后续处理电路及处理设备的选择，所以在选择传感器时，还需考虑传感器的信号输出形式及硬件接口。

### 4. 成本分析

成本是传感器选择的一个非常重要的因素。传感器的价格只是成本考虑的一个方面，而选择合适的传感器不光要考虑价格，还要考虑传感器的安装与维护等其他成本。不同的传感器安装方式不一样，安装时需提前考虑是否需要特制的安装板、安装是否灵活、安装预计耗费时间等，上述因素会涉及人力成本、配件成本、时间成本等。另外，还需考虑传感器的日常维护成本。传感器在使用过程中，需定期校准和标定。不同传感器标定寿命不同，有些是半年，有些也不用标定。对于传感器的核心元件——敏感元件来说，某些传感器只有 1～3 年的生命周期，超过生命周期时，测量数据的精准度就会大打折扣，需要定期更换，就会投入更多人力物力，产生额外的费用。最后是传感器的维修费用。在使用过程中，由于使用环境等方面的因素会出现传感器损坏的情况，那么就要根据具体的情况考虑是否需要维修。

### 5. 典型案例

智慧农业是指将现代科学技术与农业种植相结合，从而实现无人化、自动化、智能化管理。智慧农业将物联网技术运用到传统农业中，运用传感器和软件通过移动平台或者电脑平台对农业生产进行控制，使传统农业更具“智慧”。除了精准感知、控制与决策管理外，从广泛意义上讲，智慧农业还包括农业电子商务、食品溯源防伪、农业休闲旅游、农业信息服务等方面的内容。

智慧大棚依靠传感器、无线通信网络和智能控制中心，对大棚中农作物生长的温度、湿度、光照、pH 值、二氧化碳等参数进行实时监测，并将监测到的数据实时采集、上传至监控中心。监控中心根据检测到的数据和控制规则发出相应的控制指令，控制水肥的灌溉、温度/湿度的调节，如图 2-6 所示。

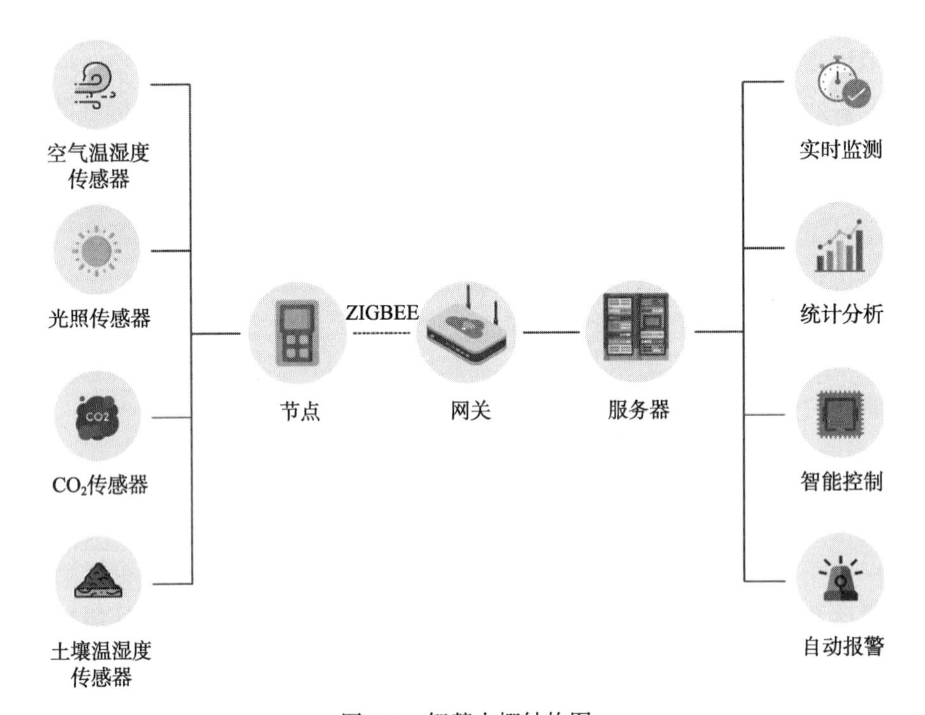


图 2-6　智慧大棚结构图

在一个智慧大棚中，采集数据用到的传感器主要有：

（1）无线空气温湿度传感器：收集空气温度及湿度数据，通过无线传输技术，配合大棚中的空调设备和加湿器工作。当棚内温度高于或低于系统设定范围，则自动打开或关闭空调设备；当棚内湿度高于或低于系统内设定范围时，则自动打开加湿器或关闭加湿器。

（2）无线光照传感器：收集大棚内光照强度信息，为农作物提供适宜的光合作用。通过传感器实时监测光照强度，如果光照强度超过系统预设的阈值，则控制遮阳帘遮蔽大棚，减少光照。

（3）无线土壤温湿度传感器：收集土壤温度及湿度信息，根据检测到的数据分析土壤中的水分和温度，如果出现土壤缺水或温度过高，系统会控制灌溉系统进行喷洒作业并打开通风设备，为农作物生长提供最适宜的土壤环境。

（4）无线太阳能 $CO_2$ 传感器：收集大棚内 $CO_2$ 信息。农作物吸收 $CO_2$ 进行光合作用，产生养分。如果空气中 $CO_2$ 较多反而会抑制作物的生长。当 $CO_2$ 浓度超过系统设定阈值时，自动打开通风设备；也可以增加农作物的光照强度，使之进行更多的光合作用，从而减少 $CO_2$ 的浓度。

（5）智能插座：用于控制设备工作启与停的动作。

（6）无线电磁阀：控制大棚内灌溉系统的启动与停止。

在病虫防治方面，智慧农业大棚也可以对病虫害进行识别，当病虫害超过设定的数值时，系统就会发出预警，针对虫害情况及时提出治理方案。同时，也可以作为农作物产量预测的依据。

### 2.3.4　图像识别技术

图像识别是指利用计算机视觉、模式识别、机器学习等技术方法，自动识别图像中存在的一个或多个语义概念，广义的图像识别还包括对识别的概念进行图像区域定位等。图像识别技术可以满足用户在不同场景下的视觉应用需求，主要包括面向互联网的图像检索与挖掘、面向移动设备和机器人等智能终端的人机对话与信息服务等。

最早的图像识别技术可以追溯到 20 世纪 60 年代。自 20 世纪 90 年代以来，随着计算机的处理能力越来越强，图像识别技术得到了很大的进步与发展。从最早的数字识别、手写文字识别逐渐发展到人脸识别、物体识别、场景识别、属性识别、精细目标识别等，所采用的技术也从最早的模板匹配、线性分类发展到现在所广泛使用的深层神经网络与支持向量机分类的方法。随着计算能力的大幅度提升、新的计算方法的不断提出、可利用的数据资源的大规模增长、新型应用模式不断涌现，图像识别及其应用技术呈现出的新趋势中有四个突出特点：

（1）图像的特征表示已经从传统的手工设定演变为如今的自动学习方法，这主要得益于深度神经网络技术的广泛应用。

（2）图像识别的概念已由早期个别概念（如特定概念、十几个概念的识别）转变为成百上千的概念，这主要是由于大规模图像数据集的发展所推动的。

（3）图像识别技术正在和自然语言理解技术进行融合，形成了图像描述技术，有别于图像识别只是对图像进行个别概念的标注，图像描述可以自动对一幅图像进行一句话或一小段话的描述，从而可以更全面地描述图像内容。

（4）在应用模式上，传统的图像识别技术或者是为了服务于监控、检索等特定的应用场景，或只是为了突破计算机视觉的挑战性问题，在技术研究时并未过多考虑全面图像识别技术的应用场景。随着技术发展，一些面向智能交互与服务的应用模式也逐渐引起了研究者的关注，这也进一步促进了图像识别技术的发展。

图像识别系统一般分为三个部分。第一部分是图像信息的采集和获取，它相当于对被研究对象的调查和了解，从中得到数据和信息，所以这一步的作用就是将目标图像经过摄像头和扫描仪等电子设备转为电信号。第二部分就是对信息的加工和预处理，其作用就是将获得的电信号信息进行加工、整理、分析，提出其中反映目标特点的本质特征，特征的提取和特征选择对整个系统识别分类的结果有很大影响。第三部分就是识别或分类过程，这部分功能就是将前一部分的特征向量空间映射到类型空间，也即相当于人从感性认识上升到理性认识而作出结论的过程，如图 2-7 所示。

图像识别技术在各个领域的应用也非常广泛。例如，医学活动开展过程中，常常需要分析图像，以此诊断患者的病情。应用图像识别技术，可以更加准确、清晰地观察图像并识别图像，进而根据图像信息判断患者病情。农业生产中，利用图像识别技术可以

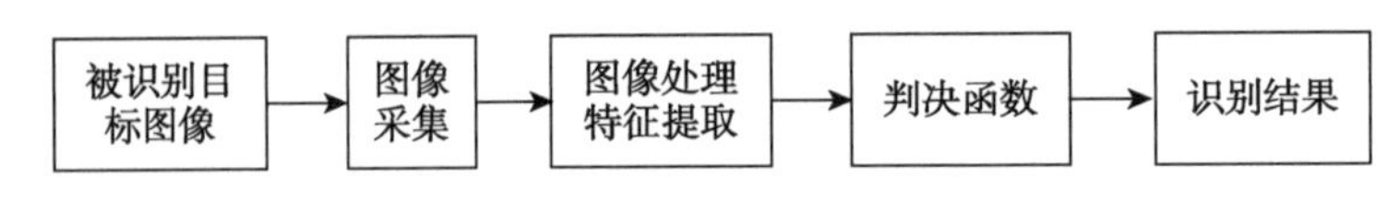


图 2-7　图像识别系统简单框图

对植物的生长过程进行图像反映，还可以监测与评价植物的生长，从而为农业生产提供可靠依据。在零售领域，无人货架、无人货柜、AI 收银机等的出现，正在潜移默化地改变着人们的消费方式，使传统零售逐渐向智慧零售过渡，而智慧零售的实现离不开计算机视觉的一项关键技术——图像识别，该技术主要是利用 3D 视觉传感技术对商品进行扫描识别（如对商品大小、包装等进行精确识别）。简单来说，图像识别就是计算机如何像人一样读懂图像的内容。未来，随着时代的发展和技术的进步，计算机图像识别技术水平将得到更大提升。

图像识别技术的快速、高效定位及产品信息获取的特性，使得其可以用于产品追溯系体系中。基于图像识别的产品追溯系统一般包括产品图像采集模块、图像数据处理与识别模块、产品数据库、追溯信息采集模块和产品追溯终端。通过图像识别技术与编码技术的结合，能够实现全链条的全程跟踪与溯源。具体步骤如下：

（1）使用产品图像采集模块定期采集产品在整个供应链中不同阶段的图像，并将采集到的图像信息传递至图像数据处理与识别模块；使用追溯信息采集模块对产品在整个供应链中的环境参数进行采集，并将采集到的环境参数传递至追溯产品数据库。

（2）图像数据处理与识别模块对接收到的图像进行处理，形成产品图像特征数据，依据该特征数据生成唯一识别码，并将该唯一识别码存储至追溯产品数据库，且将该唯一识别码与追溯信息采集模块采集到的该产品的环境参数进行关联。

（3）产品追溯终端对需要追溯的产品图像进行采集，将采集到的图像传递至图像数据处理与识别模块，经处理生成产品图像特征数据，进而通过追溯产品数据库获取此产品的唯一识别码，并将此产品在整个供应链中的信息从数据库中进行提取。

（4）追溯终端将获取的产品追溯信息以文字、图片、动画或/和视频格式进行展示。

## 2.4　信息共享技术

要实现产品的追踪和溯源，建立从原材料、生产、储存、运输、销售等全链条的信息链，就需要在不同的主体之间传输和共享信息。本节主要介绍企业之间可靠传输和共享信息的技术：EDI 和区块链。

### 2.4.1　电子数据交换技术

电子数据交换技术（electronic data interchange，EDI）是商业贸易伙伴之间，按标准、协议规范和格式化的信息，通过电子方式，在计算机系统之间进行自动交换和处理。EDI 包含了三个方面的内容，即计算机应用、通信网络和数据标准化。其中计算机应用是 EDI 的条件，通信环境是 EDI 应用的基础，标准化是 EDI 的特征。这三方面相互衔接、相互依存，构成 EDI 的基础框架，解决了计算机与计算机之间的信息交互问题。

### 1. EDI 发展

20 世纪 60 年代末，欧洲和美国几乎同时提出了 EDI 的概念，而它最早是应用在美国的航运业中。早期的 EDI 只是在两个商业伙伴之间，依靠计算机与计算机直接完成通信。到了 20 世纪 70 年代，数字通信技术的发展，大大加快了 EDI 技术的成熟和应用范围的扩大，带动了跨行业 EDI 系统的发展，出现了一些行业性数据传输标准，其应用主要集中在银行业、运输业和零售业。20 世纪 80 年代，EDI 标准的国际化使 EDI 的应用进入了一个新的阶段。到了 20 世纪 90 年代，出现了 Internet EDI。这使 EDI 从专用网扩大到因特网，降低了成本，并且朝着面向所有企业特别是中小企业的方向发展，使得缺乏资金和技术的中小企业有机会在互联网上实现过去在私有网络或者增值网上进行的商务信息交换，这就把 EDI 推广到一个开放的、公众化的、普适的、廉价的系统中。

将互联网与 EDI 联系起来，为 EDI 的发展带来了生机，这使得传统的基于增值网的 EDI 模式不再是单一的模式，而是一种新的以互联网为基础，使用可扩展置标语言 XML（extensible markup language）的 EDI 模式。它简单而且成本低，并为数据交换提供了许多简单而且易于实现的方法，用户可通过 Web 完成交易。采用 XML 实现 EDI，许多问题迎刃而解。XML 负责内容和结构，把商业规则与数据分离开来。贸易伙伴能集中于数据内容和结构的交换，运用各自的商业规则。XML 很容易为支持新的交易过程而扩展通信。EDI 不再固于古板严格的标准，但这并不意味着利用 XML 的 EDI 不需遵循任何规范。贸易双方为了能够理解交换的信息，仍需认可其格式和内容。基于 XML 的 EDI 可以使新兴企业和小企业都加入到电子商务中，进而推动 EDI 的大规模应用。

### 2. EDI 工作过程

EDI 整个过程无须人工介入或以最少的人工介入，以达到无纸化完成数据交换。用户在现有的计算机应用系统上进行信息的编辑处理，然后通过 EDI 转换软件（mapper）将原始单证格式转换为平面文件（flat file）。平面文件是用户原始资料格式与 EDI 标准格式之间的对照性文件，它符合翻译软件的输入格式，通过翻译软件变成 EDI 标准格式文件。最后，在文件外层加上通信交换信封填充，通过通信软件送到增值服务网络（VAN）或直接传给对方用户。对方用户则进行反向处理，最后转换为用户应用系统能够接受的文件格式，并进行收阅处理（见图 2-8）。

### 3. EDI 标准

在整个 EDI 发展的进程中，“标准”扮演了非常重要的角色。可以这样说，如果没有 EDI 的标准，也就没有 EDI 的蓬勃发展，EDI 标准的不断发展，又带动着 EDI 进入更高的应用阶段。EDI 之所以能够在较短的时间内被广泛接受和使用，除了世界范围内计算机的应用普及和网络技术的迅速发展等因素外，最重要的一点就是 EDI 标准的及时制定，以及这套标准的结构化具有较大的通用性和兼容性以及较高的严谨性。

EDI 标准体系包括 EDI 综合标准、EDI 管理和规则类标准、EDI 单证标准、EDI 报文标准、EDI 代码标准、EDI 相关标准和其他标准等。

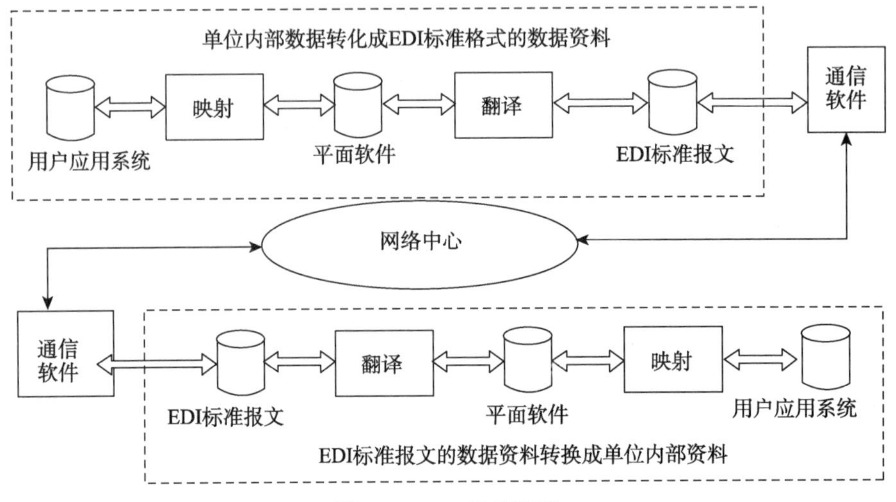


图 2-8　EDI 实施流程

目前，国际通用的 EDI 报文标准是 UN/ECE WP.4 制定的 UN/EDIFACT UNTDID 中的报文标准。它主要给出了制定报文的基本原则和适用范围，以及报文中段的嵌套结构、段的状态、段的最大重复次数，并且提供了段在具体报文的某位置上所能描述的内容。UN/EDIFACT 标准报文是国际上统一使用的指导性文件，在各个业务领域均具有通用性，正因如此，UN/EDIFACT 标准报文具有最大的兼容性，它规定了报文最大容量的基本框架结构，没有对使用提供指导性的提示和规定。不同领域的用户使用时，应根据具体业务需求或依据与贸易伙伴之间的协议，在本标准的基础上对该标准的条件性内容进行适当的删减。国际物品编码组织（GS1）根据用户要求在 EDIFACT 的基础上开发了一个国际性的、实用的 EDI 标准。1990 年出台了 EANCOM，1997 年版的 EANCOM 为该标准的第四版。

国际物品编码组织（GS1）与联合国欧洲经济委员会（the United Nations Economic Commission for Europe，UNECE）、国际标准化组织（International Organization for Standardization，ISO）、欧盟 EDIFACT 委员会以及一些行业的 EDI 组织保持着密切的合作，所以 EANCOM 的内容较好地描述了商业贸易过程中各环节的具体业务内容，EANCOM 在商业 EDI 的应用中起着举足轻重的作用。应用户的需求，EANCOM 报文包含交易类、开发金融类、运输类等。虽然 EANCOM 中引用了一些自己特定的原则，但是它完全符合 EDIFACT 的规则，并与 EDIFATC 的报文兼容，是 EDIFACT 的实用的、可操作性较高的子集，尤其是在零售业中 EANCOM 有着广泛的影响。欧洲与亚洲以至美洲的许多国家直接采纳 EANCOM 作为商业 EDI 的标准，一些软件开发商更是将其作为软件开发的依据。EANCOM 的内容详细、严谨，因而在全球范围内得到了广泛采用。

#### 4. XML 技术

在电子商务的发展过程中，传统的 EDI 作为主要的数据交换方式，对数据的标准化起到了重要的作用。但是传统的 EDI 有着相当大的局限性，比如 EDI 需要专用网络和专用程序，EDI 的数据人工难以识读等。为此人们开始使用基于互联网的电子数据交换技术——XML 技术。

XML 自从出现以来，以其可扩展性、自描述性等优点，被誉为“信息标准化过程的有力工具”，基于 XML 的标准将成为以后信息标准的主流，甚至有人提出了 eXe 的电子商务模式（“e”即“enterprise”，指企业，而“X”则就指的是“XML”）。XML 的最大优势之一就是其可扩展性，可扩展性克服了 HTML 固有的局限性，并使互联网一些新的应用成为可能。

在食品整个供应链的追溯链条中，条码或射频标签等数据采集技术只能对关键的追溯信息进行标识，而更多的与质量安全相关的追溯信息，需要在食品安全追溯系统之间以 EDI 的形式来传输。因此 EDI 技术是食品安全追溯体系建设中一种重要的信息共享技术。

## 2.4.2　区块链技术

### 1. 区块链原理

区块链起源于比特币。2008 年，中本聪发表了《比特币：一种点对点的电子现金系统》一文，阐述了基于 P2P（peer-to-peer，点对点）的网络技术、加密技术、时间戳技术、区块链技术等电子现金系统的构架理念，这标志着比特币的诞生。近年来，世界对比特币的态度起起落落，但作为比特币底层技术之一的区块链技术日益受到重视。在比特币形成过程中，区块是一个存储单元，记录了一定时间内各个区块节点全部的交流信息。各个区块之间通过随机散列（也称哈希算法）实现链接，后一个区块包含前一个区块的哈希值，随着信息交流的扩大，一个区块与另一个区块相继接续，形成的结果就叫区块链（见图 2-9）。“链”则指区块链中的区块是以链式存储的。区块链正是通过链式存储的加密区块保证了区块链上数据的安全性，使得系统中单个或小部分节点私自修改区块内容成为几乎不可能的事件，并能让系统所有节点都参与到交易的记录中。

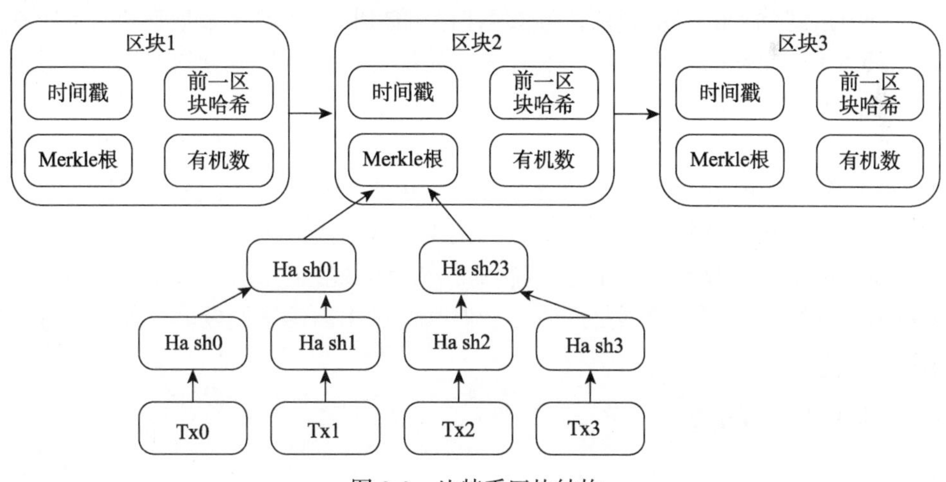

图 2-9　比特币区块结构

从本质上讲，它是一个共享数据库，存储于其中的数据或信息具有不可伪造、全程留痕、可以追溯、公开透明、集体维护等特征。基于这些特征，区块链技术奠定了坚实的“信任”基础，创造了可靠的“合作”机制，具有广阔的运用前景。区块链从数据存储方面来看其实就是一个分布式数据库，即共享账本，通常由点对点的网络共同管理，网络中的所有节点遵守用于节点间通信和验证新区块的协议。交易需要经过系统多数节点共识后才能记录到区块。区块链所使用的分布式账本系统具有很多优点。与集中记账系统相比，即使特定的节点发生故障，网络的功能也不会受到影响。由于不用担心网络中的中间人或者其他参与者的可信度，由此提高了信任度。

区块链系统中使用了包括 P2P 网络、分布式账本、非对称加密、共识机制和智能合约等很多网络和数字加密等相关方向的技术。区块链技术目前主要应用在金融领域，这不仅因为著名加密货币比特币的使用，还因为金融行业存在的效率低下和巨大的成本问题。区块链共享价值体系在各行各业中得以应用，通过智能合约实现价值的自动转移，最终实现价值互联的目标。

**2. 区块链特点**

区块链具有去中心化、防篡改、集体共识、灵活、安全等的特点，因此能够有效解决信任问题。

（1）去中心化。区块链的网络不需要像目前主流互联网中采用的中心化的模式，它也不需要任何管理机构或个人来管理系统，而是由分散的系统所有节点共同维护网络。区块链不需要管理权限，系统的数据可以被系统中每一个节点记录，所有节点副本同步更新。

（2）防篡改。防篡改指的是区块链一旦记录过的内容无法被篡改和删除。区块链账本的所有相关变动都是由系统中大多数节点共同决策后的结果。只有在经过大多数节点的认可后，才可在账本中添加此交易。并且区块链中的数据是全部节点共同维护的，每个节点都有相应的数据副本，所以只有更改所有节点的账本数据才能实现修改账本数据。在没有通过区块链网络中多数节点的同意下，区块链账本中的数据不可能发生改变。

（3）集体共识。由于区块链达成交易是要统一更改所有节点的账本信息，而要在分布式的网络中达到此目的，就必须依赖共识相关的机制。共识算法是系统节点更快安全地达成共识、完成交易的关键所在。所有的交易都需要大多数节点的共识，不需要考虑交易方的可信度，有效地解决了信任问题。

（4）灵活。区块链通过可编程脚本实现了智能合约，实现交易的自动化，可降低交易成本，也节省了大量的时间。并且在不依赖可信第三方的前提下，就可实现资产的转移。

（5）安全。区块链独特的链式存储方式使得单方面更改区块链账本中的数据变得不可能，从而保证了链上数据的安全性。特别是公共的区块链系统，大多都是匿名的，虽然账本数据对系统节点中的数据是透明的，但其通过用户信息的匿名，保护了区块链系统中用户信息的安全性。

**3. 区块链的网络模型**

区块链的网络模型可以划分为数据层、网络层、共识层、激励层、合约层和应用层的六层网络结构，如图 2-10 所示。

（1）数据层位于模型最底层，是区块链的账本所在，决定着区块链的链式存储和相应的账本数据结构。运用哈希值、Merkle 树、时间戳、随机数等相关机制和加密算法，保证了区块链系统数据的安全。

（2）网络层负责系统中节点的组网、数据的安全传播，保证了消息传播的完整性和时效性。

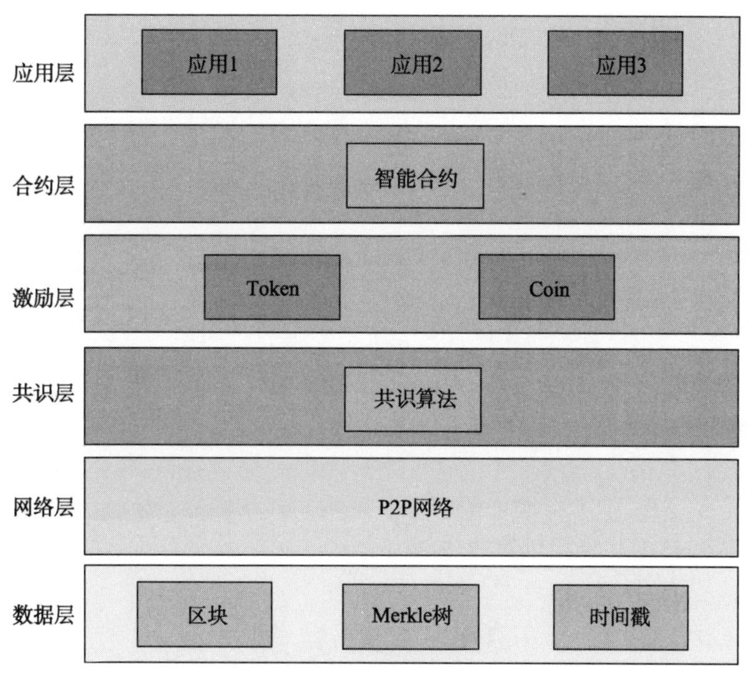


图 2-10　区块链层次模型图

（3）共识层包含了区块链系统中的相关共识，使得区块链网络中所有节点都能识别和遵守的统一的规则来更新区块链的账本。共识算法决定着系统的运行效率和稳定性。

（4）激励层主要的是系统激励机制。激励机制是保证区块链系统在去中心化的场景下，能够持久运行的关键所在，保证了系统的可靠性。所以激励机制对于公有链往往是不可或缺的。

（5）合约层主要是通过智能合约的形式实现交易的自动进行，减少第三方或人员的参与，进而节省开支。这使得区块链技术在社会生产中有了更大的用途。

（6）应用层直接与用户接触，实际上是建立在区块链底层技术之上的各种应用场景，类似于计算机操作系统上的应用、网站或者手机上的应用等，拥有合适的操作逻辑和友好的界面，使区块链得到更广泛的利用。

区块链技术的出现，为产品追溯提供了一种解决问题的新思路。区块链是一个运行在对等网络上的开放式分布式账本，无须中间人就可以有效地管理多个实体的交易，并且可验证且可追溯，信息不可更改。区块链以其去中心化，数据防篡改，可追溯以及去除第三方机构等特性被应用到众多行业中。将区块链应用到供应链追溯体系中，数据存储后不可更改，并且可以跨流程进行快速跟踪，快速识别交易方，精准追溯产品流通信息，增加产品流通的透明性，保证数据真实可靠。将供应商、生产商、分销商、零售商以及监管机构等加入区块链网络中，实体直接点对点进行交易，无须第三方机构。区块链技术的发展，为供应链行业带来了新动力，已成为近年来最热门的技术之一。2018 年京东推出了自主研发的区块链项目“JD Chain”，京东利用该项目进行食品和药品的精准溯源，搭建数字存证和信用网络。蚂蚁金服的区块链系统现已在公益追溯、商品溯源、城市服务、跨境支付和司法维权等多个应用场景中落地，涉及公共服务建设、金融、法律等多个领域。

第 3 章

CHAPTER 3

# GS1 标准体系

本章主要介绍 GS1 技术标准中的标识、采集、共享标准，旨在为产品追溯中的数据编码、数据采集和数据共享提供解决方案。

## 3.1　GS1 系统

GS1 系统是由国际物品编码组织（GS1）统一开发、维护和管理的一套用于全球商贸流通领域的标准化体系，它以对贸易项目、物流单元、位置、资产、服务关系等的编码为核心，集一维条码、二维码和射频标签等信息载体技术，以及电子数据交换、全球产品分类、全球数据同步、产品电子代码等信息共享技术为一体，服务于供应链全链条的信息自动识别、采集与共享。这套标准化体系作为全球通用的商务语言，具有系统性、科学性、全球统一性和可扩展性的特征。

（1）系统性。GS1 系统从信息的标识层、采集层和交换层为供应链流通系统的建设和应用提供了完整的解决方案，提供编码标识、数据载体和数据交换三个主要技术标准体系（见图 3-1）。

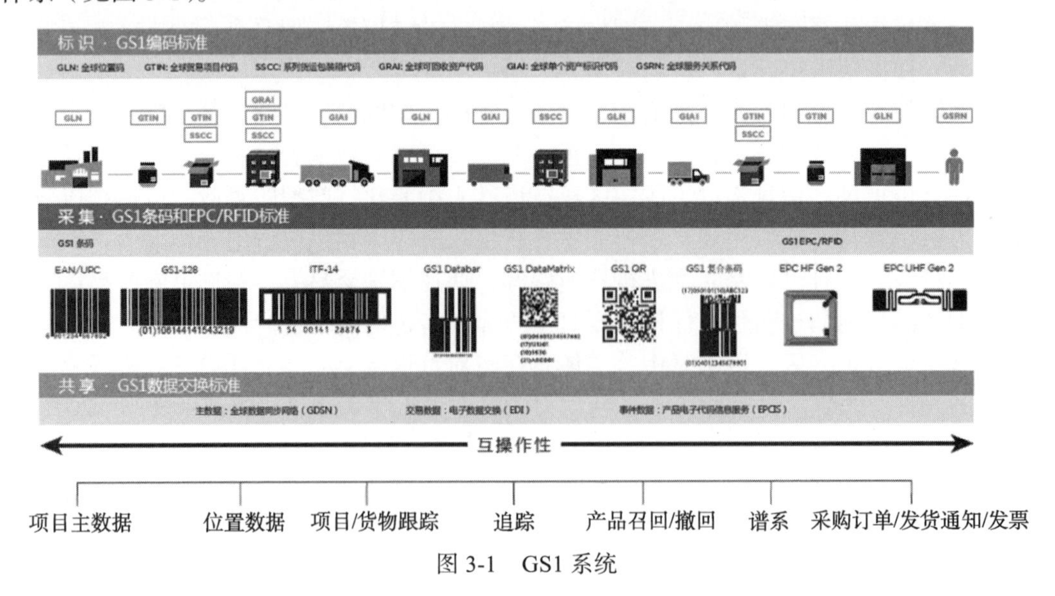


图 3-1　GS1 系统

GS1系统包含一套完整的编码体系，为采用高效、可靠、低成本的自动识别和数据采集技术奠定了基础。GS1系统采用条码、射频标签等为载体，以自动数据采集技术为支撑，为物流和信息流的同步提供了必要的技术前提。GS1系统提供了多种信息交换与共享方法，为商贸流通中信息的及时交换与共享提供了标准化和技术解决方案。

（2）科学性。GS1系统针对不同的编码对象采用不同的编码结构，并且这些编码结构间存在内在联系，因而具有科学性。

（3）全球统一性。GS1系统提供了一套跨行业和区域的通用技术标准，广泛应用于全球流通领域，已经成为事实上的国际标准。

（4）可扩展性。GS1系统是可持续发展的。随着信息技术的更新和应用，该系统也在不断发展和完善。

不断成熟和发展的GS1系统，不仅为在全球范围内标识货物、服务、资产和位置等提供了准确的编码，还提供了不同应用编码的GS1载体表示方法，以便商务流程中信息被快速地识读和理解。除了物品的唯一标识外，GS1系统还提供附加信息，如保质期、系列号和批号等的编码与条码表示，丰富了可识读内容。此外，GS1系统也包括用于信息交换与共享的电子数据交换（EDI）、XML电子报文、EPCIS和全球数据同步（GDSN）等。截至目前，GS1标准已在全球150多个国家和地区成功应用50多年，覆盖零售、制造、物流、快消品、医疗保健、建材、服装、图书音像、产品流通、追溯、电子商务等20多个行业200多万家企业。

## 3.2　GS1编码体系

GS1编码体系主要由标识不同对象的标识代码和附加属性代码组成。其中，标识代码包括：标识贸易项目的全球贸易项目代码（Global Trade Item Number，GTIN）；标识运输单元的系列货运包装箱代码（Serial Shipping Container Code，SSCC）、全球托运标识代码（Global Identification Number for Consignment，GINC）和全球装运标识代码（Global Shipment Identification Number，GSIN）；标识位置和参与方的全球位置码（Global Location Number，GLN）；标识资产的全球可回收资产代码（Global Returnable Asset Identifier，GRAI）和全球单个资产代码（Global Individual Asset Identifier，GIAI）；标识服务关系的全球服务关系代码（Global Service Relationship Number，GSRN）和服务关系事项代码（Service Relation Instance Number，SRIN）；以及全球文档类型代码（Global Document Type Identifiers，GDTI）、全球型号代码（Global Model Number，GMN）、组件/部件代码（Component/Part Identifier，CPID）、全球优惠券代码（Global Coupon Number，GCN）。具体如图3-2所示。

### 1. 全球贸易项目代码（GTIN）

贸易项目是指从原材料直接到最终用户可具有预先定义特征的任意一项产品或服务，对于这些产品和服务，在供应链过程中有获取预先定义信息的需求，并且可以在任意一点进行定价、订购或开具发票。在GS1系统中，全球贸易项目代码（GTIN）是在全球范围内唯一标识贸易项目的代码。通过对贸易项目进行编码和条码符号表示，能够实现商品终端销售、进/存货管理、自动补货、销售分析及其他业务运作的自动化。

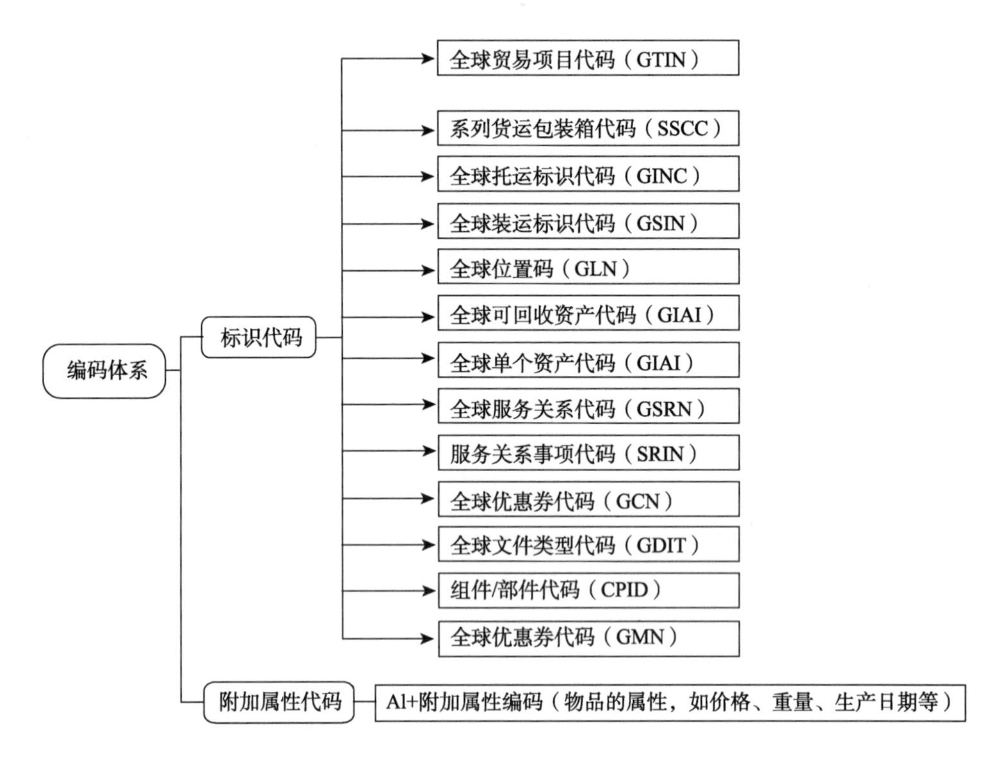


图 3-2　GS1 编码体系构成

GTIN 有 4 种不同的编码数据结构：GTIN-14、GTIN-13、GTIN-12 和 GTIN-8，每种编码结构应用于不同场景。其中，GTIN-13、GTIN-12 和 GTIN-8 主要用于对零售商品进行标识，GTIN-14 只用于对非零售商品的标识。其编码结构见表 3-1，表 3-2。

**表 3-1　GTIN-14 编码数据结构**

| 指示符 | 厂商识别代码+商品项目代码 | 校验码 |
|---|---|---|
| $N_1$ | $N_2$ $N_3$ $N_4$ $N_5$ $N_6$ $N_7$ $N_8$ $N_9$ $N_{10}$ $N_{11}$ $N_{12}$ $N_{13}$ | $N_{14}$ |

**表 3-2　GTIN-13、GTIN-12 和 GTIN-8 编码数据结构**

| 类型 | 厂商识别代码或前缀码 → | ← 商品项目参考代码 | 校验码 |
|---|---|---|---|
| GTIN-13 | 0 $N_1$ $N_2$ $N_3$ $N_4$ $N_5$ $N_6$ $N_7$ $N_8$ $N_9$ $N_{10}$ $N_{11}$ $N_{12}$ | | $N_{13}$ |
| GTIN-12 | 0 0 $N_1$ $N_2$ $N_3$ $N_4$ $N_5$ $N_6$$N_7$ $N_8$ $N_9$ $N_{10}$ $N_{11}$ | | $N_{12}$ |
| GTIN-8 | 0 0 0 0 0 0 $N_1$ $N_2$ $N_3$ $N_4$ $N_5$ $N_6$ $N_7$ | | $N_8$ |

厂商识别代码（GS1 公司前缀码）：由 7～10 位数字组成，是 GS1 系统中标识企业的唯一代码。厂商识别代码的前 2～3 位为 GS1 前缀码，由国际物品编码组织（GS1）分配给各成员组织。GS1 前缀码仅表示分配厂商识别代码的 GS1 成员组织，并不表示该贸

易项目的生产地或销售地。在我国，中国物品编码中心负责为需要的厂商分配厂商识别代码。

注：GTIN-8 代码是 GTIN-13 代码的一种补充，由 8 位数字组成，其结构中无厂商识别代码，由前缀码和商品项目参考代码组成。

商品项目代码：由 2～5 位数字组成，是无含义代码（即代码中的每一个数字既不表示分类，也不表示任何特定信息），最简单的方法是以流水号形式为每一个贸易项目分配编码。

校验码：GTIN 的末位数字，通过代码中的其他所有数字计算得出，主要是用来确保条码组成的正确性。

指示符：只在 GTIN-14 中使用指示符。指示符的赋值区间为 1～9，其中 1～8 用于定量贸易项目，9 用于变量贸易项目。最简单的编码方法是从小到大依次分配指示符的数字，即将 1、2、3 等数字依次分配给贸易单元的每个组合。

在实际应用中，全球贸易项目代码通常采用 EAN/UPC 条码、ITP-14 条码和 GS1-128 条码等一维条码符号表示，也可以采用 GS1 QR 码、GS1 Data Matrix 码等二维码表示。在 GS1-128、GS1 QR 码、GS1 Data Matrix 等条码符号中，GTIN 应结合应用标识符 AI（01）一起使用。

### 2. 系列货运包装箱代码（SSCC）

在 GS1 系统中，系列货运包装箱代码（SSCC）是为单个物流单元提供全球唯一标识的代码。物流单元是指在供应链中需要被追踪、运输和储存的任何物品组合形式。例如，一个包装箱内含 12 件颜色、尺码各不相同的连衣裙以及 20 件夹克，这个混装箱构成一个物流单元；一个托盘上装载 40 箱饮料（每箱 12 瓶），该托盘及其全部承载物构成一个物流单元。

SSCC 是一种无含义、定长的 18 位数字代码，不包含分类信息，也就是说每个物流单元的 SSCC 均不相同，即使两个物流单元包含相同的贸易项目，也要求使用不同的 SSCC。SSCC 代码结构见表 3-3。

表 3-3　系列货运包装箱代码（SSCC）结构

| 应用标识符（AI） | 扩展位 | 厂商识别代码 → | ← 系列参考代码 | 校验码 |
|---|---|---|---|---|
| 00 | $N_1$ | $N_2$ $N_3$ $N_4$ $N_5$ $N_6$ $N_7$ $N_8$ | $N_9$ $N_{10}$ $N_{11}$ $N_{12}$ $N_{13}$ $N_{14}$ $N_{15}$ $N_{16}$ $N_{17}$ | $N_{18}$ |

应用标识符（AI）：AI（00）表示该代码结构为一个系列货运包装箱代码。

扩展位：指示包装类型，用于增加 SSCC 代码的容量，取值范围为 0～9，由编制 SSCC 的厂商自行分配。例如：0 表示纸盒；1 表示托盘；2 表示包装箱。

厂商识别代码：标识企业的唯一编码，由 7～10 位数字组成，在我国由中国物品编码中心负责分配和管理。

系列参考代码：由具有厂商识别代码的厂商所分配的系列号，由 9～6 位数字组成。

校验码：校验码为 1 位数字。

在条码符号中，SSCC 应结合应用标识符 AI(00)一起使用，一维条码可采用 GS1-128 条码；二维码可采用有 GS1 模式的二维码，如 GS1 QR 码、GS1 Data Matrix 码等。

### 3. 全球托运标识代码（GINC）和全球装运标识代码（GSIN）

托运与装运是物流运输行业经常交叉使用的两个概念。在 GS1 系统中，全球托运标识代码（GINC）和全球装运标识代码（GSIN）都用于标识物流单元组合。其中，全球托运标识代码（GINC）用于标识委托给承运方且计划整体运输的一批货物中的物流单元组合，这些组合由一个或多个附带独立 SSCC 的物流单元构成。承运方负责代表发货方（卖方）或收货方（买方）安排货物运输及相关服务与手续，并承担货物的实际运输，将其从一处运往另一处。在整个运输链条中，GINC 会被相关的运输报文和运单等引用，并且各参与方都可以将 GINC 作为数据共享的重要参考依据。GINC 由货物运输方的厂商识别代码和实际委托信息组成，其代码结构见表 3-4。

表 3-4　全球托运标识代码（GINC）结构

| 应用标识符（AI） | 厂商识别代码 → | 托运参考代码 → |
| --- | --- | --- |
| 401 | $N_1$ ... $N_i$ | $X_{i+1}$ ... $X_j$（$j \leq 30$） |

厂商识别代码由中国物品编码中心分配给承运方，由 7～10 位数字组成；托运参考代码由承运方自行分配，为长度不超过 30 位的字母数字字符，用于对托运货物的唯一标识。

GINC 在适当的时候可以单独处理，或与出现在同一物流单元上的 SSCC 数据一起处理。如果生成一个新的 GINC，应将之前的托运代码从物理单元中去掉。在条码符号当中，GINC 应结合应用标识符 AI（401）一起使用。一维条码可采用 GS1-128 条码，二维码可采用有 GS1 模式的二维码，如 GS1 QR 码、GS1 Data Matrix 码。

全球装运标识代码（GSIN）用于标识从发货方（卖方）运输至收货方（买方）的货物中的物流单元组合，这些组合由一个或多个附带独立 SSCC 的物流单元构成，且这些货物的运输是基于特定买卖双方间的商业合作关系展开。在整个运输链条中，GSIN 会被相关的发货通知单和提单等引用，并且所有参与方都可以将 GSIN 作为数据共享的重要参考依据。GSIN 由发货方的厂商识别代码和发货方的装运参考代码组成，其代码结构见表 3-5。

表 3-5　全球装运标识代码（GSIN）结构

| 应用标识符（AI） | 厂商识别代码 → | ← 装运参考代码 | 校验码 |
| --- | --- | --- | --- |
| 402 | $N_1$ $N_2$ $N_3$ $N_4$ $N_5$ $N_6$ $N_7$ $N_8$ $N_9$ $N_{10}$ $N_{11}$ $N_{12}$ $N_{13}$ $N_{14}$ $N_{15}$ $N_{16}$ | | $N_{17}$ |

厂商识别代码由中国物品编码中心分配给货物发货方(卖方)，由 7～10 位数字组成；装运参考代码由发货方（卖方）自行分配，由 6～9 位数字组成，用于对装运货物的唯一标识；校验码为 1 位数字。

GSIN 可以单独使用,也可以与同一物流单元上的 SSCC 组合使用。在条码符号当中,GSIN 应与应用标识符 AI(402)组合使用,一维条码可采用 GS1-128 条码;二维码则可采用有 GS1 模式的二维码,如 GS1 QR 码、GS1 Data Matrix 码。

#### 4. 全球位置码(GLN)

全球位置码(GLN),也称参与方位置码,是 GS1 系统中对参与物流供应链活动的参与方和位置进行唯一标识的代码。其中,参与方包括法律实体和功能实体,位置包括物理位置和数字位置。

(1)法律实体:指合法存在,能够签订协议或合同的组织和机构,如:供应商、客户、政府机构、银行、承运商等。

(2)功能实体:指法律实体的分部或内部具体部门,如:某公司的财务部。

(3)物理位置:指某物所在的具体位置,如:某个建筑物、仓库或仓库的某个门、交货地等。

(4)数字位置:指计算机系统之间用于通信的网络地址。

GLN 由厂商识别代码、位置参考代码和校验码组成,为 13 位数字的代码。在没有厂商识别代码的情况下,企业可直接使用位置参考代码和校验码。GLN 具体结构见表 3-6。

表 3-6 全球位置码

| | | | |
|---|---|---|---|
| 有厂商识别代码 | 厂商识别代码 → | 位置参考代码 ← | 校验码 |
| | $N_1 N_2 N_3 N_4 N_5 N_6 N_7 N_8 N_9 N_{10} N_{11} N_{12}$ | | $N_{13}$ |
| 无厂商识别代码 | 位置参考代码 | | 校验码 |
| | $N_1 N_2 N_3 N_4 N_5 N_6 N_7 N_8 N_9 N_{10} N_{11} N_{12}$ | | $N_{13}$ |

在条码符号当中,GLN 应与不同含义的应用标识符(AI)结合使用,相关应用标识符以及对应的数据格式及含义见表 3-7。一维条码可采用 GS1-128 条码,二维码可采用具有 GS1 模式的码制,如 GS1 QR 码、GS1 Data Matrix 码。

表 3-7 全球位置码相关应用标识符及数据格式

| 应用标识符(AI) | 编码数据格式 | 含义 |
|---|---|---|
| 410 | 410+GLN | 交货地全球位置码 |
| 411 | 411+GLN | 受票方全球位置码 |
| 412 | 412+GLN | 供货方全球位置码 |
| 413 | 413+GLN | 货物最终目的地全球位置码 |
| 414 | 414+GLN | 物理位置的全球位置码 |
| 415 | 415+GLN | 开票方全球位置码 |
| 416 | 416+GLN | 产品或服务所在地全球位置码 |
| 254 | 254+GLN 扩展组件 | 物理位置属性 |
| 703n | 703n+999+GLN | 处理方位置 |

注 1:AI(254)与 AI(414)一起标识,GLN 扩展组件由最长为 20 位的数字字符组成。

注 2:当 703n 用于表示与位置相关信息时,999 为该应用标识符的专属代码,具体要求须符合 GB/T 16986;703n 与相关贸易项目的 GTIN(须符合 GB 12904)一起使用,n 为 0-9 的数字,是加工者核准号码。

### 5. 全球可回收资产代码（GRAI）

可回收资产是指具有一定价值，可重复使用的包装、容器或运输设备，例如：啤酒桶、高压气瓶、塑料托盘或板条箱等。在 GS1 系统中，全球可回收资产代码（GRAI）是用于在全球范围内唯一标识可回收资产项目的代码。GRAI 由厂商识别代码、资产类型代码、校验码和可选的系列号组成，其代码结构见表 3-8。

**表 3-8　全球可回收资产代码（GRAI）结构**

| 应用标识符（AI） | 填充位[a] | 厂商识别代码 → | 资产类型代码 ← | 校验码 | 系列代码（可选） |
|---|---|---|---|---|---|
| 8003 | 0 | $N_1\ N_2\ N_3\ N_4\ N_5\ N_6\ N_7$ | $N_8\ N_9\ N_{10}\ N_{11}\ N_{12}$ | $N_{13}$ | $X_1\cdots X_j(j\leqslant 16)$ |

a：为保证全球可回收资产代码的前 14 位数据结构，在厂商识别代码前补充一位数字。

填充位为 1 位数字“0”；厂商识别代码由 7～10 位数字组成；资产类型代码由 5～2 位数字组成；校验码为 1 位数字。以上共为 14 位数字代码。其中，资产类型代码由获得厂商识别代码的资产所有者或管理者负责编制并保证唯一性；系列号是可选的，由获得厂商识别代码的资产所有者或管理者负责编制，用于标识特定资产类型中的单个资产，由 1～16 位可变长度的代码构成。

在条码符号当中，GRAI 应结合应用标识符 AI（8003）一起使用，一维条码可采用 GS1-128 条码；二维码可采用有 GS1 模式的二维码，如 GS1 QR 码、GS1 Data Matrix 码。

### 6. 全球单个资产代码（GIAI）

单个资产被认为是具有特定属性的物理实体，例如，飞机零件、机车车辆、牵引车等。在 GS1 系统中，全球单个资产代码（GIAI）是用于在全球范围内唯一标识单个资产的代码，其典型应用是记录飞机零部件的生命周期，可从资产购置直到其退役，对资产进行全过程跟踪。GIAI 由厂商识别代码和单个资产参考代码两部分组成，其代码结构见表 3-9。

**表 3-9　全球单个资产代码（GIAI）结构**

| 应用标识符（AI） | 厂商识别代码 → | 单个资产参考代码 ← |
|---|---|---|
| 8004 | $N_1\cdots N_i$ | $N_{i+1}\cdots N_j(j\leqslant 30)$ |

厂商识别代码由 7～10 位数字组成；单个资产参考代码由 1～23 位代码字符组成，并由获得厂商识别代码的资产所有者或管理者负责编制并保证唯一性。

在条码符号中，GIAI 应与应用标识符 AI（8004）结合使用。一维条码可采用 GS1-128 条码；二维码可采用有 GS1 模式的二维码，如 GS1 QR 码、GS1 Data Matrix 码。

### 7. 全球服务关系代码（GSRN）和服务关系事项代码（SRIN）

全球服务关系代码（GSRN）是用于在全球范围内唯一标识服务关系中相关方（服务提供方和服务接受方）的代码，可用在患者管理、会员管理、服务协议等服务关系中。

GS1 系统为服务提供方和接受方提供了一个准确唯一的标识代码，用于对其服务项目进行管理。GSRN 由厂商识别代码、服务参考代码和校验码组成，为 18 位数字代码，其代码结构见表 3-10。

表 3-10 全球服务关系代码（GSRN）结构

| 服务关系相关方 | 应用标识符（AI） | 厂商识别代码 → | ← 服务参考代码 | 校验码 |
|---|---|---|---|---|
| 提供方 | 8017 | $N_{18} \cdots N_i$ | $N_{i-1} \cdots N_2$ | $N_1$ |
| 接收方 | 8018 | $N_{18} \cdots N_i$ | $N_{i-1} \cdots N_2$ | $N_1$ |

厂商识别代码由 7～10 位数字组成；服务参考代码由 10～7 位数字组成，并由获得厂商识别代码的服务提供组织负责分配并保证唯一性；校验码为 1 位数字。

GS1 系统为不同的服务相关方提供了不同的应用标识符。其中，服务提供方采用 AI（8017）进行标识，服务接收方采用 AI（8018）进行标识。

此外，GS1 系统还提供了服务关系事项代码（SRIN），用于标识某一服务关系中具体的服务项目。例如服务关系为患者管理时，可采用全球服务关系代码标识服务提供方（医生）与接受方（患者），采用服务关系事项代码标识在护理过程中发生的某项具体检查。SRIN 由获得厂商识别代码的服务提供组织负责分配并保证唯一性，应与全球服务关系代码一起使用。SRIN 代码结构由不超过 10 位长度的数字字符组成，具体见表 3-11。

表 3-11 服务关系事项代码（SRIN）结构

| 应用标识符（AI） | 服务关系事项代码结构 |
|---|---|
| 8019 | $N_j \cdots N_1$（$j \leqslant 10$） |

当用条码符号表示全球服务关系代码和服务关系事项代码时，一维条码可采用 GS1-128 条码；二维码可采用有 GS1 模式的二维码，如 GS1 QR 码、数据矩阵码、汉信码。

### 8. 全球文档类型代码（GDTI）

全球文档类型代码（GDTI）是用于在全球范围内唯一标识文档类型及具体文档的代码。无论是在企业内部还是与贸易伙伴间，被引用文件的修改、版本管理、特定实例记录等都属于文件管理的过程，需要唯一标识。GDTI 由厂商识别代码、文档类型代码、校验码、系列号组成，其代码结构见表 3-12。

表 3-12 全球文档类型代码（GDTI）结构

| 应用标识符（AI） | 厂商识别代码 → ← 文档类型代码 | 校验码 | 系列组件代码（可选） |
|---|---|---|---|
| 253 | $N_{13} N_{12} N_{11} N_{10} N_9 N_8 N_7 N_6 N_5 N_4 N_3 N_2$ | $N_1$ | $X_1 \cdots X_j (j \leqslant 17)$ |

厂商识别代码由 7～10 位数字组成；文档类型代码由 5～2 位数字组成；校验码为 1 位数字；系列号是可选的，用于标识特定文档类型中的单个文档，由 1～17 位可变长度

的数字、字母代码构成。

在条码符号当中，GDTI 应与应用标识符 AI（253）结合使用。当用条码表示文档类型时，一维条码可采用 GS1-128 条码；二维码可采用有 GS1 模式的二维码，如 GS1 QR 码、GS1 Data Matrix 码。

### 9. 全球型号代码（GMN）

生产企业可根据行业指南（如有）或法规定义的模型通用属性来标识产品模型（例如医疗设备产品系列、服装款式、消费电子产品型号）。全球型号代码（GMN）是用于在全球范围内唯一标识产品型号的代码。GMN 不用于标识贸易项目，而是标识贸易项目的属性。GMN 由厂商识别代码、型号参考代码和一对校验码组成，其代码结构见表 3-13。

**表 3-13 全球型号代码（GMN）结构**

| 应用标识符（AI） | 厂商识别代码 → | 型号参考代码 → | 校验码 |
|---|---|---|---|
| 8013 | $N_1$ … $N_i$ | $X_{i+1}$…可变长度 $X_j$（j≤23） | $X_{j+1}X_{j+2}$ |

厂商识别代码由 7～10 位数字组成；型号参考代码的结构由获得厂商识别代码的生产商管理分配；GMN 代码总长度不超过 25 位（包括校验码）。

除了建筑行业，GMN 一般不用在数据载体中。当用在条码符号当中时，GMN 应与应用标识符 AI（8013）结合使用，条码符号可以使用 GS1 DM、GS1 QR 码。

### 10. 组件/部件标识代码（CPID）

对于产品由买方标识的贸易场景，可用组件/部件标识代码进行标识，即贸易活动中由产品买方指导其供应商对产品进行标识和标注。组件/部件标识代码（CPID）不能用于开放供应链中使用，仅用于贸易协作。CPID 由厂商识别代码和组件/部件参考代码组成，是小于等于 30 位的代码字符，其代码结构见表 3-14。

**表 3-14 组件/部件标识代码（CPID）结构**

| 应用标识符（AI） | 厂商识别代码 → | 组件/部件参考代码 → |
|---|---|---|
| 8010 | $N_1$ … $N_j$ | $X_{j+1}$ …可变长度 $X_k$（k≤30） |

厂商识别代码由 7～10 位数字字符组成，由中国物品编码中心分配给企业；组件/部件参考代码长度可变，仅可由数字、大写字母或特殊字符“#”“-”“/”构成，由获得厂商识别代码的企业负责编制并保证唯一性。

在条码符号当中，CPID 应与应用标识符 AI（8010）结合使用。一维条码可采用 GS1-128 条码；二维码可采用有 GS1 模式的二维码，如 GS1 QR 码、GS1 Data Matrix 码。此外，组件/部件标识代码可通过添加一个可选的组件/部件系列号，实现对单个组件/部件的唯一标识。组件/部件系列号仅为数字格式，长度可变，最长为 12 位，并且不应以“0”开头，除非整个序列号由单个数字“0”组成。组件/部件系列号对应的 GS1 应用标识符是 AI（8011），其代码结构见表 3-15。

表 3-15　组件/部件标识系列号代码结构

| 应用标识符（AI） | 组件/部件标识系列号 |
|---|---|
| 8011 | $N_1$…可变长度　$N_{12}$ |

### 11. 附加属性代码

在 GS1 系统追溯体系中，除了不同对象的标识代码外，还需要采集与其相关的附加属性信息，如净重、面积、体积、生产日期、批号、保质期等。这些附加属性信息对确保追溯信息的完整和准确至关重要。

GS1 系统针对这些附加信息制定了专门的编码规则。其通过特定的格式与明确的含义，精准表示与具体产品或服务相关的各类附加信息，每项附加信息编码均由“应用标识符（AI）+附加信息代码”构成。常用的属性信息应用标识符及数据格式见表 3-16。

表 3-16　常用的属性信息应用标识符及数据格式

| 属性信息名称 | 应用标识符（AI） | 数据格式 |
|---|---|---|
| 全球贸易项目代码 | 01 | N14 |
| 批次/批号 | 10 | X..20 |
| 生产日期 | 11 | N6 |
| 包装日期 | 13 | N6 |
| 保质期 | 15 | N6 |
| 销售截止日期 | 16 | N6 |
| 有效期 | 17 | N6 |
| 系列号 | 21 | X..20 |
| 消费产品变体 | 22 | X..20 |
| 定制产品变量代码 | 242 | N..6 |
| 包装组件代码 | 243 | X..20 |
| 源实体参考代码 | 251 | X..30 |
| 项目可变数量 | 30 | N..8 |
| 净重，千克（变量贸易项目） | 310n | N6 |
| 长度或第一尺寸，米（变量贸易项目） | 311n | N6 |
| 宽度、直径或第二尺寸，米（变量贸易项目） | 312n | N6 |
| 深度、厚度、高度或第三尺寸，米（变量贸易项目） | 313n | N6 |
| 面积，平方米（变量贸易项目） | 314n | N6 |
| 净体积、净容积，升 | 315n | N6 |
| 净体积、净容积，立方米 | 316n | N6 |
| 应付金额（变量贸易项目） | 392n | N..15 |
| 单一货币区单价（变量贸易项目） | 395n | N6 |
| 贸易项目的原产国（或地区） | 422 | N3 |
| 贸易项目初始加工的国家（或地区） | 423 | N3+N..12 |

续表

| 属性信息名称 | 应用标识符（AI） | 数据格式 |
| --- | --- | --- |
| 贸易项目加工的国家（或地区） | 424 | N3 |
| 贸易项目拆分的国家（或地区） | 425 | N3+N..12 |
| 全程加工贸易项目的国家（或地区） | 426 | N3 |
| 翻新批号 | 7020 | X..20 |
| 卷状产品的尺寸 | 8001 | N14 |
| 单价 | 8005 | N6 |
| 产品生产日期与时间 | 8008 | N8[+N..4] |
| 公司内部信息 | 91～99 | X..90 |

注 1：数据字段格式中的 N 表示数字字符；Nm(m 为自然数）表示定长为 m 的数字字符；N..p（p 为自然数）表示最长为 p 的数字字符。

注 2：数据字段格式中的 X 表示任意字符；X..p（p 为自然数）表示最长为 p 的任意字符。X 取值从表 B.1 中选择。

注 3：[ ]表示可选。

接下来，通过以下示例，详细阐述如何采用 GS1 全球统一标识代码对贸易项目、物流单元、参与方以及位置进行精准标识。在整个供应链中，借助条码等自动数据采集技术，能够高效收集基于供应链活动的追溯数据。图 3-3 提供了供应链简图，展示了配料和包装的供应流程，以及如何将其转化为最终产品，并配送给终端消费者的全过程。

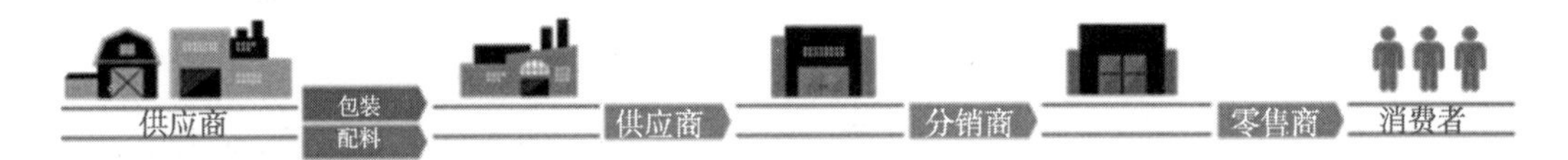


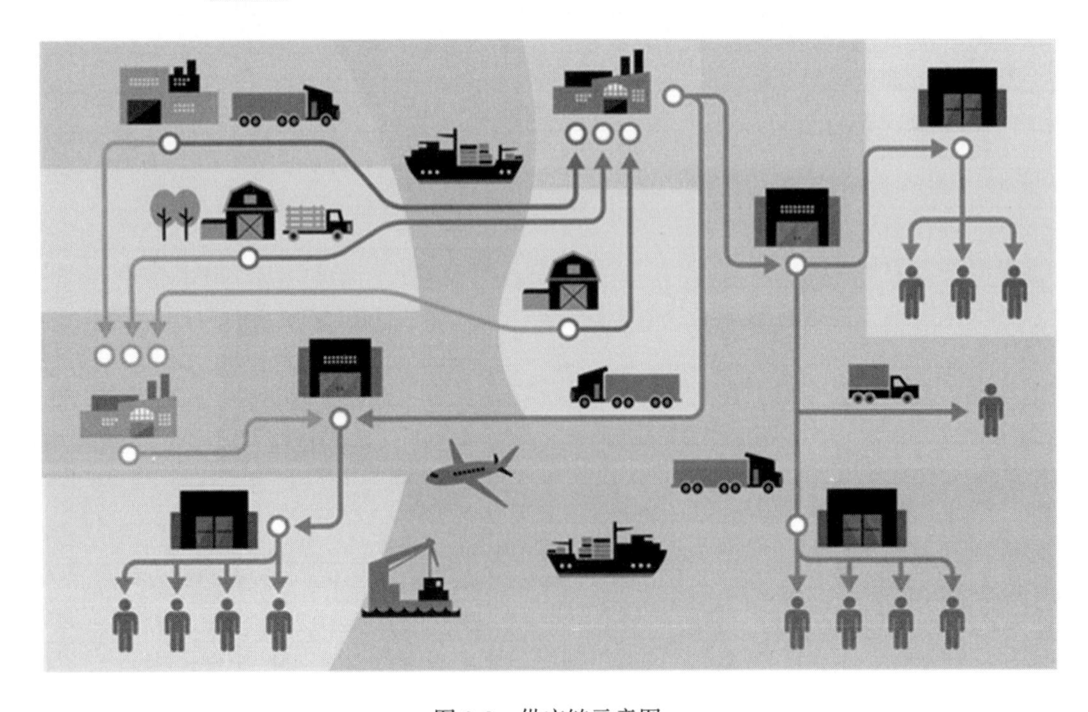

图 3-3　供应链示意图

图 3-4 和图 3-5 展示了供应链各个环节中出现的一些业务流程步骤。每个步骤都将生成一个或多个关键追溯事件（CTE），然后记录此类事件的关键数据元素（KDE），并采用 GS1 标准进行标识。

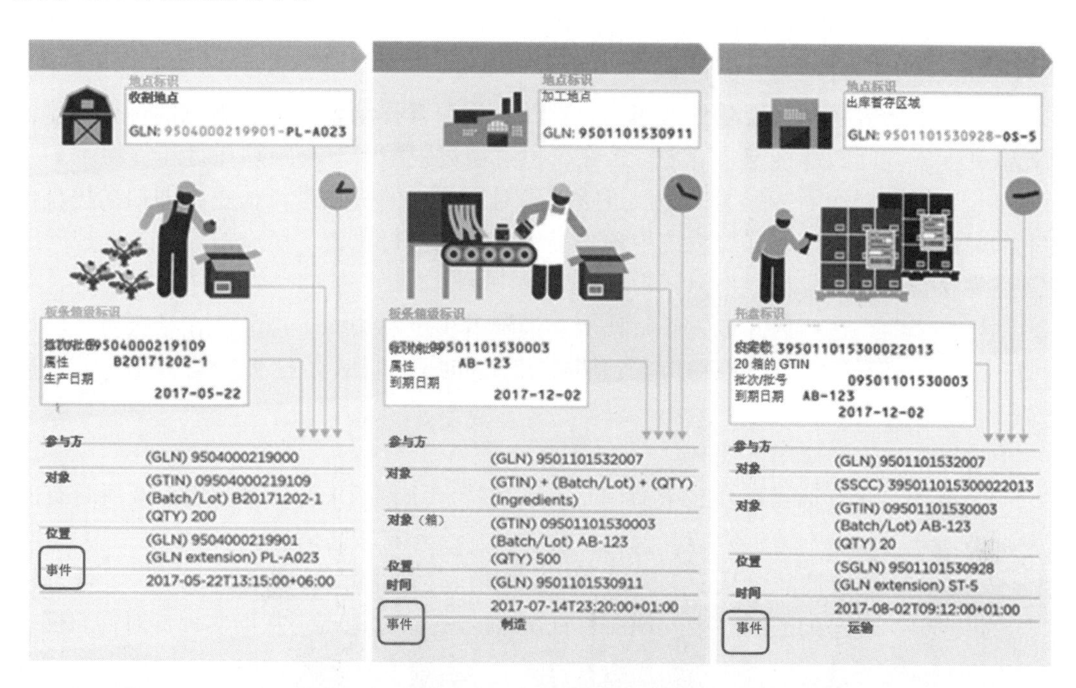


图 3-4　业务环节中 GS1 编码的应用（1）

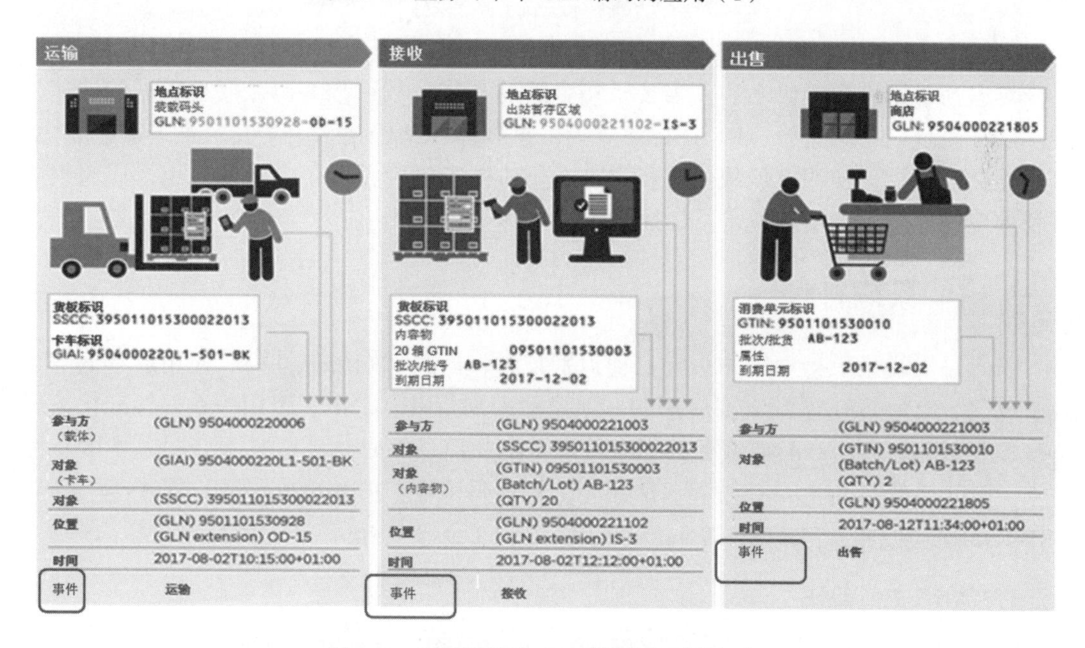


图 3-5　业务环节中 GS1 编码的应用（2）

收割：生产者收割庄稼并将产品装箱。使用 GTIN+批次/批号标记每个箱子，并记录相关数据。

制造：制造商将原材料转化成最终产品，并将产品装箱。为了实现追溯，制造商需要记录该流程的输入和输出信息，以批次批号级别记录。

装运：仓库部门分拣产品并将其置于托盘上。为了实现追溯，仓库会记录产品标识代码（GTIN+批次/批号）和托盘标识代码（SSCC）之间的链接。之后，将托盘移动到出站暂存区域，等待承运方提货。

运输：承运方将托盘装载到卡车上，驾驶员使用其移动扫描设备来识别每个托盘，将托盘和卡车之间的链接记录下来。现在，也可通过跟踪卡车来跟踪托盘和货物。

接收：托盘到达零售配送中心。进货部门对所收到的货物进行检查，即扫描托盘标签上的 SSCC，并将该数据与系统中预先登记的信息进行比较。所有检查均未发现问题时，在库存管理系统中将货物标记为可用。

销售：产品到达商店并被置于货架上。消费者决定购买两个产品。在结账时，店员扫描产品上的条码。系统会自动检查到期日期。同时，GTIN 及批次/批号等销售信息被记录下来。

上述追溯数据的应用方式有：

（1）溯源：零售商需要找到上游信息，了解特定原料的来源、种植者以及所具有的质量证书。通过跟踪上游供应链，找到种植者，并检索到所需信息。

（2）追溯：制造商需要从配送网络中找到需要召回的特定批次/批号的产品。通过跟踪下游供应链，确定配送网络中发现所有批次/批号产品的地点，从而实现针对性召回。

## 3.3　GS1 数据采集体系

对追溯对象进行编码之后，需要采用合适的载体承载追溯编码，实现数据的快速采集。GS1 系统以条码符号、RFID 标签等为信息载体。条码技术由于其信息采集速度快、可靠性高、灵活、实用、低成本等特点，在供应链管理中得到了广泛的应用，成为供应链管理现代化的关键信息技术。GS1 数据载体体系见图 3-6。

### 3.3.1　条码符号

条码可以说是最早使用的一种自动识别技术，因其识别可靠性高、使用成本低廉、技术成熟，成为 GS1 系统主要应用的一项自动识别技术。GS1 系统用一系列标准化条码符号作为载体，表示产品或服务的标识代码及附加信息编码，是 GS1 系统最基本的支撑技术。GS1 系统目前主要有以下六种标准化的条码符号：EAN/UPC 条码，ITF-14 条码，GS1-128 码（见图 3-6），GS1 Databar 条码，GS1 Data Matrix 码和 QR 码。

#### 1. EAN/UPC 条码

EAN/UPC 条码包括 EAN-13、EAN-8、UPC-A 和 UPC-E，如图 3-7 所示。通过零售渠道销售的贸易项目必须使用 EAN/UPC 条码进行标识。同时这些条码符号也可用于标识非零售的贸易项目。关于 EAN/UPC 条码的说明，请查阅国家标准《商品条码 零售商品编码与条码表示》（GB 12904-2008）。

图 3-6　GS1 数据载体体系

图 3-7　EAN/UPC 条码示例

EAN 条码是长度固定的连续型条码，其字符集是数字 0～9。EAN 码有两种类型，即 EAN-13 条码和 EAN-8 条码。UPC 条码是一种长度固定的连续型条码，其字符集为数字 0～9。UPC 码起源于美国，有 UPC-A 条码和 UPC-E 条码两种类型。

根据国际物品编码组织（GS1）与原美国统一代码委员会（UCC）达成的协议，自 2005 年 1 月 1 日起，北美地区也统一采用 GTIN-13 作为零售商品的标识代码。但由于部分零售商使用的数据文件仍不能与 EAN/UCC-13 兼容，所以在此过渡期间，产品销往美国和加拿大市场的厂商可根据客户需要，向编码中心申请 UPC 条码。

**2. ITF-14 条码**

ITF-14 条码只用于不通过 POS 系统的贸易项目，也就是说，只用于表示在非零售渠道销售、储存或运输的贸易项目，是定长的条码符号。符号表示如图 3-8 所示。

ITF-14 条码对印刷精度要求不高，比较适合直接印制（热转印或喷墨）在表面不够光滑、受力后尺寸易变形的包装材料上。因为这种条码符号较适合直接印在瓦楞纸包装箱上，所以也称“箱码”。关于 ITF-14 条码的说明，请查阅 GB/T 16830-2008《商品条码储运包装商品编码与条码表示》。

图 3-8 ITF-14 条码符号

**3. GS1-128 码**

GS1-128 码是由国际物品编码组织（GS1）和美国统一代码委员会（UCC）共同设计而成。它是一种连续型、非定长、有含义的高密度、高可靠性、具有自校验功能的条码符号。GS1-128（UCC/EAN-128）码由起始符号、数据字符、校验符、终止符、左、右侧空白区及供人识读的字符组成，用以表示 GS1 系统应用标识符字符串，是 Code128 的子集，属 GS1 系统专用，符号如图 3-9 所示。

图 3-9 GS1-128 码符号

GS1-128 码可表示变长的数据，条码符号的长度依字符的数量、类型和放大系统的不同而变化，并且能将若干信息编码在一个条码符号中。该条码符号可编码的最大数据字数为 48。GS1-128 码不用于 POS 零售结算。

图 3-9 中的（02）、（17）、（37）和（10）为应用标识符（AI）。应用标识符（AI）是一个 2～4 位的代码，用于定义其后续数据的含义和格式。使用 AI 可以将不同内容的数据表示在一个 GS1-128 码中。不同的数据间不需要分隔，既节省了空间，又为数据的自动采集创造了条件。关于 GS1-128 码的说明，请查阅 GB/T 15425-2014《商品条码 128 条码》及 GB/T 16986-2018《商品条码 应用标识符》等。

GS1-128 码是能够表示应用标识的条码符号。GS1-128 可编码的信息范围广泛包括项目标识、计量、数量、日期、交易参考信息、位置等。随着应用需求的不断发展，GS1 系统又推出了缩小空间码（RSS Databar 条码），它是 GS1 系统中使用的新型一维条码。由于 RSS Databar 条码符号整体尺寸较小，代码表示灵活紧凑，可以在某些特殊的情况下使用：如商品太小或者在有限的位置上要标识更多的信息等。

**4. GS1 Databar 条码**

GS1 Databar 条码是一系列用于 GS1 系统的线性条码符号，有三组不同类型。

第一组 Databar 条码对线性符号中贸易项目应用标识符 AI（01）进行编码，包括标准全向 Databar-14 条码、截短式 Databar-14 条码、层排式 Databar-14 条码及全向层排式

Databar-14 条码等。

第二组 Databar 条码是限定式 Databar 条码，对线性符号中贸易项目应用标识符 AI(01) 进行编码，用于不能在全方位扫描环境中扫描的小项目。

第三组 Databar 条码包括单行扩展式 Databar 条码和层排扩展式 Databar 条码，将 GS1 系统项目主标识和诸如重量、有效期等附加属性标识的 AI 单元数据串编码在一维条码中，适用于被全方位扫描器扫描。

当普通条码太宽的时候，可以使用层排式 Databar-14 条码在两行中进行层排使用。它有两种形式：适宜于小项目标识的截短形式和适用于全方位扫描器识读的较高形式。扩展式 Databar 条码也可以作为层排条码符号印刷成多行。

另外，GS1 Databar 系列的任何条码都能够作为独立的一维条码印刷，也可以印刷在 Databar 线性组分之上且兼容复合码组分。国际标准 ISO/IEC 24724 中有关于 Databar 系列条码的完整描述。

### 5. GS1 Data Matrix 码

GS1 Data Matrix 码（数据矩阵码）是一种独立的矩阵式二维码码制，其符号由位于符号内部的多个方形模块与分布于符号外沿的寻像图形组成。GS1 Data Martrix 码从 1994 年开始已经在开放环境中应用。关于数据矩阵码的详细技术规定可参见国际标准 ISO/IEC 16022。

GS1 Data Matrix 码具有信息密度高、可以多种方法在不同基底上印制等特点，可用于直接部件标印（如在汽车、飞机金属零件、医疗器械以及外科植入式器械等物品上采用打点冲印的方法制作数据矩阵码），采用激光或化学刻蚀的方法在电路板、电子元件、医疗器械、外科植入式器械等部件上制作低反射率（高反射率背底）或高反射率模块（低反射率背底），用于构建数据矩阵码；采用高速喷墨设备在部件或组件上喷制数据矩阵码；小型的物品，空间不足以用 GS1 Databar 码或复合码作为数据载体的，可以印制数据矩阵码。

GS1 Data Matrix 码可采用二维成像式识读器或成像系统识读。非二维成像式条码识读器不能识读 GS1 数据矩阵码。GS1 数据矩阵码仅限于在整个供应链中采用成像式识读器的新型应用系统中使用。GS1 Data Matrix 码符号如图 3-10 所示。

图 3-10　GS1 Data Matrix 码符号

### 6. QR 码

QR 码是 1994 年 9 月由日本 Denso 公司研制出的一种矩阵式二维码符号，也是最早可以对中文汉字进行编码的条码。QR 码同 GS1 Data Matrix 码一样，可以编码 GS1 系统数据结构，并且提供其他技术优势，它的紧凑设计、各种生成方法使其适用于放置在各种材料的表面上，其优势超过目前 GS1 系统的其他符号。GS1 QR 码是一个独立的二维矩阵的符号，由一些方形模块布置在一个整体的方形图案中构成。符号的三个角落各有一个独特的寻像图形，如图 3-11 所示。

正常方向和
正常反射放置

正常方向和
颜色反转

镜面成像方向和
正常反射放置

镜面成像方向和
颜色反转

图 3-11　QR 码

关于 QR 码详细的技术规范可以查询国际标准 ISO/IEC 18004：2015《条码符号规范》。

### 3.3.2　射频标签 RFID

GS1 系统中应用到的射频标签即为 EPC 电子标签。将射频识别系统的电子标签按照 GS1 系统的 EPC 规则编码，并遵循 EPC global 制定的 EPC 标签与 EPC 标签读写器的无接触空中通信规则时，即为 EPC 标签。

EPC 标签有两个基本特点：①应是 EPC 代码及附加功能信息的载体；②可以随时随地与 EPC 标签读写器建立起无接触（通常在数米远的距离）的数据通信通道并进行数据交换。

EPC/RFID 标签可对序列化的产品编码进行标识。EPC/RFID 标签通常会预先写入，再将所发布的序列化编码和之后记录的相关数据链接起来。

### 3.3.3　追溯系统中载体的应用

在 GS1 系统中，追溯载体可以采用 EAN/UPC 条码、GS1-128 码、GS1 Data Matrix 码和 QR 码等，也可采用 EPC/RFID 标签对 GS1 标识代码进行表示，以唯一标识全球范围内的产品、贸易项目、物流单元、位置、资产和服务关系。附加信息（如保质期、系列号和批号）也可在编码后通过条码或 EPC/RFID 标签表示。

数据采集不仅可以用条码和 EPC/RFID 标签，也可采用其他基于载体的技术（如数字水印）和无载体技术（如图像识别）。除了从追溯对象采集的数据外，用于扫描或读取数据的设备记录的数据（如日期和时间、读取点和用户/操作员）对确定“参与方、位置、时间和事件”维度至关重要。（见图 3-12）

追溯对象的标识由追溯精度决定。批次/批号或系列号标识是动态数据，不能嵌入包装图形中，因为在条码中添加动态数据将对打印和包装速度产生影响。

传统贸易中，零售单元上的条码用于 POS 扫描，并且只包含全球贸易项目代码（GTIN）。随着产品安全法规和产品信息要求不断变化，其他类型的数据逐渐也被嵌入条码中。除批次/批号或系列号外，还可以包括有效期、保质期等。

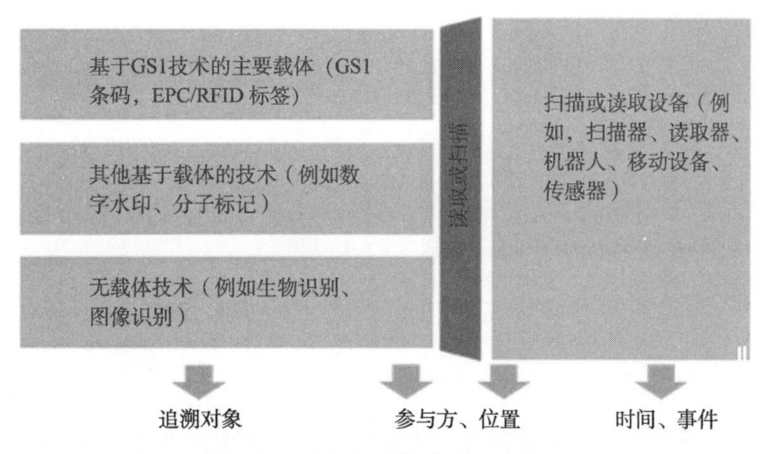


图 3-12 数据采集技术和 5 个维度

对于贸易项目组合，传统上使用包含 GTIN 的条码，在某些情况下，会预先印在箱子上，也会采用条码标签。近年来，动态数据已经可以在箱子的标签上提供，导致在线印刷的应用越来越普及。

对于物流单元，可采用 SSCC 进行标识。一般在包装货物时打印物流标签，从而保证了数据和标签之间的链接。

GS1 标准体系中条码的选择见表 3-17。

**表 3-17 GS1 条码选择**

| 类型 | 仅支持 GTIN 的 GS1 条码 | 支持所有 GS1 标识代码及属性的 GS1 条码 |
|---|---|---|
| 一维条码符号 | EAN/UPC 条码、ITF-14 条码、GS1 Databar 码（非扩展） | GS1-128 码，GS1 Databar 码（扩展） |
| 二维条码符号 | | GS1 QR 码，GS1 Data Matrix |

# 3.4 GS1 数据共享体系

针对不同类型数据共享的标准，GS1 有不同的信息共享技术标准。包括用于主数据交换的全球数据同步网络（GDSN），用于交易数据交换的电子数据交换标准 EANCOM 和 GS1 XML，以及用于供应链各环节物理事件数据共享的标准 EPCIS（见图 3-13）。

## 3.4.1 全球数据同步网络（GDSN）

全球数据同步（Global Data Synchronisation，GDS）是国际物品编码组织 GS1 基于全球统一标识系统，为目前国际盛行的 ebXML 电子商务的实施而提出的整合全球产品数据的全新概念，它提供了一个全球产品数据平台，通过采用自愿协调一致的标准，帮助贸易双方在供应链中连续不断地交换产品数据属性，共享主数据，保证各数据库的主数据同步及各数据库之间协调一致。

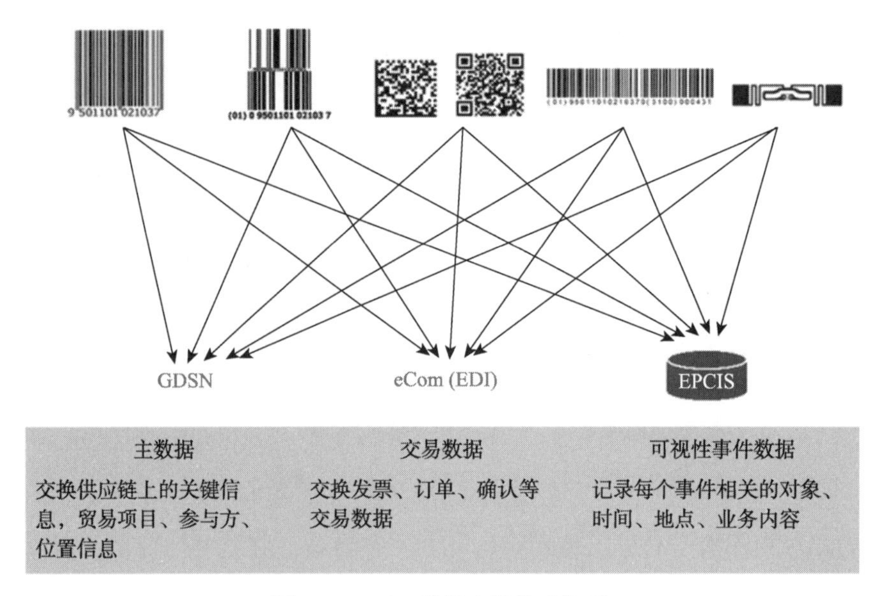


图 3-13　GS1 数据交换技术体系

全球数据同步网络（Global Data Synchronisation Network，GDSN）是由一个中心注册库和分布在全球的多个数据池组成的保持各种信息同步的网络系统，目前由 GS1 及其成员组织负责运营管理。通过 GDSN，贸易伙伴之间能够保持信息的高度一致，企业数据库中的任何微小改动，都可以自动地发送给所有的贸易伙伴。GDSN 保证制造商和消费者能够分享最新、最准确的数据，并且传达双方合作的意愿，最终促使贸易伙伴以微小投入完成合作。GDSN 提供了贸易伙伴间的无障碍对话平台，保证了商品数据的格式统一，确保供应商能够在正确的地方、正确的时间将正确数量的正确货物提供给正确的贸易伙伴，如图 3-14 所示。

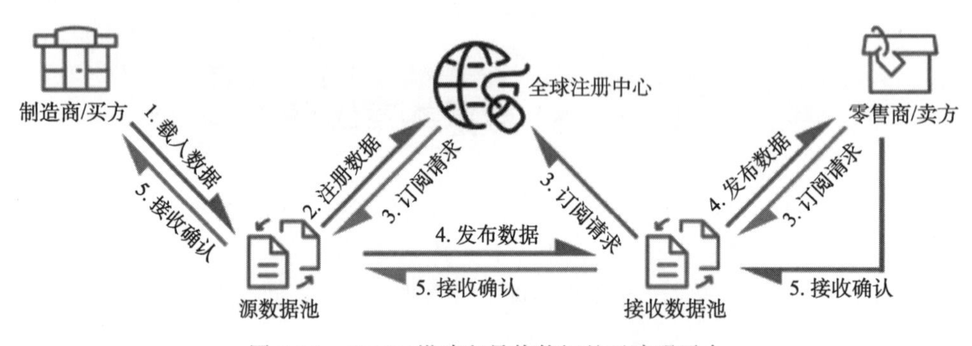


图 3-14　GDSN 搭建贸易伙伴间的无障碍平台

商品信息同步是 GS1 系统为电子商务实施所提出的整合全球产品数据的理念。它提供了一个全球产品数据平台，通过采用自愿协调一致的标准，使贸易伙伴在供应链中持续协调产品数据属性，保证各数据库的主数据同步及一致性。该平台采用了 GS1（全球统一标识系统）的 GTIN（全球贸易贸易代码）、GLN（全球位置码）、GDD（全球数据字典）、GPC（全球产品分类）等国际标准，能够有效保证零售商与制造商及时获得高度一致的商品信息，并支持第一时间反馈。

中国商品信息服务平台（GDSN-China）是基于计算机网络技术、全球统一标识系统而构建的标准化信息交换平台。平台以权威准确、翔实全面的高质量商品信息为基础，广泛应用于零售消费、物品流通、资源计划、电子采购和品类管理等领域，为商品的制造商、零售商、批发商以及咨询机构提供优质的信息服务。目前，中国商品信息服务平台已涵盖十多万家中国制造企业和数百万条商品信息。中国数据池也是全球 33 个通过国际验证、符合国际标准的数据池之一。任何在中国的供应商、零售商都可以申请使用中国数据池，并通过其与其他国家、地区的认证数据池进行数据同步。数据池将会通过多个维度协助零售商完成产品信息质量的提升，如图 3-15 和图 3-16 所示。

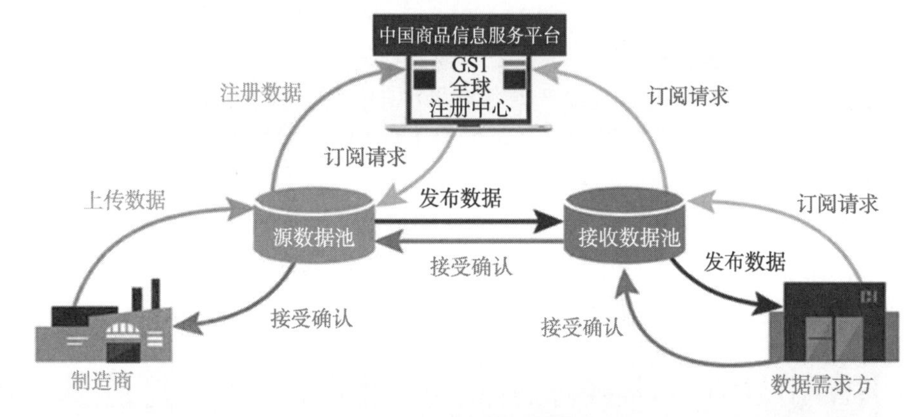


图 3-15　中国商品信息服务平台

图 3-16　GDSN-China 多维度完善产品质量信息

## 3.4.2　电子数据交换（EDI）

数据经采集进入计算机系统之后，就出现了计算机系统之间的交互问题。这个问题可通过电子数据交换（electronic data interchange，EDI）技术来实现。目前，GS1 制定的关于数据交换的标准主要有两类：GS1 EANCOM 和 GS1-XML。

**1. GS1 EANCOM**

GS1 EANCOM 是 GS1 开发的第一套电子数据交换标准，于 1987 年由 GS1 全会通过。

EANCOM 是基于当时新兴的 UN/EDIFACT 国际标准开发的、专门用于商贸流通领域的电子信息交换标准，是与 UN/EDIFACT 标准完全兼容的子集。UN/EDIFACT 是 UN/CEFACT（联合国贸易便利化与电子商务中心）发布的联合国 EDI 标准，是一套国际认可的数据电子交换标准和指导方针。

EANCOM 包含一套以 GS1 编码系统为基础的标准报文集。EANCOM 为电子数据交换提供了清晰的定义及诠释，可让贸易伙伴以简单、快速、准确极具成本效益的方式交换商业文件。EANCOM 标准中提供的报文涵盖执行完整交易所需的功能：用于交易的报文（如价格目录、采购订单、发票等）；用于指示运输服务移动货物的报文以及通过银行系统结算交易的报文等。但是，GS1 EANCOM 需要专用网络和专用程序，应用成本较高。

目前，最新版本是 EANCOM 2016，于 2017 年 7 月正式发布。该版包括 Syntax 3 和 Syntax 4 两个语法版本。其中 Syntax 3 共包含 47 项报文，基于的是 UN/EDIFACT D.01B Syntax3；Syntax 4 共包含 51 项报文，基于的是 UN/EDIFACT D.01B Syntax 4。主要分为以下四类报文：

（1）主数据一致性报文：用于贸易伙伴之间交换有关参与方和产品主数据的报文。主要数据被存储在电脑系统中，为随后的交易或交换提供参考。

（2）交易类报文：用来订购货物或服务、安排货物运输和支付所提供的货物或服务的报文。

（3）报告与计划类报文：用来向贸易伙伴提供相关信息或未来需求的报文，同时也提供信息交换收到和经验性错误的确认。

（4）其他类报文：用于不同目的的报文，可以实现数字签名的实施、总体应用支持信息的交换、外部对象交换的管理、工资扣除支付的条款细节等。

以下为 EANCOM 应用的示例。该交换包括 3 个发货通知和 4 张发票。交换的发送日期为 2018 年 1 月 1 日。发送方的参与方位置码为 5412345678908，接收方的参与方位置码为 6901234567892：

UNB+UNOA：2+5412345678908：14+6901234567892：14+20180101：1000+12345555+++++EANCOM’

UNG+DESADV+5412345678908：14+6901234567892：14+20180101：1000+98765555+UN+D：93A：EAN00X’

…

（3 个发货通知）

…

UNE+3+98765555’

UNG+INVOIC+5412345678908：14+6901234567892：14+20180101：1000+98765556+UN+D：93A：EAN00X’

…

（4 张发票）

…

UNE+4+98765556’

UNZ+2+12345555’

## 2. GS1-XML

随着 XML 技术的发展及其在电子商务应用程序之间的广泛应用，2000 年 GS1 开发了一套基于 XML 语言的电子数据交换标准，即 GS1-XML。GS1 XML 是在 XML 标准的基础上，将 GS1 数据资源融合，形成的规范化程度更高的可扩展标识语言架构的 GS1 标准，它可为用户提供全球商务报文中共享性更高、自动化处理更高的对象描述资源。它以商业流通领域实际业务过程为基础，目的是简化贸易程序，为用户提供基于 XML 的电子数据交换所需要的信息。GS1 XML 对互联网的要求较高，适用于 B2B 和 B2C 两种方式，它的出现是对 GS1 EANCOM 的补充，可为用户提供更多选择。

GS1 2017 年 3 月发布了最新版本，共有 41 项报文，涉及贸易、物流领域中从订单到发票的全流程信息交换。截至 2017 年，GS1 XML 标准在全球 35 个国家的近 4 万家企业中应用。

与 EANCOM 相同，GS1-XML 报文也以 GS1 编码标识技术为基础，涵盖贸易过程所需的所有主要商务文件。目前 GS1-XML 标准主要包括五大类（见表 3-18）。

**表 3-18　GS1-XML 标准报文**

| 报文类型 | 报文数量 |
|---|---|
| 计划类报文标准 | 20 |
| 订单类报文标准 | 4 |
| 物流类报文标准 | 19 |
| 支付类报文标准 | 13 |
| 主数据类报文标准 | 14 |

下面是 GS1 XML《发货通知》报文的一段示例：

```
<?xml version="1.0"encoding="UTF-8"?>
<sh: StandardBusinessDocument xmlns: sh="http: //www.unece.org/cefact/namespaces/StandardBusinessDocumentHeader"xmlns : deliver="urn : ean.ucc : deliver: 2"xmlns: eanucc="urn: ean.ucc: 2"xmlns: xsi="http: //www.w3.org/2001/XMLSchema-instance"xsi: schemaLocation="http: //www.unece.org/cefact/namespaces/StandardBusinessDocumentHeader../Schemas/sbdh/StandardBusinessDocumentHeader.xsd urn: ean.ucc: 2../Schemas/DespatchAdviceProxy.xsd">
<sh: StandardBusinessDocumentHeader>
<sh: HeaderVersion>1.0</sh: HeaderVersion>
<sh: Sender>
<sh: Identifier Authority="EAN.UCC">6903148000007</sh: Identifier>
<sh: ContactInformation>
<sh: Contact>John Doe</sh: Contact>
<sh: EmailAddress>John_Doe@purchasing.XYZretailer.com</sh: EmailAddress>
<sh: FaxNumber>+1-212-555-1213</sh: FaxNumber>
<sh: TelephoneNumber>+1-212-555-2122</sh: TelephoneNumber>
<sh: ContactTypeIdentifier>Buyer</sh: ContactTypeIdentifier>
</sh: ContactInformation>
</sh: Sender>
<sh: Receiver>
```

```
<sh: Identifier Authority="EAN.UCC">2203148000007</sh: Identifier>
<sh: ContactInformation>
<sh: Contact>Mary Smith</sh: Contact>
<sh: EmailAddress>Mary_Smith@widgets.com</sh: EmailAddress>
<sh: FaxNumber>+1-312-555-1214</sh: FaxNumber>
<sh: TelephoneNumber>+1-312-555-2125</sh: TelephoneNumber>
<sh: ContactTypeIdentifier>Seller</sh: ContactTypeIdentifier>
</sh: ContactInformation>
</sh: Receiver>
```

### 3.4.3 电子产品代码信息服务（EPCIS&CBV）

电子产品代码信息服务（EPCIS）属于 GS1 系统中的“共享”标准之一，是用于识别、采集和共享供应链中对象信息的标准。EPCIS 补充了有关主数据和事件数据的 GS1 数据共享标准，规定了可视性数据的通用数据模型，以及在企业内部和开放供应链中采集和共享可视性数据的接口。GS1 编码标识标准提供了现实世界对象的标识符，使得 EPCIS 事件可以引用此类对象。GS1 数据载体标准将物理世界与数字世界联系起来，为 EPCIS 采集应用提供输入。

EPCIS 旨在使不同应用能够在企业内部和企业间创建和共享可视化事件数据。最终，这种共享使用户能够在相关业务环境中获得物理或数字对象的共享视图。EPCIS 标准中规定了标准接口，使得企业能够使用规定的一组服务操作和相关数据标准来采集和查询可视性事件数据，所有操作和标准均结合适当的安全机制，以满足用户企业的需求。在大多数情况下，这需要使用一个或多个可视化事件的持续数据库，但是也可以直接连接采集和查询接口来实现应用间的直接共享，而无须使用持久数据库。

EPCIS 事件中的信息记录了在处理物理或数字对象的业务过程的某个步骤中发生的内容要点，通过参与方、对象、位置、时间和事件五个维度表现出来，如图 3-17 所示。

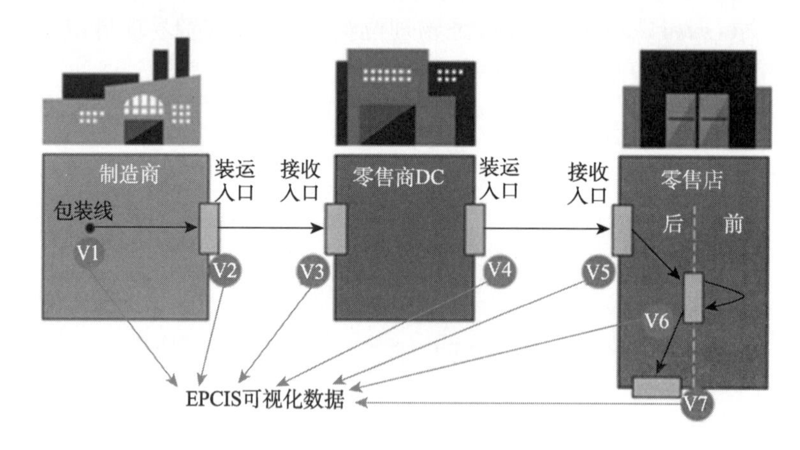


图 3-17　EPCIS 事件流程示例

在图 3-17 示例中，追溯对象由使用 GTIN 加系列号标识的单个贸易项目组成。

例如，示例中步骤 V3 的 EPCIS 事件包括以下数据：

“参与方”维度标识接收产品的参与方，即零售商。

“对象”维度标识所接收的产品以及使用产品的 GTIN 和系列号。

“时间”维度表明进行接收操作的时间。

“位置”维度说明产品接收地点，即零售商的配送中心。

“事件”维度提供业务环境。这包括将业务过程步骤标识为“接收”、表明产品正常通过正向供应链、给出管理采购订单和发票等业务事务文档的链接以及标明所有权转让的相关方（即制造商和零售商）。

EPCIS 旨在与 GS1 核心业务词汇（CBV）标准[CBV]结合使用。CBV 标准提供了可用于填充 EPCIS 标准中规定的数据结构的数据值定义。使用 CBV 标准提供的标准化词汇对于互操作性至关重要，并可减少不同企业表达共同内容的方式差异，从而方便进行数据查询。因此，应尽可能多地使用 CBV 标准来构建 EPCIS 数据。

CBV 提供标识符语法（URI 结构）和具体词汇元素值以及此类标准词汇的定义：

（1）业务步骤标识符。

（2）处置标识符。

（3）业务事件类型。

（4）来源/目的地类型。

（5）错误原因标识符。

CBV 针对以下用户词汇表提供标识符语法选项：

（1）对象。

（2）位置。

（3）业务事件。

（4）来源/目标标识符。

（5）转化标识符。

（6）事件标识符。

CBV 提供主数据属性和值，用于描述物理位置、相关方和贸易项目，其中包括 GTIN 级、批次级和单品级贸易项目主数据属性。

### 3.4.4　数据共享方法

GS1 标准中应用的追溯数据共享方法可分为以下两种：

**1. 推送方法**

其中一方在未获得事先请求的情况下单方面将数据传输给另一方。推送方法可以进一步分为：

（1）双方直接推送，其中一方将数据直接传输给另一方。

（2）发布/订阅，其中一方将数据传输到数据池或存储库，然后通过注册订阅将数据推送到已注册订阅并对该数据感兴趣的其他参与方（“选择性推送”）。

（3）广播，其中一方在万维网页等可公开访问的场所发布数据，可由任何感兴趣的参与者检索。广播并不一定指数据可供任何人员使用，数据可以针对特定预期用户加密；

或者广播渠道（如网站）可以要求接收方进行认证，并且可以根据特定的访问控制策略仅允许访问广播数据。

**2. 拉取或查询方法**

其中一方向另一方发出特定数据请求，而另一方又以所需数据作出响应。在推送方法的上述分类中，广播方法也可能涉及拉取查询，以便从可公开访问的场所（如网站）检索数据。

根据不同类型的数据和共享方式，GS1 提供了多种数据共享的标准和服务。但需要注意的一点是，所有 GS1 数据共享标准和服务均基于 GS1 标识标准的使用，使用全球统一的标识标准极大提高了贸易效率，提高了各系统间的互操作性。表 3-19 描述了不同数据共享标准和服务的共享方法。

**表 3-19　GS1 数据共享标准和服务的共享方法**

| 标准/服务 | 描述 | 共享方法 |
|---|---|---|
| 主数据共享 | | |
| GS1 全球数据同步网络（GDSN） | GS1 全球数据同步网络（GDSN）允许贸易伙伴之间自动共享业务数据。当某个供应商更新其数据库时，其他组织的数据库也会相应地更新。所有人员都可以访问相同的持续刷新的数据 | 发布 / 订阅 |
| GS1 源数据 | GS1 源数据是所有使用 GS1 标准的数据集成商网络。数据集成商从品牌所有者和制造商处收集产品数据，在云上相互共享，并将其提供给其网络和移动应用的开发人员 | 拉取 |
| GS1 智能检索 | GS1 智能检索允许创建关于对象的结构化数据，并将此类数据与 GS1 标识代码相关联。然后，关于对象的结构化数据就可以被搜索引擎、智能手机应用等使用，从而向用户提供更丰富的体验 | 广播 |
| GLN 服务 | GS1 GLN 服务通过互联的本地注册网络为 GS1 GLN 主数据提供单点访问 | 拉取 |
| GS1 EDI | GS1 EDI 提供了支持双方主数据交换的报文标准，包括 EANCOM 报文和 GS1 XML 报文两类 | 双边推送 |
| EPCIS | 通过 EPCIS 传输主数据有以下几种方式：（1）主数据查询；（2）单个/批次主数据；（3）EPCIS 文件标题；（4）EPCIS 主数据文件 | 拉取（支持按需同步查询）以及推送（发布/订阅常设查询通知） |
| 交易数据共享 | | |
| GS1 EDI | GS1 EDI 允许将业务数据从一个计算机应用直接自动传输到另一个，通过报文替代所有纸质业务文件，适合于在计算机应用之间通过电子手段进行的交换 | 双边推送 |
| 可视化事件数据共享 | | |
| EPC 信息服务（EPCIS）和核心业务词汇（CBV） | GS1 EPCIS 标准允许不同应用程序在企业内和企业间创建和共享可视化事件数据。<br>GS1 CBV 标准规定了词汇结构和词汇元素的具体值，与 GS1 EPCIS 标准一起使用 | 拉取（支持按需同步查询）以及推送（发布/订阅常设查询通知） |

第 4 章

CHAPTER 4

# GS1 数据共享——EPCIS

作为 GS1 标准体系中“数据共享”的技术标准，产品电子代码信息服务（electronic product code information service，EPCIS）规定了可视化数据的通用数据模型，以及在企业内部和开放供应链中采集和共享可视化数据的接口。本章基于 GS1 的《EPCIS Guideline V1.2》编写，系统介绍了 EPCIS 的目的、架构、系统设计以及核心业务词汇（core business vocabulary，CBV）应用。

## 4.1 EPCIS 概述

EPCIS 使用户能够在相关业务环境中获得物理或数字对象的共享视图。EPCIS 中的“对象”通常是指标识为类等级或单品级的物理对象，在涉及一个或多个组织的整个业务过程的物理事件步骤中进行处理，示例包括贸易项目（产品）、物流单元、可回收资产、固定资产、物理文档等。此外，“对象”还可以指数字对象，此类对象也可以以类等级或单品级标识，并参与类似业务过程步骤。示例包括数字贸易项目（音乐下载、电子书等）、数字文档（电子优惠券等）等。在本书中，“对象”一词用于表示以类等级或单品级标识，且参与业务过程步骤的物理或数字对象。EPCIS 数据由“可视化事件”组成，每个事件均用于记录针对一个或多个对象进行的特定业务过程步骤是否已完成。

EPCIS 不要求使用产品电子代码（EPC），也不要求使用无线射频识别（RFID）数据载体，而且在 EPCIS 1.1 发布以后，甚至不要求使用单品级标识［产品电子代码（EPC）最初设计用于单品级标识］。EPCIS 标准适用于采集并共享可视化事件数据的所有情形，其名称中的“EPC”仅具有历史意义。

### 4.1.1 EPCIS 数据接口

EPCIS 标准规定了可视化事件数据的数据模型、使用可扩展标记语言（XML）的可视化数据具体语法以及开放、标准化的接口，其允许在公司间以及公司内部无缝集成规定明确的服务。EPCIS 标准中规定了两种接口：

（1）采集接口。通过此接口，符合 EPCIS 数据模型的可视化事件数据可以从采集应用传送到接收器（通常为 EPCIS 数据的持续存储库）。

（2）查询接口。通过此接口，商业应用或贸易伙伴可以请求并获取 EPCIS 事件数据。

EPCIS 旨在与 GS1 核心业务词汇（core business vocabulary，CBV）标准结合使用。CBV 标准提供了可用于填充 EPCIS 标准中规定的数据结构的数据值定义。使用 CBV 标准提供的标准化词汇对于互操作性至关重要，并可减少不同企业表达共同意图的方式差异，从而便于进行数据查询。因此，采集应用应尽可能多地使用 CBV 标准来构建 EPCIS 数据。

### 4.1.2 EPCIS 可视化数据

EPCIS 可视化数据旨在增强信息系统的可视化，使用户了解对事务处理的业务过程中的物品当前（以及先前）位置，如图 4-1 所示。图 4-1 给出了简单的业务过程，并且显示了 EPCIS 数据具体的生成位置。

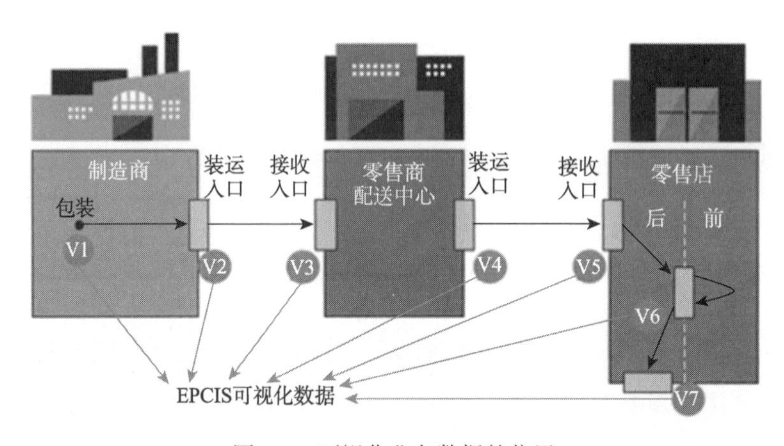


图 4-1 可视化业务数据的位置

可将整个业务过程视为一系列独立的业务步骤：产品包装、装入货运包装箱、装运、接收等。EPCIS 可视化数据可以提供所有这些步骤的详细记录。描述一个业务步骤完成的 EPCIS 数据单元称为 EPCIS 事件，EPCIS 事件集合提供了业务过程随时间和地点变化的详细信息。

例如，单个 EPCIS 事件记录“配送中心收到一批货物”。此事件的信息内容分为四个维度：

（1）对象：有关收到何种贸易项目和/或货运包装箱的信息。

（2）时间：接收日期和时间，以及有效的当地时区。

（3）地点：收到货物的地点，以及事件发生后，项目预期所在地点。

（4）事件：有关业务环境的信息，包括：

①业务步骤属于接收操作（而不是装运或其他业务步骤）。

②货物通过供应链获得正常进展（而不是被退回）。

③有关装运方和接收方以及先前和当前所有方（若不同于装运方和接收方）的信息。

④相关业务事务文件的链接，如采购订单、发票、发运通知（又名提前装运通知）等。

如图 4-1 所示过程中的每个业务步骤都可能是 EPCIS 事件的来源。每个事件的内容详情取决于业务步骤，但均具有相同的四维结构。

### 4.1.3 EPCIS 的作用

增强可视化可在大多数行业供应链的各个环节提供多种收益。记录从生产地或制造地经各分销点至最终销售点，然后到达消费者手中的过程可能提供以下收益：

（1）优化接收效率。

（2）改善库存管理。

（3）提高捡拾率。

（4）减少缺货和短缺。

（5）提高订单准确性并减少账单错误。

（6）通过跟踪和追踪过程改善产品的位置识别。

（7）提高跨多种业务过程间的操作效率。

（8）改善准备工作，进行快速和精确召回。

（9）加强消费者保护。

（10）优化提供给消费者的产品、过敏原和营养信息。

EPCIS 及其随附的核心业务词汇为采集和共享可视化数据提供了技术基础，其可帮助回答“某物现在的位置，以及其曾经停留过的位置”这一问题。与专有解决方案相比，以标准方式共享可视化数据具有显著优势。EPCIS 允许数据在内部或贸易伙伴间的各种商业应用之间共享。EPCIS 有助于实时处理和返回基于事件的数据，包括事件的流入和流出以及复杂事件处理（事件的匹配过滤）。基于 EPCIS 的系统可支持消费者获取更多产品信息的需求，包括其购买的物品所经过的路径。

值得注意的是，EPCIS 是一组接口标准，一个用于采集数据，另一个用于查询数据。核心业务词汇（CBV）为 EPCIS 中规定的数据模型提供业务环境。许多专注于可追溯性或其他可能受益于组织内部和组织间可视化数据的业务过程的软件应用都以 EPCIS 作为基础。事实上，希望制定可视化策略的组织确实应基于该标准寻求解决方案。

### 4.1.4 商业应用中的 EPCIS

EPCIS 可以集合在不同时间，以及贯穿整个业务过程和/或供应链中记录的个别事件，其范例包括：

（1）查找给定对象的最新 EPCIS 事件，了解其当前位置以及其所处状态（“跟踪”）。

（2）组合给定对象的事件历史，了解其通过整个业务过程或供应链的路径（“追踪”）。

（3）分析在特定位置，于不同时间或在特定业务过程中收集的事件集合（“分析”）。

（4）比较基于当前 EPCIS 事件确定的实际对象状态与基于先前业务事务或先前 EPCIS 事件预期发生的事件状况（“检查”）。

（5）基于新近采集的 EPCIS 事件确定业务步骤完成情况，实时触发其他业务过程（“自动化”）。

表 4-1 列出了可受益于 EPCIS 数据的商业应用示例及其所涉范例。但应注意，此类范例较为宽泛，事实上商业应用可以有多种组合方式或开发范例。

**表 4-1　商业应用及其使用 EPCIS 数据的示例**

| 商业应用 | EPCIS 数据使用方式 | 主要范例 |
|---|---|---|
| 防伪，出处 | 确认产品的产地和来源 | 追踪，检查 |
| 监管链 / 所有权 | 记录和复制产品属性以及实际拥有产品的所有合作伙伴 | 追踪 |
| 优惠券发放 | 客户行为分析和实时优惠券确认 | 分析，检查 |
| 报关 | 提高海关效率，减少电子印章欺诈 | 追踪 |
| 召回 | 精确追溯相关产品以便快速召回 | 跟踪（查找召回产品）<br>追踪（监测召回进度） |
| 促销 | 确保促销商品在正确地点和时间到达消费者手中 | 跟踪 |
| 可追溯性 | 通过扩展供应链的特定阶段跟踪产品的前后动态 | 追踪 |
| 业务过程优化 | 缩短交货时间、提高产能利用率、提高交货质量和准确性 | 自动化，分析 |
| 异常管理 | 警告过程负责人可能偏离预期产品、时间、数量、质量、位置、状态 | 检查，自动化 |
| 食物新鲜 | 监视是否在保质期内 | 跟踪，自动化 |
| 资产管理 | 跟踪固定资产并确保为需要它们的业务过程提供足够数量 | 跟踪，分析 |
| 库存管理 | 捕获库存产入、产出和盘存 | 跟踪，分析 |
| 过程文件 | 自动化数字文档生成和工作流程，GS1 标识代码标识的文档、产品和位置链接 | 自动化 |

所有此类应用均可用以下三种模式中的一种进行部署：

（1）内部：业务过程在机构内进行，受单个组织控制。

（2）外部，封闭链：业务过程涉及多个组织，但所涉及的所有组织均事先知晓。

（3）外部，开放链：业务过程涉及多个组织，所涉及的组织事先并不知晓，而且随着时间推移而变化。这种模式通常是涉及相互贸易的大型供应链。

在所有三种模式中，解决方案设计的一个关键要素是确定合理的 EPCIS 事件数据内容，以满足商业应用需求。在外部模式中，还需考虑在多个相关组织之间传递 EPCIS 事件的方式设计（通常称为“流程设计”，与“内容”相反）。

在外部开放链模式中，可以清楚认识到 EPCIS 和 CBV 作为开放标准的价值：如各方均遵守标准，即使各方并未事先就解决方案设计进行合作，也可能实现数据的互操作性和相互理解。但是，这在封闭链或更严格的内部应用中也同样重要——因为随着时间推移，内部应用往往成为外部应用，封闭应用往往会成为开放应用。因此，即使在设计封闭或纯粹的内部应用时，也要遵循外部公开应用的最佳规范。

### 4.1.5　EPCIS 数据与其他类型的数据的关系

GS1“共享”层级的标准涉及最终用户之间共享的三类数据见表 4-2 所示。

表 4-2　GS1“共享”标准中的数据类别

| 数据 | 描述 | GS1 标准 |
|---|---|---|
| 主数据 | 其由一个贸易伙伴共享给多个贸易伙伴，提供由 GS1 标识代码标识的现实世界实体的描述性属性，包括贸易项目、相关方和物理位置 | GDSN |
| 事务数据 | 从业务过程开始（如订购产品）到过程结束（如最终结算）期间，其在明确业务协定（如供应合同）或隐含协定（如海关处理）规定的业务过程内触发或确认功能执行，也使用 GS1 标识代码 | GS1eCOM XML |
| 可视化数据 | 关于产品和其他资产供应链中的物理或数字活动的详细信息，其由代码标识，用于及时详述此类对象所在位置及其原因；不仅在组织内，而且在组织间 | EPCIS |

可视化数据（EPCIS 事件数据）是一种新型数据，与主数据或事务数据的性质不同。EPCIS 数据的一个主要区别特征是其出现次数远远多于主数据或事务数据。与事务数据一样（但不同于主数据），当组织进行更多业务时，它会不断生成新的可视化数据，但可视化数据的出现次数较多，原因如下：

（1）可视化数据通常指对象的单个实例（单品），如由全球贸易项目编码（GTIN）和系列号组合标识的贸易项目。

（2）即使在可视化数据指向类等级对象时，可视化数据也会在整个业务过程的多个步骤中生成。例如，从制造商流向零售商的贸易项目可能仅经受单次业务事务（制造商销售给零售商），但如果事务在制造商和零售商的机构中进行，可能会生成数十个可视化事件。

（3）可视化数据通常具有可追溯的历史价值，因此，相比事务数据可以保留更长时间。

可视化数据可以补充事务数据，因为一些可视化事件可能在未进行业务事务的情况下发生。相反地，一些业务事务可能没有具体对象。如果同一业务过程同时生成可视化数据和事务数据，则其提供的数据可以互补，如图 4-2 所示。

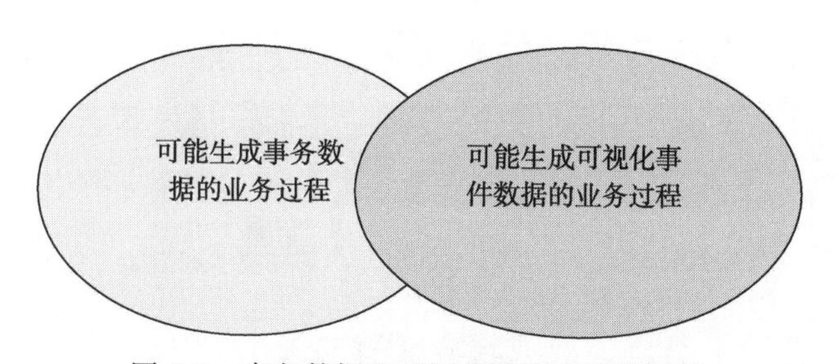


图 4-2　事务数据和可视化数据之间的重叠

事务数据和可视化事件数据的关系可能存在三种情形：

（1）在一些情况下，可视化事件与业务事务一致，因此可能生成一段事务数据和一段可视化事件数据描述同一事件的不同方面。例如，当货物从装货码头发货时，可能会生成发运通知（确认发送方向接收方交付特定货物的一段事务数据）和附带业务步骤“装运”的 EPCIS 事件（确认货物离开装货码头的一段可视化数据）。即使在此类情况下，事务数据和可视化事件数据也不可能一一对应。例如，如果分开处理货物的不同部分，则单个发货通知可以对应于若干可视化事件。

（2）发生可视化事件时，可能没有相应的业务事务。例如，贸易项目从零售店的“库房”移动到消费者可以进行购买的销售区域。在评估产品对消费者的可用性时，与此类事件高度相关，但其没有相关的业务事务。

（3）业务事务发生时，也可能没有相应的可视化事件。例如，购买者向供应商发送“订单”消息时，存在有效交互，但是在订购产品所在的物理世界中并未发生任何事件（事实上，发出订单时，订购产品甚至可能不存在）。

## 4.1.6 EPCIS 与 IT 系统的集成

EPCIS 适应典型公司 IT 基础架构的方式如图 4-3 所示。

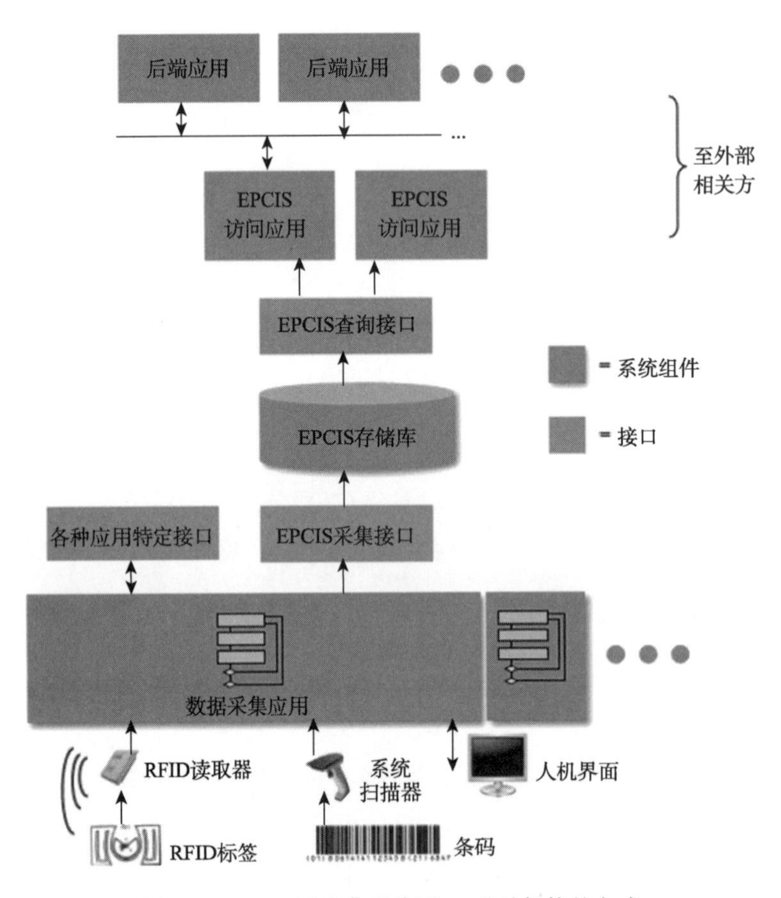


图 4-3　EPCIS 适应典型公司 IT 基础架构的方式

在图 4-3 中，将所有处理主数据和事务数据的 IT 组件统称为“后端应用”。当然，各个公司所使用的具体组件会有很大差异。典型组件包括企业资源规划（enterprise resource planning，ERP）系统、仓库管理系统（warehouse management system，WMS）、主数据管理（master data management，MDM）系统等。

由于可视化数据是一种新型数据，且如前文所述，可视化数据的数量往往更多，所以新型 IT 组件通常专门用于处理可视化数据。此类组件包括：

（1）EPCIS 存储库：可视化数据的持续存储器，包括组织内部生成的所有 EPCIS 事件以及从贸易伙伴处收到的任何 EPCIS 事件。

（2）EPCIS 采集应用：部署在企业“边缘”（工厂、仓库、商店等），在业务过程步骤完成后生成 EPCIS 事件的软件应用。

（3）EPCIS 访问应用：处理 EPCIS 事件以满足企业目标的企业级软件应用（例如，第 2.3 节所述目标）。EPCIS 访问应用可能是后端应用的简单连接器，也可能是使用 EPCIS 数据执行一些新业务任务的复杂应用。

此外，IT 组件通常会进行以下交互：

（1）EPCIS 采集应用会接收来自自动识别和数据采集（AIDC）设备，如条码扫描器和 RFID 读取器（包括相关 RFID 过滤和采集软件）的输入，特别是当读取条码或 RFID 标签可触发识别业务过程已经发生时。

（2）EPCIS 采集应用可以连接到一个或多个后端应用，获取相关业务环境信息，如关于待接收货物的产品主数据或采购订单信息。

（3）EPCIS 访问应用可以连接到一个或多个后端应用。获取相关业务环境信息或传输可根据 EPCIS 事件数据生成的新信息（或两者）。

（4）EPCIS 访问应用可以调节与贸易伙伴的 EPCIS 数据交换。

## 4.2　EPCIS 事件的结构

EPCIS 事件中的信息记录了在处理物理或数字对象的业务过程的某个步骤中发生的内容要点，通过对象、地点、时间和事件四个维度表现出来。我们以图 4-1 中的 V3 事件为例来说明这四个维度的内容。步骤 V3 描述了零售商的配送中心将接收制造商运送的贸易项目。EPCIS 事件包括以下数据：

（1）“对象”维度标识所接收的产品；在这种情况下，使用产品的 GTIN 和系列号。

（2）“时间”维度表明进行接收操作的时间。

（3）“地点”维度说明产品接收地点，即零售商的配送中心。

（4）“事件”维度提供业务环境。

### 4.2.1　“对象”维度

EPCIS 事件的“对象”维度标识了事件所涉物理或数字对象。如 GS1 通用规范和 GS1 标签数据标准所述，贸易项目应使用 GTIN、GTIN 加批次/批号或 GTIN 加系列号标识。托盘或物流单元使用 SSCC 标识。其他 GS1 对象标识符包括 GDTI（用于文档）、GIAI（用于单个资产）、GRAI（用于可回收资产）、GSRN（用于服务）、GCN（用于优惠券）以及 CPID（用于组件或部件）。

在示例的步骤 V3 中，贸易项目使用 GTIN 加系列号（SGTIN）标识，因此，步骤 V3 的 EPCIS 事件的“对象”维度包含待接收贸易项目的 SGTIN。

### 4.2.2 “时间”维度

EPCIS 事件的“时间”维度表明事件发生的时间。此维度包含三个数据元素：

（1）事件时间：事件发生的日期和时间。

（2）事件时区偏移：事件在某一地点发生时的有效时区。当应用想要使用本地时间显示事件时间时，其非常有用。例如，如果将包裹从加利福尼亚州运到布鲁塞尔，可以使用事件时区偏移，以美国太平洋时间显示装运日期/时间，以中欧时间显示接收日期/时间。

（3）记录时间：将 EPCIS 事件录入 EPCIS 存储库的日期和时间。与 EPCIS 活动中的所有其他领域不同，如果事件未被采集到，则不会填充记录时间，且其不会描述在事件期间发生的业务步骤信息。记录时间是一种簿记机制，可在查询 EPCIS 存储库提供帮助；获得记录时间后，可以辨别自上次查询以来，本次查询返回的事件是否为新事件。

在示例的步骤 V3 中，事件时间是收到产品的日期和时间，事件时区偏移记录当时及当地有效的时区。

### 4.2.3 “地点”维度

EPCIS 事件的“地点”维度表示事件实际发生的地点和/或事件发生后，事物所在地点。

EPCIS 事件允许输入两种位置类型：ReadPoint 和 BusinessLocation。ReadPoint 是事件发生的位置。BusinessLocation 是后续事件发生前，对象所在位置。可以使用 GS1 全球位置代码（GLN）、GLN 加上扩展、GLN 以外的行业标识符或使用地理坐标来标识位置。

例如，通过入口端口时，箱子可能需要接受扫描。其通过的端口可能就是采集事件的地点。可能有人站在端口处，通过入口读取事件，也可能安装入口端口读取器来采集事件。箱子通过端口后，其将位于特定位置。箱子当前所在的位置就是 businessLocation。位置可以使用非常精细的粒度级别（仓库中特定位置的特定仓位）进行标识，在这种情况下，可能需要使用 GLN 加上扩展。如果以粗略级别描述位置（一栋建筑物），仅需使用 GLN，必须了解位置识别方式以采集可视化数据。

请注意，内部系统或贸易伙伴之间必须同步有关位置的主数据，以便在 EPCIS 表示使用 GLN 或 SGLN 标识的位置时，确保所有相关人员对位置的理解方式一致。

在示例的步骤 V3 中，ReadPoint 是产品接收位置，就示例而言，我们假定该位置为零售商配送中心的特定装载码头入口，由 GLN 加扩展标识。“Business Location”是接收产品之后产品所在位置，就示例而言，我们假定该位置为零售商配送中心，但未指定配送中心内的具体地点。在这种情况下，业务地点仅使用 GLN 标识，而无须使用扩展。

### 4.2.4 “事件”维度

EPCIS 事件的“事件”维度描述事件发生的业务环境，其可以包括以下数据元素的任意组合：

（1）业务步骤：标识事件发生时，从业务角度来看所发生的内容；也就是说，正在进行哪个业务过程步骤。示例包括“调试”“创建类别单品”“检查”“打包”“捡拾”“装运”“零售”。GS1 核心业务词汇（CBV）标准将在第 4.2.6 节进一步讨论，并提供标准业务步骤值列表。

（2）处置：标识有关“对象”维度中物理或数字对象的事件发生后的业务条件。示例处置包括“激活”“进行中”“运输中”“过期”“召回”“零售”和“被盗”。GS1 CBV 提供标准处置值列表。

（3）业务事务列表：标识与事件相关的一个或多个特定业务事务。业务事务使用一对标识符进行标识：其中一个标识符表示引用了哪种业务事务类型，另一个标识符表示该类型的特定业务事务。业务事务类型示例包括采购订单（“po”）、提单（“bol”）、发运通知（“desadv”）。GS1 CBV 包括标准业务交易类型值列表。

（4）来源清单和目的地清单：在 EPCIS 事件为所有权、责任或保管业务转让的一部分时，用于提供额外的业务环境。与业务事务一样，来源或目的地有一对标识符标识：来源或目的地的类型以及该类型的来源或目的地标识符。GS1 CBV 规定了三种标准来源/目标类型：“所有方”“拥有方”“位置”。

在示例的步骤 V3 中，以下值可用于填充 EPCIS 事件的“事件”维度：

（1）业务步骤：GS1 核心业务词汇中定义的业务步骤“接收”。

（2）处置：GS1 核心业务词汇表中定义的处置“进行中”，表明产品正常通过正向供应链。

（3）业务事务列表：可能有两种相关事务，即零售商的采购订单和制造商的发票。

（4）来源和目的地：来源所有方是制造商，目的地所有方是零售商。

### 4.2.5 EPCIS 事件类型和操作

以下四种“EPCIS 事件”均将采集描述物理或虚拟世界中对象身上所发生的内容的四个维度。下面是对 EPCIS 事件类型的高度总结（见表 4-3）。有关详细信息，请参见 EPCIS 1.1 标准。EPCISEvent 是所有事件类型的通用基类。

**表 4-3 EPCIS 事件类型**

| 事件类型 | 含义 |
| --- | --- |
| ObjectEvent | 表示发生在一个或多个物理或数字对象上的事件。例如，使用托盘 SSCC 运输或接收托盘 |
| AggregationEvent | 表示发生在一个或多个对象上的事件，其中，此类对象聚合一起或相互分离。例如，将箱子堆在托盘上，或者从托盘上卸下箱子 |
| TransformationEvent | 在该事件中，输入对象被完全或部分消耗，并产生输出对象，使得任一输入对象均与所有输出对象相关 |
| TransactionEvent | 表示一个或多个对象与一个或多个已标识业务事务关联或解除关联的事件。例如，将托盘和巧克力碎饼干箱与商业发票关联 |

（1）ObjectEvent：表示发生在一个或多个物理或数字对象上的事件。例如，使用托

盘 SSCC 运输或接收托盘，这种事件类型最简单，也最常见。

（2）AggregationEvent：表示发生在一个或多个对象上的事件，其中，此类对象聚合一起或相互分离。例如，将箱子堆在托盘上，或者从托盘上卸下箱子。这是除 ObjectEvent 之外最常见的事件类型，这两种事件类型将覆盖典型业务过程中绝大多数事件。

（3）TransformationEvent：表示一个事件，在该事件中，输入对象被完全或部分消耗，并产生输出对象，使得任一输入对象均与所有输出对象相关。例如，考虑将面糊和巧克力片混合到饼干面团中，然后将面团烘焙成一批饼干。成分被“转化”后，包装所得到的产品并用代表“巧克力碎饼干销售包装”且可以在零售时扫描的 EAN 或 UPC 条码标记。

（4）TransactionEvent：表示一个或多个对象与一个或多个已标识业务事务关联或解除关联的事件。例如，将托盘和巧克力碎饼干箱与商业发票关联。

每种事件类型（TransformationEvent 除外）可由“操作”进一步限定。有关详细信息，请参见第 4.4 节。

### 4.2.6 EPCIS 和核心业务词汇（CBV）

核心业务词汇（CBV）规定了与 EPCIS 标准一起使用的各种词汇元素及相关值，EPCIS 标准规定了组织内和组织间交换信息的机制。CBV 规定词汇标识符和定义以确保使用核心业务词汇交换 EPCIS 数据的所有相关方对该数据的语言意义的理解一致。CBV 标准旨在规定 EPCIS 抽象数据模型的核心词汇，并适用于许多想要或需要共享数据的行业所共有的广泛业务场景。其旨在提供一组有用的值和定义，使供应链中各方的理解一致。

可以通过扩充词汇元素，并针对特定行业内一组用户或单个用户规定附加词汇元素来解决最终用户的附加需求。CBV 提供标识符语法（URI 结构）和具体词汇元素值以及此类标准词汇的定义：

（1）业务步骤标识符。

（2）处置标识符。

（3）业务事务类型。

（4）来源/目的地类型。

（5）错误原因标识符。

CBV 针对此类用户词汇表提供标识符语法选项：

（1）对象。

（2）位置。

（3）业务事务。

（4）来源 / 目标标识符。

（5）转化标识符。

（6）事件标识符。

CBV 提供主数据属性和值，用于描述物理位置、相关方和贸易项目，其中包括 GTIN 级、批次级和单品级贸易项目主数据属性。结合“对象、地点、时间和事件”这四个维度后，可以获得 EPCIS 事件的完整信息内容。表 4-4 将总结图 4-1 V3 的 EPCIS 事件信息内容。

**表 4-4　V3 的 EPCIS 事件信息内容**

| 维度 | 数据元素 | 内容 | 注释 |
|---|---|---|---|
| | 事件类型 | 对象事件 | |
| | 操作 | 观察 | |
| 对象 | EPC 列表 | 含有一个元素的列表：<br>GTIN 10614141123459<br>系列号 12345 | 标识所接收的产品 |
| 时间 | 事件时间 | 2024 年 9 月 23 日，上午 10 点 12 分（UTC） | 产品接收时间 |
| | 事件时区偏移 | −05:00 | 本地时间比 UTC 早 5 个小时 |
| 地点 | 读取点 | GLN 5012345678900<br>扩展 D123 | 产品接收地点，在本例中为配送中心的特定装货码头入口 |
| | 业务位置 | GLN 5012345678900 | 事件发生后，产品预期所在地点，在本例中为整个配送中心 |
| 事件 | 业务步骤 | 接收（来自 CBV） | CBV 1.1 中定义的标准标识符，用于表示其为接收业务步骤 |
| | 处置 | 进行中（来自 CBV） | CBV 1.1 中定义的标准标识符，用于表示产品正常通过正向供应链 |
| | 业务事务列表 | 含有两种业务事务参考的列表：<br>采购订单：<br>GLN 5012345000015<br>采购订单编号 ABC123<br>发票：*GLN* 0614141000012<br>发票编号：XYZ987 | 各业务事务参考均使用 GLN 进行限定，使其具有全球唯一性，并标识生成该编号的系统或一方<br>“采购订单”和“发票”是 CBV 1.1 中定义的标准标识符，用于标识业务事务类型 |
| | 来源列表 | 含有一个来源的列表：<br>所有方：<br>GLN 0614141000012 | 接收是将所有权从来源全部转让至目的地的一个步骤。在本文中，来源（发货方）的所有方由其 GLN 标识<br>“所有方”是 CBV 1.1 中定义的一种标准标识符，用于标识来源类型 |
| | 目的地列表 | 含有一个目的地的列表：<br>所有方：<br>GLN 5012345000015 | 接收是将所有权从来源全部转让至目的地的一个步骤。在本文中，目的地（接收方）的所有方由其 GLN 标识<br>“所有方”是 CBV 1.1 中定义的一种标准标识符，用于标识目的地类型 |

由于篇幅的限制，有关 CBV1.1 的相关内容，请扫描下面的二维码查阅。

拓展阅读 4.1：核心业务词汇（CBV）

## 4.3　使用 EPCIS 设计可视化系统

可视化建模方法包括如下步骤：

（1）收集可视化目标和要求。

（2）记录业务过程流程。

（3）将各过程流程分解成一系列独立的业务步骤。

（4）确定哪些业务步骤需要可视化事件。

（5）将每个步骤的完成情况建模为可视化事件，从业务应用角度理解所需要的信息。

（6）判断可视化事件需包括哪些数据字段：从标准的 EPCIS 数据字段开始，如有必要，规定扩展字段。

（7）根据 CBV 标准确定填充每个数据字段的词汇。

（8）将可视化事件录入可视化数据矩阵。

### 4.3.1 收集可视化目标和要求

随着对组织跟踪和追踪货物在供应链中移动要求的不断增加，强调部署可视化系统的总体目标和目的十分重要。总体目标可能是为了符合政府法规，或是为了提高运输效率，或是了解客户想要的物品的位置以及交付给客户的时间，以确保提供高水平的客户服务。

确定目标后，确保记录满足目标的要求是思考如何部署 EPCIS 的第一步。例如，如果组织尝试满足跟踪和追踪法规，则要了解所需数据、过程进度、数据保存的位置以及将数据发送给另一方人员的方式。总体要求确定后，即可确定详细的流程和基于 EPCIS 及核心业务词汇的具体数据要求。

### 4.3.2 记录业务流程

我们以一个简化的正向物流业务流程（见图 4-4）为例，说明本步骤及后面各步骤的内容。

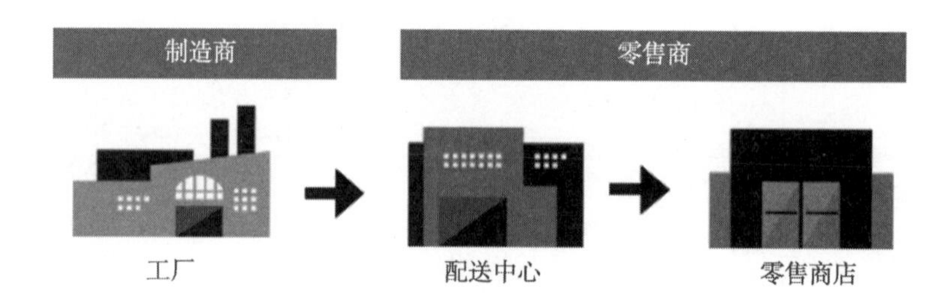


图 4-4　简化的正向物流业务流程

整个业务流程如下：

（1）制造货物，将产品装箱，然后装到托盘上。

（2）使用卡车将产品从制造商的工厂运送到零售商配送中心。

（3）产品到达零售商配送中心并收入库存。

（4）使用卡车将产品从零售商配送中心运送到零售店。

（5）产品到达零售店，并收入库房。

（6）将产品从库房移到销售楼层。

（7）在零售店中，将产品销售给消费者。

### 4.3.3　将各流程分解成一系列独立的业务步骤

简化的正向物流的过程如图 4-5 和图 4-6 所示，黑色箭头表示流动方向，各白色矩形表示过程中的单个步骤。随着时间从左向右移动，横轴还将显示产品从一个位置移动到另一个位置所涉及的位置。

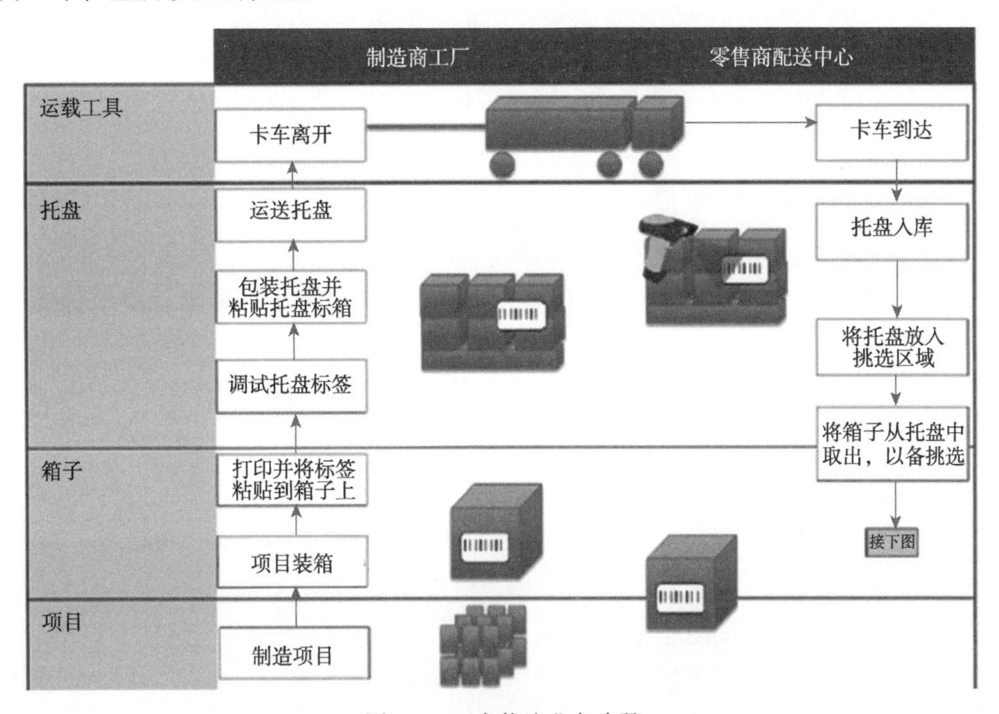


图 4-5　正向物流业务步骤

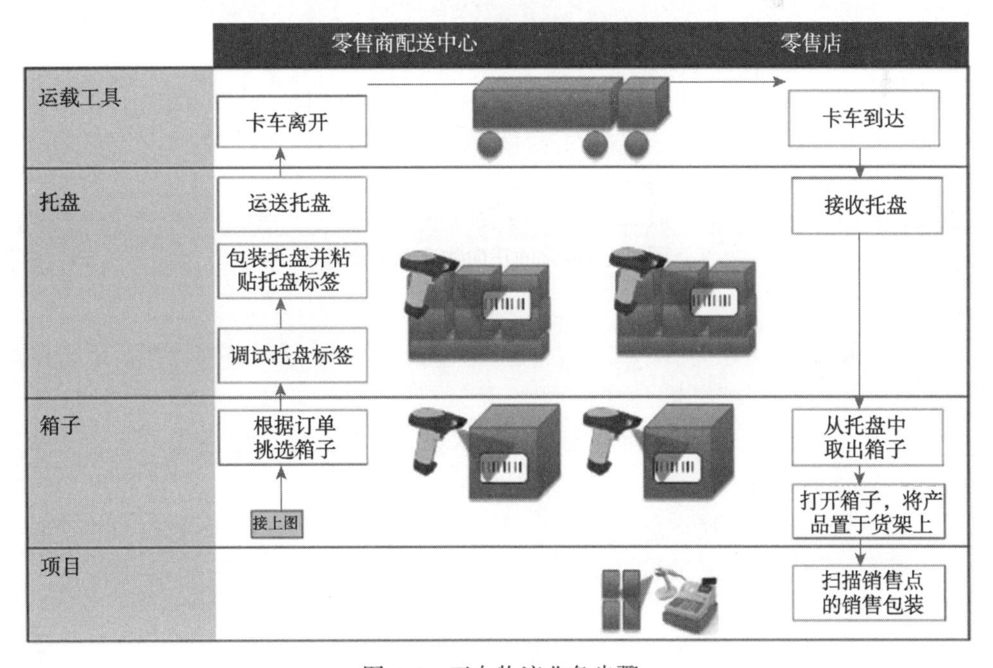


图 4-6　正向物流业务步骤

在该示例中，存在聚合层级结构，即先将项目装箱，将箱子装入托盘，然后将托盘装入卡车。在此类情况下，可以使用纵轴显示各步骤在哪个层级发生。如果某一流程仅在单个聚合水平生效，相应图表可能处于完全水平的状态，或者使用纵轴突出显示流程的一些其他方面。在该阶段，必须要清楚了解流程的各个步骤。

### 4.3.4 确定哪些业务步骤需要可视化事件

并非业务过程中的每个业务步骤都需要可视化事件。我们在决定给定的业务步骤是否需要可视化事件时，通常需要权衡哪些数据具有价值以及哪些数据可收集。

**1. 哪些数据具有收集价值**

关于哪些数据具有收集价值的问题包括：

（1）详细了解关于该过程步骤的可视化事件信息是否可向一些商业应用提供有用输入。

（2）为了使应用理解另一步骤的信息，是否需要提供有关此步骤的信息。例如，如果“运输”步骤中发生的事件包含托盘 ID，则可能还需要采集“包装”步骤中发生的较早事件，以便应用知晓装运托盘的内容物。

（3）贸易伙伴或政府法规是否要求提供关于该过程步骤的信息。

**2. 哪些数据可收集**

哪些数据可收集的问题包括：

（1）该过程步骤涉及的物理或数字对象是否有适当的标识符？如果没有，是否可以赋予其标识符？

（2）对于物理对象，是否可以使用数据载体（如 RFID 标签或条码）来粘贴标识符？如果不可以，是否有可能以其他方式采集标识符？

（3）是否可以通过修改操作过程来纳入可视化事件的数据采集？这里主要考虑必要基础架构（条码扫描器、RFID 读取器、软件等）的成本以及对过程本身的影响（是否需要附加劳动力、过程是否放慢等）。

在该示例中，我们假设，从业务角度来看，必须知晓各位置所发出和收到的货物类型。在多数情况下，还应记录需“定期进行”的事项，即每次创建一个新标识符时采集一个事件。

但是我们还假设，仅可采集箱子和托盘级数据，无法采集项目级数据；用于移动托盘的卡车未被标识，且无法知晓使用了哪些卡车。

综上所述，需要在该示例中制造商负责的以下步骤采集可视化事件：

V1：打印和粘贴箱子标签（调试确保后续步骤可以理解）。

V2：打印托盘标签（调试确保后续步骤可以理解）。

V3：将箱子装入托盘（使得可以通过读取托盘标识符来推断货物内容）。

V4：运送托盘。

这些在图中使用红色圆圈编号 V1、V2 等表示，如图 4-7 所示。图中不带圆圈的其他步骤是不会采集可视化事件的步骤。

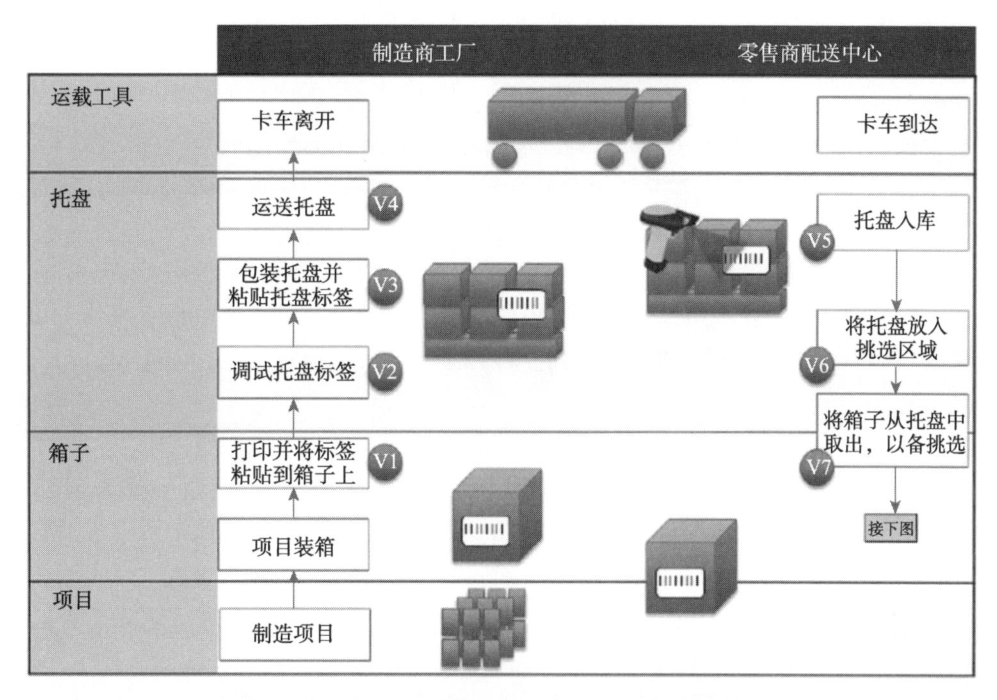


图 4-7　正向物流业务步骤（可视化采集已标明）

### 4.3.5　将每个步骤的完成情况建模为可视化事件

EPCIS 数据将采集选定业务过程步骤中发生的内容。首先决定表 4-3 所述的事件类型列表中的哪种事件类型最适合当前情况。事件类型将决定事件“对象”维度中的信息结构。

选择事件类型时，请考虑事件中涉及的物理或数字对象及其如何相互关联。大多数情况下，需在以下三种事件类型中选择一种：

（1）ObjectEvent：如果事件涉及一个或多个对象，且所有对象以相同方式参与事件，请使用此类型。这是当前最常见的事件类型。

（2）AggregationEvent：如果事件是涉及“父”对象和一个或多个“子”对象的物理聚合，请使用此类型。聚合示例包括装入纸箱（“父”）的 12 个项目（“子”）。其他聚合示例包括托盘上的箱子、提袋中的项目、装入卡车的纸箱、装入远洋船的包装箱和装入总成的组件。在所有此类示例中，即使聚合到父对象中，各子对象仍保留其身份，且聚合具有可逆性（即可以“解开聚合”）。

（3）TransformationEvent：如果事件涉及消耗一个或多个“输入”对象，并且产生一个或多个“输出”对象，请使用此类型。与聚合不同，子对象后续可以与父对象分离，而在转化中，输入对象在事件之后不再存在。转化示例包括混合原材料以创建成品配方；重新包装项目，使原包装不再存在，并使用新的 GTIN 标签标注新包装，如烟熏三文鱼（将生鱼转化为熏鱼）。

（4）如果事件是将一个或多个对象与一个或多个业务事务明确关联（或分离）的过程，则可以使用第四种事件类型 TransactionEvent。但是，由于业务事务可以纳入所有其他事件类型的“事件”维度中，所以很少需要使用 TransactionEvent 类型。

ObjectEvent 和 AggregationEvent 类型分别具有附加限定符，即操作，用于说明事件如何与对象的生命周期和聚合相关。对于 ObjectEvent，此类操作值为：

（1）如果事件标志着对象生命周期的开始，则为“添加”。对于相同对象，所有其他事件应在此事件之后。此事件常用于业务步骤“调试”。

（2）如果事件标志着对象生命周期的结束，则为“删除”。对于相同对象，所有其他事件应在此事件之前。当业务步骤是“退役”“销毁”或涉及向消费者销售的业务步骤（如果无法在售后跟踪对象）时，通常适用此事件。

（3）在所有其他情况下为“观察”。

对于 AggregationEvent，操作值为：

（1）如果在事件期间将子对象添加到聚合中，则为“添加”；例如，将项目装箱时。

（2）如果在事件期间将子对象从聚合中取出，则为“删除”；例如，从箱子中取出项目时。

（3）如果在事件期间，父对象和子对象处于聚合状态，但未添加或删除子对象，则“观察”。

TransactionEvent 也具有操作限定符；详情请参见 EPCIS 标准。TransformationEvent 没有操作限定符。表 4-5 说明了将事件类型分配给上述示例中事件 V1 到 V4 的方式。

**表 4-5　将事件类型分配给上述示例中事件 V1 到 V4 的方式**

| 事件 | 描述 | 事件类型 | 注释 |
|---|---|---|---|
| V1 | 打印并粘贴箱子标签 | ObjectEvent“添加” | 这标志着用于标识箱子的 SGTIN 的生命周期开始 |
| V2 | 打印并粘贴托盘标签 | ObjectEvent“添加” | 这标志着用于标识托盘的 SSCC 的生命周期开始 |
| V3 | 将箱子装入托盘 | AggregationEvent“添加” | 将子对象（箱子）添加到聚合 |
| V4 | 运送托盘 | ObjectEvent“观察”或<br>AggregationEvent“观察” | 见下面说明 |

在 V4 事件中，可以选择如何将托盘运送行为记录为 EPCIS 事件。其中一种方法是使用 ObjectEvent（带操作“观察”），且仅将托盘的 SSCC 纳入“对象”维度。使用这种方法可以简化数据采集，并使事件更紧凑，但在需要推断运送托盘上的箱子类型时，接收数据的应用需要查询 V3 事件。另一种方法是使用 AggregationEvent（带动作“观察”），并将托盘的 SSCC（父对象）和所有箱子（对象）的 SGTIN 纳入“对象”维度。如果在运送托盘时，能够识别 SGTIN，且制造商希望了解当时托盘上的具体箱子类型，可以使用上述方法。接收 V4 的应用无须使用 V3 进行推断来了解托盘上的箱子类型。

V4 示例表明，在决定如何使用 EPCIS 为业务过程建模时，有时必须进行细心选择。在此类情况下，如果需要寻求帮助，可以查阅特定行业的指南，获得此常见业务过程的标准 EPCIS 模型。

### 4.3.6　判断可视化事件须包括哪些数据字段

确定基本事件类型后，应决定将哪些数据纳入各事件的“对象”“时间”“地点”“事件”维度。从消耗数据的业务应用着手，EPCIS 数据将更加有用。需要解决的问题是：“业务应用需要哪些信息才能了解在此事件期间发生的内容？”从业务角度来看，业务应用无须了解数据采集方式，只需要了解所发生的内容。最好可以依次考虑四个数据维度。

#### 1. 设计“对象”维度

“对象”维度标识事件中涉及的物理或数字对象。“对象”维度中的信息结构取决于事件类型：

（1）对于 ObjectEvent，“对象”维度包含对象列表。所有对象都以相同方式参与事件。

（2）对于 AggregationEvent，“对象”维度将特定对象命名为“父对象”，并包含其他对象（“子对象”）列表。（但有两种例外情况，如果操作是“观察”，则可以省略父对象，表明在集合状态下观察子对象，但父对象的身份未知；如果操作为“删除”，则可以省略子对象，表示所有子对象均已与父对象分离。）

（3）对于 TransformationEvent，“对象”维度包含作为转化输入的一个对象列表，以及作为转化输出的第二个（不同）对象列表。如果 TransformationEvent 通过 TransformationID 连接到其他 TransformationEvent，则可以省略输入或输出。

除考虑业务过程步骤中哪些对象与事件相关之外，还必须确定此类对象在事件中的命名方式。在 EPCIS 中，有两种不同方式可用于引用对象：

（1）单品级标识：如果某个对象具有唯一的标识符，则称为单品级标识。单品级标识的示例包括带系列号的全球贸易项目代码（GTIN）（统称为系列化 GTIN 或 SGTIN）、系列货运包装箱代码（SSCC）、带系列号的全球可回收资产标识符（GRAI）等。

（2）类别级标识：如果对象的标识符与其他类似对象所携带的标识符相同，则称为类别级标识。类别级标识的示例包括 GTIN 加批次或批号（由属于同一批次或批号的所有交易项目共享）、GTIN 本身、无序列号的 GRAI 等。

在应用如何使用 EPCIS 数据方面，单品级标识最为有效，一方面，其使得确定某一事件中引用的对象与先前或后续事件中引用的对象完全相同成为可能。另一方面，将单品级标识分配给对象通常比分配类别级标识更复杂。

使用类别级标识时，事件可能涉及多个同类别对象，因此，类别级标识符通常附有指定数量的信息。可以通过四种方法在 EPCIS 事件的“对象”维度中标识对象（包括单品级标识），如表 4-6 所示。

表中的最后一种情况，即无数量信息的类别级标识符，仅在无法确定数量或数量因隐私原因而有所保留时使用。

相同 EPCIS 事件可能会使用单品级标识来标识一些对象，而使用类别级标识来识别其他对象。例如，使用 GTIN 和批号（类别级）标识的箱子可以一起装入使用 SSCC（单品级）标识的托盘，或者可能存在转化事件，在该事件中，一些输入是由类别和数量标识的原材料，其他输入由 GTIN+系列号（单品级）标识，输出由 GTIN +系列号标识。但是，在一个事件中，仅可使用一种方法标识一个给定对象。例如，如果一个对象事件具有 5 个 SGTIN（GTIN 相同，系列号不同），则对象事件应该包含这 5 个 SGTIN，但不得将 GTIN 视为类别级标识符。

**表 4-6　在 EPCIS 事件的“对象”维度中标识对象的四种方法**

| 单品或类别级 | “对象”维度内容 | 意义 |
| --- | --- | --- |
| 单品 | 单品级标识符（SGTIN、SSCC、带系列号的 GRAI 等） | 参与事件的具体对象 |
| 类别 | 类别级标识符（GTIN、GTIN + 批号、无系列号的 GRAI 等）加整数数量 | 事件中属于指定类别的对象的具体数量。在这种情况下，类别指可以计数的离散对象 |
|  | 类别级标识符（GTIN、GTIN + 批号、无系列号的 GRAI 等）加实际数量和计量单位 | 等于事件中指定类别的指定实物计量（数量 + 计量单位）的数量。在这种情况下中，类别指必须测量而不是计数的物体，例如以任意体积分配的液体或以任意重量分配的固体 |
|  | 类别级标识符（GTIN、GTIN + 批号、无系列号的 GRAI 等），无数量信息 | 参与到事件中指定类别的某些未指定量或数量 |

## 2. 设计“时间”维度

“时间”维度是四个维度中最简单的维度。其存在于每个事件中，且总是包含两条信息：

（1）EventTime：事件发生的日期和时间。其总是以包含时区说明符的格式表示，以便及时明确识别时刻。

（2）EventTimeZoneOffset：事件发生地点有效的时区偏移（相对于 UTC）。这可以将 EventTime 以事件发生的本地时间展示给用户（如果需要）。

由于这两个数据元素的正确值通常非常明确，因此，基本无须进行设计工作。

对于在一段较长时间内进行的业务步骤，可能需要确定 EventTime 是该步骤开始或结束的时间，还是两者之间的某个时刻。通常，最好使用业务步骤的结束时间。但是，与所有 EPCIS 数据设计问题一样，应该从消耗数据的业务应用着手考虑。如果业务应用必须知晓业务步骤的开始时间和结束时间，则应该考虑使用两个 EPCIS 事件对过程进行建模是否更为合适（一个用于过程开始，另一个用于过程结束）。

相反，从业务角度来看，有时会有若干不同事件同时进行，或者难以为每个事件分配不同的 EventTime。例如，自动化生产机器可能会将 SGTIN 分配给 12 个产品（“调试”业务步骤），将另一个 SGTIN 分配给一个箱子（“调试”），并将此类项目一次性装入箱子中（“包装”业务步骤）。虽然可能无法一次完成，但机器内置的 EPCIS 采集应用可能无法区分时间。在此类情况下，可以将相同的事件时间分配给所生成的所有 EPCIS 事件，但是如果事件存在逻辑顺序，则对消耗应用来说，通常需要稍微改动事件时间，以便时间顺序符合逻辑。在项目装箱的示例中，“包装”的 EPCIS 事件（聚合事件）的时间应该比调试时间晚，即使人为设定其仅晚一毫秒。这允许消耗应用按照 EventTime 对事件进行排序，以便实现逻辑顺序。

### 3. 设计“地点”维度

“地点”维度标识事件所涉对象的物理位置。“地点”维度中的两个数据元素均为可选，但大多数 EPCIS 事件会同时提供这两个数据元素。这两个数据元素是：

（1）ReadPoint：ReadPoint 标识事件发生时，“对象”维度中确定的对象位置，即事件发生地点。

（2）BusinessLocation：BusinessLocation 标识事件发生后，另一事件发生前，“对象”维度中确定的对象预期位置。

名称 ReadPoint 和 BusinessLocation 可能有些令人困惑。例如，从业务角度来看，ReadPoint 的相关性可能等于或高于 BusinessLocation（取决于具体情况）。无须解读名称 ReadPoint 和 BusinessLocation 的含义，仅需记住定义：ReadPoint 是事件发生时对象的位置，BusinessLocation 是事件发生后的位置。

设计“地点”维度时，确定用于描述位置的粒度是关键问题。例如，如果对象在接收操作期间通过装货码头入口进入，有几种方法可用于描述事件的位置（ReadPoint），下面列出了最具体（精细粒度）到最不具体（粗糙粒度）的方式：

（1）“XYZ 公司芝加哥园区 2 号楼接收码头 # 5”。

（2）“XYZ 公司芝加哥园区 2 号楼接收区域”（未说明具体入口）。

（3）“XYZ 公司芝加哥园区 2 号楼”（未说明 2 号楼内的具体区域）。

（4）“XYZ 公司芝加哥园区”（未说明具体建筑）。

（5）“XYZ 公司”（未说明具体位置）。

决定 EPCIS 事件应使用何种粒度级别起着关键作用。与大多数 EPCIS 设计决策一样，需要权衡业务应用需要拥有哪些功能来使用数据以及采集到 EPCIS 事件时可以收集到哪些数据。例如，与仅知晓对象已进入建筑物相比，区分建筑物中的不同装货码头入口可能需要更昂贵的基础架构。同时，业务应用可能并不需要知道所使用的具体入口。有时，由于 EPCIS 事件在内部采集，因此在进行设计时，粒度问题的解决方式与贸易伙伴共享此类事件的方式不同。例如，可能会以单个装货码头入口级别对 ReadPoint 进行内部采集，但在与贸易伙伴共享相同事件时，需要以“建筑物”级别进行采集。

通常，BusinessLocation 的粒度级别比 ReadPoint 更粗，这是因为与事件发生时的位置相比，EPCIS 采集应用无法确定事件发生后，某个对象可能所在的位置。此外，如果业务不需要以更精细的方式表示 ReadPoint 时，ReadPoint 与 BusinessLocation 的粒度级别相同。

将对象从一个位置转移到另一个位置时（如接收后进行运送），BusinessLocation 会出现特殊情况。运送对象时，事件发生后的对象位置显然不是发货方位置，但是其也不是接收方位置。因为仅在接收期间，采集到事件之后，对象才位于接收方所在位置。因此，装运时采集的 EPCIS 事件的正确 BusinessLocation“未知”——装运后，在接收操作发生之前，可能无法知晓对象的具体位置。这在 EPCIS 中表现为运输事件完全省略 BusinessLocation 数据元素。

### 4. 设计“事件”维度

“事件”维度解释事件的业务环境，对于业务应用理解 EPCIS 数据至关重要。“事件”

维度中的所有数据元素均可选，但几乎所有的 EPCIS 事件都至少包含 BusinessStep 和 BusinessLocation 数据元素。“事件”维度中的其他数据元素仅在与业务步骤相关时才包括在内。

“事件”维度中数据元素的定义见第 4.2.4 小节。以下是选择是否纳入各数据元素及如何选择适当值的设计考虑因素。

（1）设计业务步骤。BusinessStep 数据元素对于业务应用理解 EPCIS 数据含义的来说极其重要。BusinessStep 值是一个标识符，用于表示事件发生时正在进行业务过程的哪个步骤。如果不知晓业务步骤，则应用仅能知晓对象目前在某个特定地方；了解业务步骤后，应用将了解该对象与整个业务的关系。实际上，所有 EPCIS 时间均应具有 BusinessStep 值。BusinessStep 值通常对应于某种动作：运送、接收、包装等。

为使 BusinessStep 值有用，进行查看的应用必须事先知晓其含义。因此，BusinessStep 的值总是由某种标准规定——即将给定 BusinessStep 值与该值的含义解释及解释携带该值的 EPCIS 事件的方式关联的文档。EPC 核心业务词汇（CBV）就属于这种标准。其属于全球性标准，规定了几十个业务步骤值，此类值适用于许多行业部入口的供应链业务过程中常见的各种业务步骤。由于其是全球性跨部入口标准，使用 CBV 业务步骤值可使大部分应用能够理解 EPCIS 事件。在 CBV 业务步骤值适用时，应进行使用。

但是，有时可能会在某一业务流程中使用 EPCIS，而该过程中有些步骤与 CBV 规定的任何业务步骤值都不相符。在此类情况下，必须使用不同的标识符，即针对特定应用创建的标识符。仍然会使用文档来定义标识符及其含义——在这种情况下，该文档是内部设计文档而不是全球标准。可由一组贸易伙伴商定，或者按照特定标准规定特定业务步骤值。但是，此类值将所产生的 EPCIS 事件仅能被了解界定此类值的窄范围标准和设计文档的小部分组织理解。在决定是否使用 CBV 时，必须进行这种权衡。

（2）设计 Disposition。Disposition 数据元素是指示事件发生后，对象的业务状况的标识符。Disposition 值通常对应于根据其与整个业务过程的关系描述对象业务状态的形容词：进行中、被召回、已损坏等。

Disposition 主要用于区分正常过程和异常情况。例如，核心业务词汇（CBV）Disposition 值“进行中”表示对象正常通过供应链，“被召回”表示制造商已经召回对象。除 BusinessStep 外，注明“Disposition”有助于理解此类情况，具体表现在以下两个方面。第一，在产生异常结果的事件发生时，Disposition 可以显示产生了哪种结果。例如，EPCIS 事件的 BusinessStep 值可能为“检查”（来自 CBV），其中，检查结果通常为 Disposition “进行中”，或者如果检查发现对象被召回，则为“被召回”。第二，即使对象经受其他事件，Disposition 可以继续指示异常状态。例如，进行“检查”步骤后，将对象退回制造商时，被召回对象可能拥有多个 EPCIS 事件，且相应的 BusinessStep 值为“运送”和“接收”。如果没有 Disposition，此类 EPCIS 事件将难以区分正常和异常运输和接收步骤，但当 Disposition 值为“被召回”，而不是“进行中”时，此类事件显然是逆向物流过程的一部分。与 BusinessStep 一样，Disposition 的值仅在对进行查看的应用事先知晓其含义时才有用。

（3）设计业务事务列表。BusinessTransactionList 是对业务事务的引用列表，即可以从 EPCIS 以外的其他系统获得的数据。业务事务示例包括对特定采购订单的引用、对特定发票的引用等。这些信息将提供 EPCIS 事件的业务环境，并帮助将 EPCIS 数据与其他业务信息系统关联。

BusinessTransactionList 中的每个业务事务由一对标识符组成。第一个是业务事务类型标识符，用于说明所引用的业务交易类型（采购订单、发票等）。第二个是引用指定类型的特定事务的业务事务标识符。业务事务类型标识符类似于 BusinessStep 或 Disposition 值，因为其仅在对进行查看的应用事先知晓其含义时才有用。核心业务词汇表规定了常见业务事务类型（如采购订单、发票等）的标准业务事务类型标识符。

业务事务引用的第二部分（业务事务标识符）是指具体的业务事务。与业务步骤、处置或业务事务类型值不同，不存在固定的业务事务标识符列表——在创建新业务事务时会不断创建新标识符。通常，业务事务标识由 EPCIS 以外的一些信息系统生成。例如，发票号码可能由企业资源规划（ERP）系统创建。业务事务标识符必须具有全球唯一性，以便用于 EPCIS 事件。这是因为在处理 EPCIS 数据时，应用可能会从整个供应链中收集 EPCIS 事件。在这种情况下，不能混淆来自供应链各方的两份采购订单。

有两种策略可用于创建适用于 EPCIS 业务事务列表的全球唯一业务事务标识符。

第一个策略创建业务事务的系统可以使用全球唯一标识符作为引用事务的唯一方式。例如，ERP 系统可以本地分配唯一标识符，如 GS1 全球文档类型标识符（GDTI）。如果分配正确，则一个系统产生的 GDTI 将不同于由任何其他方系统产生的 GDTI。但是，许多遗留系统并不具备这种设计——典型 ERP 系统将简单地给每个事务赋予编号（如“12345”），此类编号在 ERP 系统中具有唯一性，但不能保证其与其他 ERP 系统生成的编号不同。

创建全球唯一业务事务标识符的第二个策略是将遗留系统创建的标识符与使其全球唯一的前缀相结合。EPC 核心业务词汇表规定了可用于此目的的模板，该模板使用发行方的全球位置码（GLN）。例如，如果公司 X 的 GLN 为“0614141123452”，且其 ERP 系统生成采购订单编号为“12345”，则使用 CBV 模板创建的相应全球唯一标识符是：

urn: epcglobal: cbv: bt: 0614141123452:12345

该标识符的第一部分（urn：epcglobal：cbv：bt）属于前缀，用于表示其使用 CBV 的业务事务标识符模板。其余两个部分分别是 ERP 系统分配的 GLN 和 PO 编号。由于任何其他 ERP 系统生成的 PO 编号“12345”将被赋予不同前缀，因此整个字符串（可视为单个标识符）具有全球唯一性。（如果一个公司拥有多个 ERP 系统，且其分配的事务编号可能发生冲突，则应该使用不同的 GLN 作为每个系统的前缀）

在处理 EPCIS 数据时，应使用整个业务事务标识符（包括任何前缀）。例如，为测试两个 EPCIS 事件是否引用了相同的业务事务，应该比较整个标识符字符串（以及业务事务类型标识符）。但是，当将 EPCIS 数据与遗留系统数据相关联时，可能需要识别 CBV 前缀并解析标识符，以确定所引用的遗留系统及该系统的本地事务 ID。

（4）设计来源和目的地列表。某些业务过程步骤是业务转让过程的一部分，在该过程中，所有权或实际拥有权从一方转移到另一方。运送和接收是两个常见示例，但也可能有其他示例，如托运、验收、退货、中间运输步骤等。在此类情况下，需要提供信息来标识转让的来源和目的地。例如，在运送事件中，不仅需要指明“运送”位置，而且还需指明“接收”位置。从所有权以及实际拥有权的角度来看，可能还需指明双方当事人（可以是也可以不是同一对双方）。EPCIS 事件中的来源和目的地列表可能用于提供此类信息。来源和目的地信息是 EPCIS 事件中“原因”维度的一部分，因为它们用于提供业务环境。

来源列表由一系列来源组成，每个均由来源类型和来源标识符组成。同样，目的地列表由一系列目的地组成，每个均由目的地类型和目的地标识符组成。核心业务词汇中规定了三种可能的来源或目的地类型；每种将说明解释其限定的来源或目标标识符的方式。核心业务词汇中规定的来源或目的地类型如表 4-7 所示。

**表 4-7　核心业务词汇中规定的来源或目的地类型**

| 来源或目的地类型 | 含义 |
| --- | --- |
| urn: epcglobal: cbv: sdt: owning_party | 来源或目的地标识符表示在该 EPCIS 事件所属的业务传输的开始端点或结束端点（分别）拥有（或即将拥有）对象的一方 |
| urn: epcglobal: cbv: sdt: possessing_party | 来源或目的地标识符表示在该 EPCIS 事件所属的业务传输的开始端点或结束端点（分别）实际拥有（或即将实际拥有）对象的一方 |
| urn: epcglobal: cbv: sdt: location | 来源或目的地标识符表示该 EPCIS 事件所属的业务传输的开始端点或结束端点（分别）的位置 |

对于一方或物理位置（具体取决于来源或目的地类型），来源或目的地标识符本身具有全球唯一性。通常，其是以 EPC URI 格式呈现的 GLN（带或不带扩展皆可），但 CBV 也指定了可以使用的其他标识符。

根据可用的业务环境，三种来源或目的地类型的任何组合可以用于来源列表或目的地列表中，或两者。通常，需要提供给定类型的来源和目的地。

完整的业务转让通常涉及多个 EPCIS 事件，且事件通常由多方产生。例如，简单转让将包括两个 EPCIS 事件，一个有关运送步骤，一个有关接收步骤。例如，复杂转让可能涉及单独的到达和验收步骤，或跟踪中间运输步骤，例如，在通过时观察铁路承运人或海运承运人。属于同一转让的所有此类步骤可以提供来源或目的地信息。在这种情况下，所有事件的来源或目的地信息通常相同。

例如，甲方将拥有权转让给乙方时，运送和接收的 EPCIS 事件可以提供甲方的来源类型“拥有方”和乙方的目的地类型“拥有方”。这两个事件的来源或目的地信息的解释可能稍有不同。在运送事件中，来源表示转让开始时的已知拥有方，但目的地表示转让结束时的目标拥有方。在接收事件中，目的地表示转让结束时的已知拥有方，但来源表示转让开始时的先前拥有方。

“位置”型来源或目的地可能与某些事件的“地点”维度中的读取点信息一致。具体而言，运送（或类似）步骤中的读取点与“位置”型来源一致，并且接收（或类似）步骤中的读取点与“位置”型目的地一致。在这种情况下，来源或目的地中的信息应该与读取点中的信息一致。（例如，如果使用比来源或目的地更精细的位置标识符报告读取点，则可能不完全相同。）

不属于业务转移的 EPCIS 事件不应提供来源或目的地信息。

### 4.3.7 根据 CBV 标准确定填充每个数据字段的词汇

在上一步中，已确定各 EPCIS 事件的数据元素内容。下一步需要将各数据元素内容的非正式说明转换为计算机可以理解的特定标识符。

#### 1. 用于“对象”维度的词汇

在“对象”维度中，可以引用一个或多个物理或数字对象。大多数情况下，每个对象均由 GS1 标识代码标识。例如，贸易项目可能使用 GTIN（例如：00614141123452）和系列号（例如：400）标识。在 EPCIS 中，根据 EPC 标签数据标准，将 GTIN 加系列号表示为统一资源标识符（URI）。其形式如下：

urn:epc:id:sgtin：0614141.012345.400

该标识符的第一部分（urn：epc：id: ）表示该标识符符合 EPC 标签数据标准。下一部分（sgtin:）表明其由 GTIN 加系列号（SGTIN）组成。接下来的三个部分是 GS1 公司前缀（0614141）、指示符数字和项目参考代码（012345）以及系列号（400）。请注意，在 EPC URI 中，GS1 公司前缀与 GTIN 的其他数字分开写入，且没有校验位。

EPC 标签数据标准为所有可用于 EPCIS 事件“对象”维度的 GS1 标识代码提供 EPC URI 语法。有时，可能需要在“对象”维度中引用物理或数字对象，但使用 EPC 标记数据标准不支持的某些标识系统来标识对象。对于此类情况，核心业务词汇提供可以使用的其他非 EPC 的 URI。但是，如果可能，应优先选择使用 GS1 标识代码。

#### 2. 用于“地点”维度的词汇

“地点”维度中的 ReadPoint 和 BusinessLocation 数据元素包含引用物理位置的标识符。选择适当的标识符时，必须先决定如何标识位置。

标识位置最常用的方法是为其赋予唯一的标识符，如全球位置码（GLN）。GLN 仅是位置所有方指定的，用于表示特定位置的任意编号。GLN 可以按照任何粒度级别进行分配，甚至可以将 GLN 分配给细粒度位置（例如建筑物中的房间），也可以将不同 GLN 分配给粗粒度位置（如建筑物本身）。分配完成后，GLN 将具有层次结构。

当将标识符分配给细粒度位置（如单个装货码头入口或大仓库中的个别仓位）时，GLN 本身的容量不足。在此类情况下，可将 GLN 加 GLN 扩展分配给每个位置。当将 GLN + 扩展分配给细粒度位置时，GLN 部分通常是含有位置信息的粗粒度 GLN（例如包含建筑物）。

与“对象”维度一样，在 EPCIS 中使用 URI 语法创建“地点”维度中的标识符。例如，假设位置由 GLN（0614141111114）和扩展（987）标识。在 EPCIS 中，根据 EPC 标签数据标准，将 GLN + 扩展表示为统一资源标识符（URI）。URI 的具体类型被称为 SGLN，能够表示 GLN + 扩展或者不带扩展的 GLN。GLN（0614141111114）和扩展（987）的 SGLN 如下所示：

urn: epc: id: sgln: 0614141.11111.987

为表示不带扩展的 GLN，使用单个 0 位代替扩展，如下所示：

urn: epc: id: sgln: 0614141.11111.0

该标识符的第一部分（urn：epc：id: ）表示该标识符符合 EPC 标签数据标准。下一部分（sgln: ）表明其由 GLN 或 GLN + 扩展（取决于扩展部分是否为 0）构成。接下来的三个部分是 GS1 公司前缀（0614141）、位置参考代码（11111）和扩展（或者用于普通 GLN 的 0）。

一方面，有时可能需要在“地点”维度中引用物理位置，但使用 EPC 标记数据标准不支持的某些标识系统来标识位置。对于此类情况，核心业务词汇（提供可以使用的其他（非 EPC）URI。但是，如果可能，应优先选择使用 GS1 标识代码。

另一方面，有时位置仅可使用地理坐标（纬度和经度）标识，而不能使用唯一标识符标识。最常见的情况是在运送中跟踪运载工具（例如，远洋船舶）时创建的 ReadPoint，因为公海上没有可以使用 GLN 标识的预定位置，但可以使用全球定位系统接收机。在这种情况下，可以使用地理空间 URI。其形式如下：

geo: 22.300,-118.44

此示例表示地理位置位于北纬 22.300 度，西经 118.44 度。有关更多详细信息，请参见核心业务词汇相关章节。

### 3. 用于“事件”维度的词汇

EPCIS 事件的“事件”维度包含许多需要各种标识符的数据元素。有两种方法可用于完成此操作，具体取决于数据元素。

（1）“事件”维度的标准词汇元素。“事件”维度中的一些数据元素包含供应链各方必须事先理解的概念名称。示例包括 BusinessStep 数据元素，其包含一个代表“运送”“接收”等概念的标识符。核心业务词汇表定义了 30 多个不同的商业步骤值。在 EPCIS 事件中出现的完整值为 URI，如下所示：

urn: epcglobal: cbv: bizstep: shipping

该标识符的第一部分（urn：epcglobal：cbv: ）表示核心业务词汇表中对其进行了定义。下一部分（bizstep:）表示其来自业务步骤值列表。这两个部分对于 CBV 中定义的所有业务步骤标识符均相同。其余部分是具体的业务步骤。

（2）“事件”维度的用户词汇元素。“事件”维度中一些数据元素用于标识业务对象，如业务事务、来源、目的地和转化标识符。对于此类数据元素，核心业务词汇提供可用于构建合适标识符的模板。

请注意，EPCIS 事件的任何维度中的标识符应当明确。当将整个供应链的 EPCIS 事件整合到一起时，这一点尤为重要。假设运送步骤 EPCIS 事件中的 BusinessTransaction 数据元素包含对采购订单的引用。EPCIS 事件不能仅简单提供“PO 编号 1234”，因为供应链中的许多公司可能会发出具有相同编号的采购订单。在 EPCIS 事件中，对采购订单的引用必须具有全球唯一性。

核心商业词汇表通过提供用于构建全球唯一标识符的模板来解决这个问题。其形式如下：urn: epcglobal: cbv: bt: 0614141111114:1234

第一部分（urn：epcglobal：cbv: ）表示其根据 CBV 中的规则构建。下一部分（bt: ）表示其为业务事务（BT）模板。接下来是定义 PO 编号的一方的 GLN（0614141111114），最后一部分（1234）是该方定义的 PO 编号。在这种情况下，如果供应链中的其他方也拥有编号为 1234 的 POE，则 EPCIS 标识符将会不同，因为标识符中 1234 之前 GLN 不同。

一些大公司拥有多个采购订单生成系统，例如用于公司各部入口的不同系统，所以同一个公司可能生成两个编号为“1234”的采购订单。但是，使用不同 GLN 作为两个系统的 PO 编号的前缀可以轻松解决这个问题，例如通过使用部门级 GLN。

**4. 示例**

综合本节的所有内容，下面将说明将第六步中作出的设计选择最终转换成为 EPCIS 事件中的实际标识符的方法，如表 4-8 所示。

**表 4-8 EPCIS 事件中的实际标识符**

| 维度 | 数据元素 | 设计选择 | 实际 EPCIS 事件内容 |
|---|---|---|---|
| | 事件类型 | 对象事件 | — |
| | 操作 | 观察 | 观察 |
| 对象 | EPC 列表 | 含有一个元素的列表：托盘的 SSCC（单品级标识） | urn: epc: id: sscc: 0614141.0123456789 |
| 时间 | 事件时间 | 运送托盘的日期和时间 | 2014-03-15T10:11:12Z |
| | 事件时区偏移 | 托盘运送地点的有效时区偏移 | -05:00 |
| 地点 | 读取点 | 10 号楼装货码头#2 | urn: epc: id: sgln: 0614141.11111.2 |
| | 业务位置 | （省略） | （省略） |
| 事件 | 业务步骤 | 运送（CBV） | urn: epcglobal: cbv: bizstep: shipping |
| | 处置 | 运输（CBV） | urn: epcglobal: cbv: disp: in_transit |
| | 业务事务列表 | 含有两种业务事务参考的列表：零售商的采购订单和制造商的发票 | 类型 urn: epcglobal: cbv: btt: po urn: epcglobal: cbv: bt: 5012345678900:1234<br>类型 urn: epcglobal: cbv: btt: inv urn: epcglobal: cbv: bt: 0614141111114:9876 |
| | 来源列表 | 含有一个“所有方”类型来源的列表，表明制造商为来源所有方 | 类型 urn: epcglobal: cbv: sdt: owning_party urn: epc: id: sgln: 0614141.11111.0 |
| | 目的地列表 | | |

## 4.3.8 将可视化事件录入可视化数据矩阵

在第 4 步中确定的每个业务步骤，必须完成第 5 步到第 7 步。这听起来有点冗长乏味，但在通常情况下，其存在较多重复，所以在前三四次事件发生后，就会逐渐熟练。

完成所有工作后，将结果汇总在矩阵中，该矩阵的列用于记录可视化事件，行用于记录 EPCIS 数据模型中的数据元素。其与上一节列出的表格类似，但增加了可用于记录事件的列。可使用电子表格创建这种矩阵，表 4-9 给出了可视化数据矩阵的示例。

表 4-9　可视化数据矩阵示例

| 维度 | 数据元素 | V1 | V2 | V3 | V4 |
| --- | --- | --- | --- | --- | --- |
| | 描述 | 打印并粘贴箱子标签 | 打印托盘标签 | 将箱子装入托盘 | 运送托盘 |
| | 事件类型 | 对象事件 | 对象事件 | 聚合事件 | 对象事件 |
| | 操作 | 添加 | 添加 | 添加 | 观察 |
| 对象 | EPC 列表 | 箱子的 SGTIN | 托盘的 SSCC | 父对象：托盘的 SSCC<br>子对象：箱子的 SGTIN | 托盘的 SSCC |
| 时间 | 事件时间 | 当前日期 / 时间 | 当前日期 / 时间 | 当前日期 / 时间 | 当前日期 / 时间 |
| | 事件时间时区偏移 | 本地时区偏移 | 本地时区偏移 | 本地时区偏移 | 本地时区偏移 |
| 地点 | 读取点 | 包装线的 SGLN | 包装线的 SGLN | 包装线的 SGLN | 对象事件 |
| | 业务位置 | 工厂的 GLN | 工厂的 GLN | 工厂的 GLN | 观察 |
| 事件 | 业务步骤 | 调试（CBV） | 调试（CBV） | 包装（CBV） | 运送（CBV） |
| | 处置 | 激活（CBV） | 激活（CBV） | 进行中（CBV） | 运送（CBV） |
| | 业务事务列表 | （省略） | （省略） | （省略） | 零售商的 GLN + PO#<br>制造商的 GLN + Invoice # |
| | 来源列表 | （省略） | （省略） | （省略） | 所有方（CBV）<br>制造商的 GLN |
| | 目的地列表 | （省略） | （省略） | （省略） | 所有方（CBV）<br>零售商的 GLN |

## 4.4　高级 EPCIS 建模

本节将探讨其他业务过程，并演示如何使用 EPCIS 事件对其进行建模。

### 4.4.1　聚合/解聚

许多业务过程涉及创建物理聚合，即将子对象置于父对象中或父对象上。聚合具有以下特征：

（1）处于聚合状态时，可以假定父对象和子对象在同一时间会处于同一地点。

（2）父对象和子对象在聚合状态下保留其身份。可以反向进行聚合（解聚），以使原始父对象和/或子对象相互分离。其与转化不同，在转化中，输入会不可逆转地转化为具有不同特征的产出。常见聚合示例如表 4-10 所示。

表 4-10　常见聚合示例

| 描述 | 父对象及其标识符 | 子对象及其标识符 |
| --- | --- | --- |
| 项目装入同质箱 | 箱子（SGTIN） | 项目（SGTIN） |
| 项目装入同质（异质）箱 | 箱子（SSCC） | 项目（SGTIN） |
| 箱子装入托盘 | 托盘（SSCC） | 箱子（SGTIN 或 SSCC） |
| 托盘装入可重复使用货运包装箱 | 包装箱（GRAI） | 托盘（SSCC） |
| 货运包装箱装入船舶、火车等 | 船舶（GIAI） | 包装箱（GRAI） |
| 组件装入机箱 | 机箱（GIAI） | 组件（GIAI 或 CPID） |

上述示例均假定子对象使用单品级标识进行标识，但也可以使用类别级标识来标识子对象。但是，父对象必须始终使用单品级标识符进行标识。

跟踪聚合的一个常见原因是方便进行推断，其中，仅在观察到一个对象时，业务应用才会推断所有聚合对象都存在。例如，在本章第 3 节的示例中，运输步骤的 EPCIS 事件仅包含托盘的 SSCC，但接收方也可以推断所有箱子都已经装运。进行这种推断时，接收方需要了解创建聚合的包装步骤的 EPCIS 事件和包装步骤和运输事件之间没有解聚事件。

### 1. 聚合和解聚

EPCIS 汇总事件的操作数据元素说明事件期间针对聚合进行的操作，如表 4-11 所示。

表 4-11 聚合事件的操作值

| 操作 | 含义 |
|---|---|
| 添加 | 将子对象聚合到父对象中。事件发生后，可以假定子对象已聚合到父对象中（因此彼此聚合） |
| 观察 | 发现父对象和子对象处于聚合状态，但在事件期间没有添加或删除子对象<br>对于操作“观察”，可以省略父对象，表明发现子对象处于聚合状态，但父对象的身份无法在事件期间得到验证 |
| 删除 | 从父对象中取出子对象。事件发生后，可以假定子对象与父对象分离，且不同子对象之间彼此分离<br>对于操作“删除”，可以省略子对象，表明所有子对象已从父对象中取出 |

为便于说明，下面将给出含有五个步骤的业务过程：

（1）发货方将 5 个同质箱子（均由 SGTIN 标识）装入托盘（由 SSCC 标识）。

（2）发货方运送托盘，仅标注托盘标识符。

（3）接收方收到托盘并验证所有箱子标识符。

（4）接收方从托盘中取出两个箱子。

（5）接收方从托盘中取出剩余箱子。

表 4-12 显示了与此类步骤相对应的五个 EPCIS 事件的内容(为简洁起见，省略了“时间”和“地点”维度)。

表 4-12 EPCIS 聚合事件信息内容示例

| 维度 | 数据元素 | V1 | V2 | V3 | V4 | V5 |
|---|---|---|---|---|---|---|
| | 描述 | 将箱子装入托盘 | 运送托盘 | 接收托盘 | 取出两个箱子 | 取出剩余箱子 |
| | 事件类型 | 聚合事件 | 对象事件 | 聚合事件 | 聚合事件 | 聚合事件 |
| | 操作 | 添加 | 观察 | 观察 | 删除 | 删除 |
| 对象 | EPC 列表 | 父对象：托盘的 SSCC<br>子对象:5 个箱子的 SGTIN | 托盘的 SSCC | 父对象：托盘的 SSCC<br>子对象：5 个箱子的 SGTIN | 父对象：托盘的 SSCC<br>子对象：2 个箱子的 SGTIN | 父对象：托盘的 SSCC<br>子对象：3 个箱子的 SGTIN |
| 事件 | 业务步骤 | 包装（CBV） | 运送（CBV） | 接收（CBV） | 取出（CBV） | 取出（CBV） |
| | 处置 | 进行中（CBV） | 运输（CBV） | 进行中（CBV） | 进行中（CBV） | 进行中（CBV） |

### 2. 多级聚合

一些业务过程可能涉及多级聚合；例如，先将项目装箱，然后将箱子装入托盘。在此类情况下，内部聚合的父对象是外部聚合的子对象。

直接通过创建多级聚合在 EPCIS 中对其进行建模，每个事件对应于各级别上的父对象。例如，如果将五个项目装入一个箱子，并将三个这样的箱子装入一个托盘（总共 15 个项目），则总共将有四个聚合事件：将项目装入箱子的三个事件以及将箱子装入托盘的一个事件。假定同质箱子使用 SGTIN 标识，托盘使用 SSCC 标识（为简洁起见，省略了“时间”和“地点”维度），则事件结构如表 4-13 所示。

**表 4-13　两级层次结构的 EPCIS 聚合事件信息内容示例**

| 维度 | 数据元素 | V1 | V2 | V3 | V4 |
|---|---|---|---|---|---|
| | 描述 | 将项目 1～5 装入箱子 101 | 将项目 6～10 装入箱子 102 | 将项目 11～15 装入箱子 103 | 将箱子 101、102 和 103 装入托盘 1001 |
| | 事件类型 | 聚合事件 | 聚合事件 | 聚合事件 | 聚合事件 |
| | 操作 | 添加 | 添加 | 添加 | 添加 |
| 对象 | EPC 列表 | 父对象：箱子 101 的 SGTIN<br>子对象：项目 1–5 的 SGTIN | 父对象：箱子 102 的 SGTIN<br>子对象：项目 6–10 的 SGTIN | 父对象：箱子 103 的 SGTIN<br>子对象：项目 11–15 的 SGTIN | 父对象：托盘 1001 的 SSCC<br>子对象：箱子 101–103 的 SGTIN |
| 事件 | 业务步骤 | 包装（CBV） | 包装（CBV） | 包装（CBV） | 包装（CBV） |
| | 处置 | 进行中（CBV） | 进行中（CBV） | 进行中（CBV） | 进行中（CBV） |

## 4.4.2　直接装运

EPCIS 活动中的来源和目的地数据元素详细描述了作为业务转让一部分的过程——将对象所有权和/或拥有权从一方转让给另一方。EPCIS 事件中的每个来源或目的地均具有相关类型，CBV 规定可以使用三种类型，见表 4-14。

**表 4-14　核心业务词汇中定义的来源或目的地类型**

| 来源或目的地类型 | 含义 |
|---|---|
| 所有方 | 来源或目的地是因业务转让而放弃对象所有权（来源）或接受对象所有权（目的地）的一方的标识符 |
| 拥有方 | 来源或目的地是因业务转让而放弃对象实际拥有权（来源）或接受对象实际拥有权（目的地）的一方的标识符 |
| 位置 | 来源或目的地是对象转移开始地点（来源）或对象转移结束地点（目的地）的物理位置的标识符；<br>运送业务步骤的类型位置来源应该与该事件的读取点一致。接收业务步骤的类型位置目的地也应该与该事件的读取点一致 |

在最简单的业务转让情况下，来源和目的地的所有方和拥有方相同，且位置也与此类相关方一致。但是，也可能出现更为复杂的情况，例如“直接装运”情况。在这种情

况下，药品制造商 M 将产品销售给批发商 W，批发商 W 又将产品销售给医院 H。批发商并未存储产品，而是安排 M 直接运送给 H。但是在与 H 进行后续销售事务前，批发商仍拥有产品的所有权。表 4-15 中的两个事件说明了如何在 EPCIS 中表示这种情况（为简洁起见，省略了“时间”维度）。

**表 4-15　“直接装运”情况示例的 EPCIS 事件信息内容**

| 维度 | 数据元素 | V1 | V2 |
| --- | --- | --- | --- |
| | 描述 | 制造商 M 直接运送至医院 H | 货物到达医院 H |
| | 事件类型 | 对象事件 | 对象事件 |
| | 操作 | 观察 | 观察 |
| 对象 | EPC 列表 | 物流单元的 SSCC | 物流单元的 SSCC |
| 地点 | 读取点 | M 配送中心的 GLN | H 接收区域的 GLN |
| | 业务位置 | （省略） | H 机构的 GLN |
| 事件 | 业务步骤 | 运送（CBV） | 接收（CBV） |
| | 处置 | 运输（CBV） | 进行中（CBV） |
| | 来源 | 类型所有方（CBV）M 的 GLN | 类型所有方（CBV）M 的 GLN |
| | 来源 | 类型拥有方（CBV）M 的 GLN | 类型拥有方（CBV）M 的 GLN |
| | 来源 | 类型位置（CBV）M 配送中心的 GLN | 类型位置（CBV）M 配送中心的 GLN |
| | 目的地 | 类型所有方（CBV）W 的 GLN | 类型所有方（CBV）W 的 GLN |
| | 目的地 | 类型拥有方（CBV）H 的 GLN | 类型拥有方（CBV）H 的 GLN |
| | 目的地 | 类型位置（CBV）H 接收区域的 GLN | 类型位置（CBV）H 接收区域的 GLN |

## 4.4.3　类别级追踪

本节将介绍使用类别级标识时的一些特殊考虑因素。

### 1. 使用类别级标识的可追溯性的固有限制

与单品级标识相比，类别级标识具有固有限制。单品级标识允许精确确定哪些 EPCIS 事件涉及特定对象，以及在不同时间发生的两个 EPCIS 事件是否涉及相同对象。相比之下，类别级标识是指一类不能相互区分的对象。对类别级追溯系统的影响是，其设计必须可以容纳模糊性内容。例如，考虑使用类别级标识的以下事件序列：

（1）V1：制造商创建了 20 个新产品单品（均仅使用 GTIN 和批号标识）。

（2）V2：制造商将 10 个产品单品发送给接收方。

（3）V3：制造商将另外 10 个产品单品发送给相同接收方。

（4）V4：接收方收到 10 个产品实例。

表 4-16 显示了此类 EPCIS 事件的内容。

在该示例中，不可能确定事件 V4 中，于 7 月 25 日收到的 10 个单元（GTIN X，批号 12）是否为 7 月 16 日运送的 10 个单元（事件 V2）或 7 月 17 日运送的 10 个单元（事件 V3）。这并不是 EPCIS 造成的限制，这是使用类别级标识的根本限制。

表 4-16 使用类级别标识的 EPCIS 事件信息内容示例

| 维度 | 数据元素 | V1 | V2 | V3 | V4 |
|---|---|---|---|---|---|
| | 描述 | 制造 20 个新产品单品 | 运送 10 个产品单品 | 运送另外 10 个产品单品 | 收到 10 个产品单品 |
| | 事件类型 | 对象事件 | 对象事件 | 对象事件 | 对象事件 |
| | 操作 | 添加 | 观察 | 观察 | 观察 |
| 对象 | 事件时间 | 7 月 15 日，上午 10 点 | 7 月 16 日，上午 10 点 | 7 月 17 日，上午 10 点 | 7 月 25 日，上午 10 点 |
| | EPC 数量列表 | GTIN X，批次 12，20 个单元 | GTIN X，批次 12，10 个单位 | GTIN X，批次 12，10 个单元 | GTIN X，批次 12，10 个单位 |
| 地点 | 读取点 | 制造线的 SGLN | 制造商装货码头的 SGLN | 制造商装货码头的 SGLN | 接收方装货码头的 SGLN |
| | 业务位置 | 制造商的 GLN | 省略 | 省略 | 接收方的 GLN |
| 事件 | 业务步骤 | 创建类别单品（CBV） | 运送（CBV） | 运送（CBV） | 接收（CBV） |
| | 处置 | 激活（CBV） | 运输（CBV） | 运输（CBV） | 进行中（CBV） |

因此，使用类级别数据后，常见跟踪和追踪任务可能会更复杂。假定需要召回产品，以确定给定批次中所有单品的当前位置，进而将此类单品从供应链中移除。如果使用单品级标识，则批次中每个单品都拥有唯一的系列号，且此类系列号可以在调试业务步骤中获得。召回应用仅需针对每个单品标识符找到近期 EPCIS 事件，且每个事件的业务位置指示当前位置（至少可根据 EPCIS 数据推断）。每个单品标识符可能出现在多个 EPCIS 事件中，但由于给定单品不能同时位于两个地方，所以每个单品的最新事件都会给出其当前位置。

现在考虑在同一批次中不同单品可能通过供应链中不同路径的情况下，尝试使用批次级标识执行相同策略。仅找到该批次的最新 EPCIS 事件不一定能确定所有对象的位置。在上述示例中，批次 12 的最新 EPCIS 事件是事件 V4，但仅占 20 个单元中的 10 个。其他 10 个单元仍在运输中（对应于事件 V2 或 V3）。需要进行复杂分析，尝试统计进入和退出每个站点的数量，以便确定批次目前所在的所有位置。

使用类别级标识的应用必须仔细考虑如何使用数据，以及会出现哪些限制。

### 2. 类别级标识的生命周期开始事件

使用单品级标识时，任何给定单品都只有一个含有该单品标识符的生命周期开始事件。这种事件可以是附带操作“添加”的对象事件，也可以是转化事件（其中单品标识符是产出）。业务步骤是调试（根据 CBV）或一些更专业的业务步骤（根据另一个语义类似于调试的词汇）。

使用类别级标识时，可能会有多个具有相同类别标识符的生命周期开始事件。每个事件代表额外数量的类别的生命周期开始。例如，制造过程可以每小时生产一个托盘，并为每个托盘生成 EPCIS 事件，一天内生产的所有托盘构成一个批次。每小时 EPCIS 事件代表在该小时内生产的单品的生命周期开始。

CBV 规定了类别级标识符的调试，以说明将先前未使用的标识符与类别中一个或多个对象相关联的过程。也就是说，调试不仅代表了对象的生命周期开始，而且代表了标识符的生命周期开始。对于给定标识符，应仅存在一个业务步骤为调试的 EPCIS 事件。

为应对同一类具有多个生命周期开始事件的情况，CBV 还将创建类别单品定义为附加业务步骤类型。与调试不同，创建类别单品只意味着对象的生命周期开始，与标识符的生命周期无关。

如果在首次使用类别级标识符时意识到业务过程（如当启动新产品批次时），业务步骤“调试”可以用于创建新批次实例的首个 EPCIS 事件，步骤“创建类别单品”可以用于创建该批次的其他单品的后续事件。有时，可能无法确定哪个 EPCIS 事件首次使用类别级标识符；在此类情况下，创建类别实例可以用于创建该类实例的所有事件。

### 3. 聚合中的类别级标识

聚合事件可能包含使用类别级标识所标识的子对象。但是，父对象必须始终使用单品级标识进行标识。例如，假设同质箱产品已被订购、装运和接收，但此类箱子仅使用 GTIN 和批号标记。类别级标识子对象聚合的 EPCIS 要件信息内容如表 4-17 所示（为简洁起见，省略了“时间”“地点”维度）。

**表 4-17 类别级标识子对象聚合的 EPCIS 事件信息内容**

| 维度 | 数据元素 | V1 | V2 | V3 |
|---|---|---|---|---|
| | 描述 | 将箱子装入托盘 | 运送托盘 | 接收托盘 |
| | 事件类型 | 聚合事件 | 对象事件 | 对象事件 |
| | 操作 | 添加 | 观察 | 观察 |
| 对象 | EPC 列表 | 父对象：托盘子对象的 SSCC<br>GTIN X，批次 12，10 个单元<br>GTIN Y，批次 52，20 个单元 | 托盘的 SSCC | 托盘的 SSCC |
| 事件 | 业务步骤 | 包装（CBV） | 运送（CBV） | 接收（CBV） |
| | 处置 | 进行中（CBV） | 运输（CBV） | 进行中（CBV） |

在该示例中，接收方可以使用先前聚合事件推断，其接收的托盘包含 10 个 GTIN X 单元（批次 12）和 20 个 GTIN Y 单元（批次 52）。后续事件可能将产品与托盘分离，再次确定分离后，统计属于该类别的具体数量。

不允许使用类别级标识符来标识聚合的父对象。这是因为仅在每个聚合具有不同身份（如由父标识符表示）时才可进行推断，如果无法进行推断，则尝试记录聚合不会提供任何帮助。

### 4. 在同一事件中混合使用单品级和类别级标识

EPCIS 事件可能混合使用单品级和类别级标识。例如，订购的托盘中可能有产品一个由 SGTIN 标识，另一个由 GTIN + 批次标识，另一个仅由 GTIN 标识。表 4-18 提供示例（为简洁起见，省略了“时间”“地点”维度）。

如前所述，聚合事件允许接收方推断托盘的内容物，在这种情况下，事件可能混合使用单品级和类别级标识。混合使用单品级和类别级标识在制造期间出现的转化事件中特别常见，因为制造过程中的成分包括以单品级别标识的“主要”成分和仅以类别级别标识的“次要”成分，例如：

表 4-18　以单品级别和类别级别标识子对象时 EPCIS 聚合事件信息内容

| 维度 | 数据元素 | V1 | V2 | V3 |
| --- | --- | --- | --- | --- |
| | 描述 | 将箱子装入托盘 | 运送托盘 | 接收托盘 |
| | 事件类型 | 聚合事件 | 对象事件 | 对象事件 |
| | 操作 | 添加 | 观察 | 观察 |
| 对象 | EPC 列表 | 父对象：托盘子对象的 SSCC<br>GTIN X，系列号 101<br>GTIN X，系列号 102<br>GTIN X，系列号 103<br>GTIN Y，批次 10，10 个单元<br>GTIN Z，20 个单元 | 托盘的 SSCC | 托盘的 SSCC |
| 事件 | 业务步骤 | 包装（CBV） | 运送（CBV） | 接收（CBV） |
| | 处置 | 进行中（CBV） | 运输（CBV） | 进行中（CBV） |

（1）输入：金枪鱼鱼柳（每份鱼柳单独标有系列号，由 SGTIN 单品级标识）；橄榄油（由 GTIN ＋批次，类别级标识）；空罐（由 GTIN 标识，以区分两种可能的罐供应商）。

（2）输出：金枪鱼罐头，可以以单品级别（SGTIN）或类别级别（GTIN ＋批次）标识，具体取决于业务需求。

请注意，当单品级和类别级标识符在相同 EPCIS 事件中混合使用时，每个标识符应指代不同对象。如果希望指出与使用 GTIN ＋系列号标识的项目相关的批号，则事件中应仅提供 SGTIN，且通过调试事件的单品/批次主数据针对此类系列号提供批号。

### 4.4.4　单品/批次主数据（ILMD）

单品/批次主数据（ILMD）是描述物理或数字对象的特定单品或批量/批次生产的特定对象批量/批次的数据。其与普通主数据类似，包含一组描述性属性，提供对象相关信息。但是，尽管主数据属性的值对于大类对象相同（例如，对于具有给定 GTIN 的所有对象），但对于小型对象分组，ILMD 属性的值可能不同（例如，单批或多批），且对于每个对象也可能不同（即对于每个单品不同）。

可以想象，单品和批次级主数据可以在 EPCIS 外部的贸易伙伴之间通信，就像 GTIN 级主数据可以使用全球数据同步网络（GDSN）在 EPCIS 外部通信一样。但是，目前尚未建立完善的单品或批次级主数据通信机制。因此，EPCIS 提供一种方法，用于将单品和批次级别的主数据附加到标志新单品生命周期开始的 EPCIS 事件。

对于以单品级标识的对象，单品的主数据存储于该单品的调试事件中或者如果所创建的单品为转化输出，则转化事件。例如，表 4-19 显示了三个 EPCIS 事件的内容，包括调试步骤产生的单品级主数据（为简洁起见，省略了“时间”维度）。

当以单品级别标识对象时，其批号（如有）是该单品的主数据属性。

在上述示例中，如果接收方希望获取其接收的产品单品的主数据，则可以要求制造商提供“对象”维度中具有指定 SGTIN，并具有业务步骤调试（来自 CBV）的事件。

在 EPCIS 事件的 XML 表示中，使用 EPCIS 名称空间以外的 XML 名称空间中定义的元素来表示 ILMD。CBV 标准使用 XML 名称空间 urn：epcglobal：cbv：mda 来定义常用的主数据属性。

表 4-19　显示单品/批次主数据（ILMD）的 EPCIS 事件信息内容

| 维度 | 数据元素 | V1 | V2 | V3 |
|---|---|---|---|---|
| | 描述 | 制造新产品单品 | 运送产品 | 接收产品 |
| | 事件类型 | 对象事件 | 对象事件 | 对象事件 |
| | 操作 | 添加 | 观察 | 观察 |
| 对象 | EPC 列表 | 产品单品的 SGTIN | 产品单品的 SGTIN | 产品单品的 SGTIN |
| 地点 | 读取点 | 制造线的 SGLN | 制造商装货码头的 SGLN | 接收方装货码头的 SGLN |
| | 业务位置 | 制造商的 GLN | （省略） | 接收方的 GLN |
| 事件 | 业务步骤 | 调试（CBV） | 运送（CBV） | 接收（CBV） |
| | 处置 | 激活（CBV） | 运输（CBV） | 进行中（CBV） |
| | ILMD：到期 | 产品单品的到期日期 | — | — |
| | ILMD：批号 | 产品单品的批号 | — | — |

此类主数据属性的定义与其他 GS1 标准（包括 GDSN 和 GS1 EDI）中使用的定义相匹配。其他主数据属性可以在其他标准中定义或由贸易伙伴事先商定；除 EPCIS 或 CBV 名称空间以外，此类属性必须具有 XML 名称空间。

批次级主数据与单品级主数据的工作方式相同。与单品级标识相反，使用批次级标识时，同一批次可能会有许多生命周期开始事件（具有业务步骤“调试”或“创建类别单品”的对象事件或转化事件）。该批次的 ILMD 可以在所有此类生命周期开始事件中提供，但 ILMD 的内容对于同一批次的所有事件必须相同。

当同时使用调试和创建类别单品业务步骤时，可以仅在调试步骤中提供 ILMD。

## 4.4.5　转化

EPCIS 转化事件用于表示一个业务过程步骤，在该步骤中，一个或多个对象完全或部分作为输入消耗，一个或多个对象作为输出生成。转化事件采集输入和输出之间的关系，即任何输入可能以某种方式对每个输出作出贡献。

与聚合相比，转化不可逆转。转化后，已消耗的输入不再存在，输出成为转化前不存在的全新对象。在这种情况下，转化事件可以作为输出的生命周期开始事件，并作为输入的生命周期终止事件（除非输入未完全消耗）。常见转化示例如表 4-20 所示。

表 4-20　转化业务过程示例

| 描述 | 输入对象及其标识符 | 输出对象及其标识符 |
|---|---|---|
| 原材料组合成混合物 | 原材料（每种原材料的单独 SGTIN、GTIN ＋批次或 GTIN） | 混合产品(每种包装变体的 SGTIN、GTIN ＋批次或 GTIN） |
| 组合、分类并将分割肉类装入包装肉类产品 | 分割肉（SGTIN）、调味料或其他辅助原料（GTIN ＋批次）和无菌包装材料（GTIN） | 包装肉类产品（SGTIN 或 GTIN ＋批次） |
| 散装药品重新包装成小型可销售单元 | 散装药品（SGTIN 或 GTIN ＋批次） | 可销售药品单位（SGTIN 或 GTIN ＋批次） |

跟踪转化的一个常见原因是让业务过程了解什么样的输入会影响输出。例如，如果发现来自特定农场的精选肉受到细菌污染，则转化事件允许向前追踪以确定可能受到污染精选肉影响的所有成品肉类产品。相反，如果发现成品被污染，转化允许向后追踪，以确定所有成分，然后可以向前追溯，确定可能受到影响的成品。

## 1. 转化事件示例

考虑以下制造过程：

输入：

（1）金枪鱼鱼柳（每份鱼柳单独标有系列号，由 GTIN X 加系列号：单品级标识）。

（2）橄榄油（由 GTIN Y + 批次：类别级标识）。

（3）空罐（由 GTIN Z 标识，以区分两种可能的罐供应商）。

输出：金枪鱼罐头（由 GTIN Q + 批次：类别级标识）

EPCIS 转化事件信息内容示例如表 4-21 所示（为简洁起见，省略了“事件”“地点”维度）。

表 4-21 EPCIS 转化事件信息内容示例

| 维度 | 数据元素 | V1 |
| --- | --- | --- |
| | 描述 | 使用原料制造金枪鱼罐头 |
| | 事件类型 | 转化事件 |
| 对象 | EPC 列表 | 输入：<br>GTIN X，系列号 10<br>GTIN X，系列号 45<br>GTIN X，系列号 97<br>GTIN Y，批次 10，10 升<br>GTIN Z，100 个单元<br>输出：<br>GTIN Q，批次 999，100 个单元 |
| 事件 | 业务步骤 | 创建类别单品（CBV） |
| | 处置 | 激活（CBV） |

由于转化是产出的生命周期开始，所以使用生命周期开始业务步骤和处置。在这种情况下，转化会创建批次 999 的新单品，因此，将“创建类别单品”用作业务步骤。如果知道该事件是首次创建批次 999，则可以使用调试。

## 2. 长期转化

有时，转化会持续很长一段时间，其中定期添加输入，并定期提取输出。例如，混合过程可能会在产品运行过程中分几批消耗输入，添加更多输入，取出更多输出。

长期转化可以用单个 EPCIS 事件建模，该事件应列出整个时间间隔内涉及的所有输入和输出。但这引起了“如何确定事件时间”这一问题。大多数情况下，过程完成的时间是适当的事件时间。但是，并不总是需要将长期转化建模为单个 EPCIS 事件。如果某些输出对象在转化完成之前还需要经受其他业务步骤，情况尤其如此。例如，假定过程将混合输入成分来生产油漆罐，且在这个过程中，涉及同一混合桶的生产过程将连续运行一周。该过程可能在周一生产油漆罐，在周二进行运送，但是在周三和周四会从同一混合桶中取出更多油漆罐，整个转化在周五结束。在这种情况下，可能需要创建 EPCIS 事件来代表星期一的生产情况，使得星期二生成的运输事件可以使用新的油漆罐标识符。

为模拟此类情况，转化事件可能会被拆分成多个 EPCIS 事件。为保持所有输入和输出之间的关系，使用转化标识符来链接多个转化事件。其也是唯一标识符，对于属于相同转化（即在输入和输出之间存在关系的情况下）的所有 EPCIS 事件相同，但与其他无关事件中使用的转化换标识符不同。表 4-22 所示的是通过转化 ID 连接的 EPCIS 转换事件信息内容。

**表 4-22　通过转化 ID 连接的 EPCIS 转换事件信息内容示例**

| 维度 | 数据元素 | V1 | V2 | V3 | V4 |
|---|---|---|---|---|---|
| | 描述 | 将第一组原料添加到新批次中 | 取出第一组罐头 | 运送第一组罐头 | 添加剩余成分并完成制造 |
| | 事件类型 | 转化事件 | 转化事件 | 对象事件 | 转化事件 |
| 对象 | 转化 ID | Xform 123 | Xform 123 | | Xform 123 |
| | EPC 列表 | 输入：<br>GTIN X，系列号 10<br>GTIN X，系列号 45<br>GTIN X，批次 12，5 升<br>GTIN Z，40 个单元<br>输出：（省略） | 输入：<br>（省略）<br>输出：<br>GTIN Q，批次 999，30 个单元 | GTIN Q，<br>批次 999，<br>30 个单元 | 输入：<br>GTIN X，系列号 97<br>GTIN Y，批次 12，5 升<br>GTIN Z，60 个单元<br>输出：<br>GTIN Q，批次 999，70 个单元 |
| 事件 | 业务步骤 | 创建类别<br>单品（CBV） | 创建类别<br>单品（CBV） | 运送（CBV） | 创建类别<br>单品（CBV） |
| | 处置 | 激活（CBV） | 激活（CBV） | 运输（CBV） | 激活（CBV） |

核心业务词汇提供可用于构建转化 ID 的模板。

### 4.4.6 数字优惠券

EPCIS 不限于追溯物理对象，也可用于追溯数字贸易项目（音乐下载，电子书等）、数字文档（电子优惠券等）等数字对象。在大多数情况下，数字对象的业务过程与物理对象相似，可以使用相同的核心业务词汇业务步骤和配置。

本节将列出追溯数字优惠券生命周期的两个过程，以说明应用于数字对象的 EPCIS。数字优惠券由制造商或零售商发行，在消费者购买特定贸易项目时，向消费者提供有价值物品（现金折扣、折扣或附加贸易项目）。

制造商或零售商给出的特定报价可以使用全球优惠券代码（GCN）标识，且发行给消费者并由其兑换的特定报价单品可以使用带系列号（SGCN）的全球优惠券代码标识。与 GCN 相关的主数据可以提供关于报价的详细信息，例如所需购买的 GTIN、现金折扣的数额等。数字代金券（例如通过瓶罐回收机发放给消费者，并由消费者在销售点兑换的代金券）以类似方式工作。

下面将举例说明两个过程：由制造商发行优惠券，并在销售点由零售商进行兑换的简单过程，以及涉及优惠券代理人的复杂过程。这两个示例旨在说明将 EPCIS 用于数字对象的一般概念。有关如何对优惠券过程进行建模的具体细节，请参见 GS1 应用标准或当地建议。

### 1. 简单优惠券过程

在最简单的优惠券过程中，仅有两个步骤需要 EPCIS 事件：

（1）V1：优惠券发行者向消费者发行数字优惠券。通常，优惠券发行者是零售商，但也可以是制造商或第三方。优惠券通常通过消费者在其设备上使用的移动应用发给消费者。优惠券的 SGCN 存储于该应用中以用于下一步。生成 EPCIS 事件以指示优惠券是否已激活。

（2）V2：消费者在零售店（无论是实体还是线上）结账时，都可以在销售点终端兑换优惠券。销售点应用将验证优惠券是否有效，以及报价条件是否已得到满足；如果是，则允许兑换优惠券，并生成 EPCIS 事件以表明优惠券不再有效。

分别使用调试和退役业务步骤在 EPCIS 中表示这两个事件。表 4-23 所示的是简单数字优惠券业务过程的 EPCIS 事件信息内容。

**表 4-23　简单数字优惠券业务过程的 EPCIS 事件信息内容示例**

| 维度 | 数据元素 | V1 | V2 |
|---|---|---|---|
| | 描述 | 发行数字优惠券 | 兑换数字优惠券 |
| | 事件类型 | 对象事件 | 对象事件 |
| | 操作 | 添加 | 删除 |
| 时间 | 事件时间 | 7 月 15 日，上午 10 点 | 7 月 16 日，上午 10 点 |
| 对象 | EPC | SGCN X | SGCN X |
| 地点 | 读取点 | 优惠券发行者的 SGLN（通常是一方的 GLN，如果未涉及物理位置，但可以是物理位置的 SGLN，例如配发优惠券的售货亭） | 零售商销售点终端的 SGLN（或一方的 GLN，如果未涉及物理位置，如线上销售） |
| | 业务位置 | （省略） | （省略） |
| 事件 | 业务位置 | （省略） | （省略） |
| | 业务步骤 | 调试（CBV） | 退役（CBV） |
| | 处置 | 激活（CBV） | 未激活（CBV） |
| | ILMD | （见下文） | （无） |

在调试步骤（V1）中，可以使用 ILMD 来记录优惠券的属性，例如相关 GTIN、优惠券可兑换的日期范围和消费者的优惠卡编号等。

采集到 EPCIS 事件后，可以使用 EPCIS 查询确定给定时间范围内激活的优惠券总数、给定 GCN（类别级）的优惠券总数、尚未兑换（但仍然有效）的所有 SGCN、兑换次数和优惠券激活/兑换之间的时间段等。

### 2. 存在优惠券代理人的优惠券示例

优惠券兑换过程在实践中可能会更加复杂，且其可用于在 EPCIS 中对更多过程步骤进行建模。例如，在更复杂的情况下，可能存在需使用 EPCIS 记录的四个步骤：

（1）V1：优惠券发行者（零售商或制造商）向优惠券分发者（例如专门从事电子优惠券的互联网应用提供商）发放一批优惠券。

（2）V2：优惠券分发者向消费者发行数字优惠券。

（3）V3：消费者在零售店（无论是实体还是线上）结账时，都可以在销售点终端兑换优惠券。

（4）V4：优惠券分发者和发行者之间进行最终结算。

与前述示例一样，此类业务步骤中的每一个都可以建模为 EPCIS 事件。在该示例中，将优惠券发给分发者时，而不是分发者向消费者发行优惠券（后者更类似于消费者的接收操作）时，在 V1 中进行调试。在最终结算步骤 V4 期间，而不是消费者兑换优惠券时进行退役。

由于核心业务词汇未涵盖对这四个事件建模所需要的所有业务步骤和处置值，因此本文不会进行详细说明。GS1 将来可以制定优惠券追踪的具体标准或指南。

但需注意的是，“对象”是物理对象还是数字对象，以及相同分析和设计过程是否可用于使用 EPCIS 对业务过程进行建模。

### 4.4.7　使用 GRAI 进行可回收资产管理

本节将说明如何使用 EPCIS 采集可回收资产的追溯事件，如聚合托盘或提袋。各可回收资产都使用包含唯一系列号的 GRAI 进行标识。有两个相互联系的业务过程，一个由可回收资产管理方执行，另一个由资产用户执行。第一个过程如图 4-8 所示。

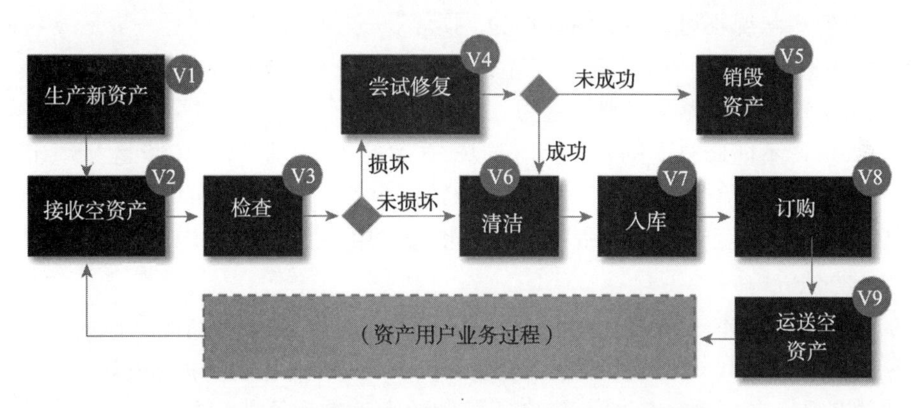


图 4-8　可回收资产管理业务过程示例的流程图

该过程通常在从 V2 到 V9，再到资产用户业务过程，然后返回 V2 这一循环内运行。在 V3 中检查用户收到的资产。如果损坏，则在 V4 中尝试修复；如果资产不可修复，则在 V5 中销毁该资产。否则，如果检查未发现损坏，在 V6 中清洁资产，并在 V7 中与其他类似资产一起入库。用户订购一个或多个空资产后，在 V8 中进行挑选，向用户开具发票后，在 V9 中将其运送给用户，然后进入资产用户业务过程。

管理可回收资产的一方可能想要追踪上述所有 9 个事件。表 4-24、表 4-25 说明了其在 EPCIS 中的建模方式。在所有情况下，“对象”维度应包括该步骤所涉资产的 GRAI，而“地点”维度应包含资产管理者机构内的适当位置。下面，为简洁，将省略“对象”

“时间”“地点”维度。

表 4-24 可回收资产管理业务过程（V1-V4）的 EPCIS 事件信息内容

| 维度 | 数据元素 | V1 | V2 | V3 | V4 |
|---|---|---|---|---|---|
| | 描述 | 生产新资产 | 接收空资产 | 检查资产 | 尝试修复 |
| 事件 | 事件类型 | 对象事件 | 对象事件 | 对象事件 | 对象事件 |
| | 操作 | 添加 | 观察 | 观察 | 观察 |
| | 业务步骤 | 调试（CBV） | 接收（CBV） | 检查（CBV） | 修复（CBV） |
| | 处置 | 激活（CBV） | 进行中（CBV） | （见下文） | （见下文） |

表 4-25 可回收资产管理业务过程（V5–V9）的 EPCIS 事件信息内容

| 维度 | 数据元素 | V5 | V6 | V7 | V8 | V9 |
|---|---|---|---|---|---|---|
| | 描述 | 销毁无法修复的资产 | 清洁资产 | 入库 | 订购 | 运送空资产 |
| 事件 | 事件类型 | 对象事件 | 对象事件 | 对象事件 | 对象事件 | 对象事件 |
| | 操作 | 删除 | 观察 | 观察 | 观察 | 观察 |
| | 业务步骤 | 销毁（CBV） | 清洁(见下文) | 入库（CBV） | 挑选（CBV） | 运送（CBV） |
| | 处置 | 销毁（CBV） | 进行中(CBV) | 进行中（CBV） | 进行中（CBV） | 运输（CBV） |

有关此类事件的备注：

（1）在 V3 中，配置和接下来将发生的内容取决于检查结果：

- 如果资产状况可接受，则处置为“进行中”（来自 CBV），且下一步是 V6（清洁）。
- 如果资产状况不可接受，则处置为“损坏”（来自 CBV），且下一步是 V4（修复）。

（2）在 V3 中，配置和接下来将发生的内容取决于修复尝试的结果：

- 如果资产被成功修复，则处置为“进行中”（来自 CBV），且下一步是 V6（清洁）。
- 如果资产不能修复，则处置为“损坏”（来自 CBV），且下一步是 V5（销毁）。

（3）在 V6 中，没有与“清洁”相对应的 CBV 业务步骤，所以可以使用私有词汇元素。

在 V9 后，资产用户使用空资产来使货物通过用户自己的供应链。可回收资产可能有两种使用方法：

（1）用户可能根本不知道或者不使用资产的 GRAI。在这种情况下，资产仅为“无用”托盘或提袋，且其 GRAI 不会录入任何 EPCIS 事件。用户可以使用其 GTIN 跟踪资产上装载的产品，和/或将 SSCC 与资产所承载的完整物流负载相关联，但此类使用与资产管理者使用 GRAI 完全无关。

（2）用户可以使用资产的 GRAI 以及含有该 GRAI 的条码或 RFID 数据载体。

### 4.4.8 用户/供应商扩展元素

EPCIS 数据模型应包括业务应用理解业务过程步骤中发生的内容所需的所有相关“对象、时间、地点和事件”信息。但是，业务应用有时需要的信息超出了 EPCIS 标准中定义的数据元素。为解决这种情况，EPCIS 事件可以携带用户/供应商扩展数据元素。

用户/供应商扩展数据元素就是添加到 EPCIS 事件中的任何数据元素。大多数情况下，此类元素表示附加业务环境，因此可以视为事件“事件”维度的补充信息，但由于未对扩展内容进行限制，其也可以涉及任何其他维度。

在 EPCIS 事件的 XML 表示中，扩展数据元素表示为 XML 元素，其 XML 名称空间与 EPCIS 名称空间不同。EPCIS 标准和 CBV 标准均未定义任何具体的扩展数据元素，所以必须在其他标准中进行定义（例如，特定标准或贸易组织内颁布的标准），或者由贸易伙伴事先另行商定。

为便于说明，表 4-26 将给出 EPCIS 事件示例，其中，该事件拥有两个附加数据元素，以便在使用冷冻包装箱运输项目中进行观察时，记录对象的温度和湿度。

**表 4-26　用于说明用户/供应商扩展的 EPCIS 事件信息内容**

| 维度 | 数据元素 | V1 |
|---|---|---|
| | 描述 | 在运输中观察包装箱 |
| | 事件类型 | 对象事件 |
| | 操作 | 观察 |
| 时间 | 事件时间 | 2024 年 7 月 15 日，上午 10 点 |
| 对象 | EPC 数量列表 | GTIN X，系列号 101<br>GTIN X，系列号 102<br>GTIN X，系列号 103 |
| 地点 | 读取点 | 地理位置：（41°40′21″N 86°15′19″W） |
| | 业务位置 | （省略） |
| 事件 | 业务步骤 | 运输（CBV） |
| | 处置 | 运输（CBV） |
| | 扩展：摄氏温度（示例公司） | 15 |
| | 扩展：相对湿度（示例公司） | 80 |

在使用扩展元素时，应遵守以下准则：

（1）扩展元素必须事先由贸易伙伴商定，否则可能误读。

（2）EPCIS 标准数据元素应始终优先于扩展数据元素应用，因为其更具互操作性。

（3）用于扩展的 XML 名称空间 URI 应可由规定扩展的组织进行控制。建议使用基于定义组织 Internet 域名的 HTTP URI。

（4）扩展元素应包括提供有关其所在事件的附加数据的信息。其不得用于传达与事件无关的数据。具体来说，可视为与单品级或批次级标识符有关的主数据的数据应录入事件的 ILMD 部分，而不是作为扩展元素。

（5）扩展数据元素可以包含任何符合格式的 XML 内容（包括子元素和属性）。但是，EPCIS SimpleEventQuery 仅可查询值为数字或字符串的扩展元素。

（6）EPCIS XML 方案中定义的 XML 元素<extension>不得用于携带用户或供应商扩展。<extension>元素仅供 EPCIS 标准本身使用，以便在 EPCIS 标准的后续版本中引入新的数据元素。

（7）EPCIS 数据接收应用不得仅因为数据包含应用无法识别的扩展而拒绝 EPCIS 事件。应忽略此类扩展，或者进行记录或保存，但不进行进一步解释。另外，如果其内容违反了贸易伙伴预先确定的确认标准，则可能基于该标准拒绝扩展。

# 4.5　共享 EPCIS 数据

EPCIS 数据将记录处理物理或数字对象的业务过程的“对象、时间、地点和事件”。此类数据可由许多不同业务应用使用。本节将讨论共享 EPCIS 数据的一些实际方面，包括使用应用在组织内共享以及在贸易伙伴间共享以实现整体供应链或生态系统过程的可视化。

## 4.5.1　在单个组织内共享 EPCIS 数据

当 EPCIS 数据完全在一个组织内使用时，典型部署如图 4-9 所示。

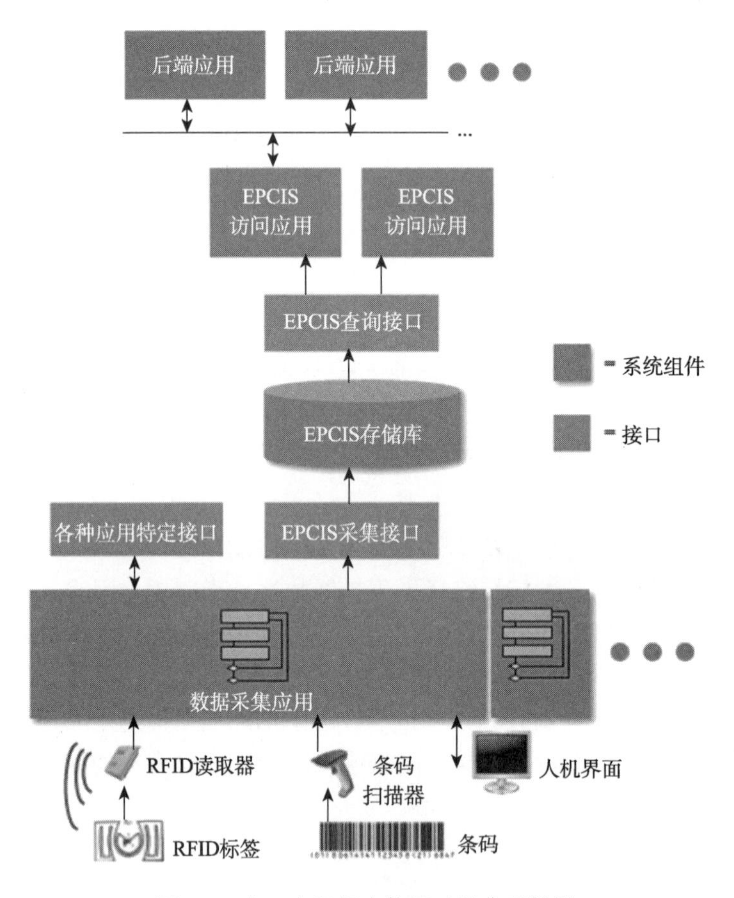


图 4-9　在一个组织内使用时的典型部署

该部署包含以下几个部分：

（1）EPCIS 采集应用：EPCIS 采集应用负责监督业务过程，并在该流程的步骤完成时创建 EPCIS 事件。EPCIS 采集应用通常通过分布式设备（例如条码扫描器、RFID 读取器、手持式计算机、车载终端、机器控制器等）与物理世界进行交互。EPCIS 采集应用也可以是纯软件,特别是 EPCIS 事件的主题是数字对象时。单个企业可能有许多 EPCIS 采集应用，用于采集不同业务过程或不同物理位置产生的 EPCIS 数据。

（2）EPCIS 存储库：EPCIS 存储库是 EPCIS 数据的持续存储库。EPCIS 存储库存储 EPCIS 采集应用生成的事件，并向 EPCIS 访问应用提供此类事件。

（3）EPCIS 访问应用：EPCIS 访问应用程序负责将 EPCIS 数据作为输入来执行一些业务信息功能。EPCIS 访问应用可能会实时响应 EPCIS 事件来自动执行业务过程，但其也可能使用之前保存在存储库中的历史 EPCIS 事件执行分析功能。

在多数情况下,EPCIS 访问应用将与无法直接处理 EPCIS 事件的遗留业务应用连接。在这种情况下，EPCIS 访问应用可以将数据量降低到遗留应用可以处理的水平。

EPCIS 的所有部署至少包括一个 EPCIS 采集应用和一个 EPCIS 访问应用。许多部署会有多个采集应用和访问应用。实际上，EPCIS 的强大之处在于能够汇总来自多个采集应用的数据，并在多个访问应用之间重复使用数据。

一方面，通常将 EPCIS 存储库作为独立软件组件部署，其唯一功能是接收采集应用采集到的 EPCIS 事件进行存储，并将其作为输入提供给访问应用。但是，在某些情况下，除存储 EPCIS 事件外，单个软件组件还可以提供附加业务功能，在这种情况下，软件组件同时充当 EPCIS 存储库和 EPCIS 访问应用。另一方面，专门用于实时处理 EPCIS 数据的系统可能会完全省略 EPCIS 存储库，并将数据直接从 EPCIS 采集应用传送到 EPCIS 访问应用。如此类示例所示，EPCIS 采集应用、EPCIS 存储库和 EPCIS 访问应用由部署系统的不同软件组件充当，而不一定是单独的组件。

EPCIS 标准规定了两种连接上述软件角色的接口：

（1）EPCIS 采集接口：EPCIS 采集应用通过此接口将新的 EPCIS 事件传送到 EPCIS 存储库（或者直接传送到 EPCIS 访问应用，如上所述）。

（2）EPCIS 查询接口：EPCIS 访问应用通过此接口从 EPCIS 存储库获取 EPCIS 数据。

EPCIS 采集接口非常简单，因为该接口仅可供 EPCIS 采集应用发布含有一个或多个 EPCIS 事件的文档。EPCIS 查询接口更为复杂，下面将对其进行说明。

### 4.5.2 EPCIS 查询

EPCIS 查询是由应用指定的一组事件匹配标准；EPCIS 存储库通过检索符合指定标准的所有 EPCIS 事件来响应查询。

EPCIS 标准规定了 40 多个可用于构建事件数据查询的不同标准。此类标准可以单独使用或组合使用。每个标准都拥有 EPCIS 标准规定的“参数名称”，且大多数采用“参数值”来进一步规定标准的应用方法。表 4-27 列出了一些常用的标准，有关完整列表，请参阅相关资料。

单次查询可以包含多个标准，在这种情况下，事件必须匹配所有标准以纳入结果。例如，包含 GE_eventTime 标准和 MATCH_anyEPC 标准的查询将仅匹配在指定事件时间或之后发生，且包含其中一个指定单品级标识符的事件。

表 4-27　选定 EPCIS 查询标准

| 查询标准参数名称 | 查询标准参数值 | 描述 |
|---|---|---|
| eventType | 一个或多个事件：ObjectEvent、AggregationEvent、TransactionEvent 或 TransformationEvent | 匹配其事件类型属于参数值中指定的事件类型之一的事件 |
| EQ_action | 一个或多个操作值：ADD、OBSERVE 或 DELETE | 匹配包含操作，且操作属于参数值中指定的操作之一的事件 |
| GE_eventTime | 日期 / 时间值（包括时区说明符） | 匹配其时间与参数值中指定的日期 / 时间相同或在其之后的事件 |
| LT_eventTime | 日期 / 时间值（包括时区说明符） | 匹配其时间在参数值中指定的日期 / 时间之前的事件 |
| MATCH_anyEPC | 一个或多个单品级标识符或与单品级标识符匹配的模式 | 匹配其“对象”维度包含至少一个单品级标识符，且该标识符与参数值中指定的标识符或模式之一匹配的事件。MATCH_ANYEPC 要求在“对象”维度的任何位置中查找匹配的单品级标识符。其他查询标准在 EPCIS 标准中定义，其要求匹配“对象”维度的特定部分；例如，仅匹配聚合事件的父对象，但不匹配子对象 |
| EQ_readPoint | 一个或多个位置标识符 | 匹配其读取点（“地点”维度）与参数值中指定的位置标识符之一相同的事件 |
| EQ_bizLocation | 一个或多个位置标识符 | 匹配其业务地点（“地点”维度）与参数值中指定的位置标识符之一相同的事件 |
| EQ_bizStep | 一个或多个业务步骤标识符 | 匹配其业务步骤（“事件”维度）与参数值中指定的业务步骤标识符之一相同的事件 |
| EQ_disposition | 一个或多个处置标识符 | 匹配其处置（“事件”维度）与参数值中指定的处置标识符之一相同的事件 |
| EQ_bizTransaction_XXX | 一个或多个业务事务标识符 | 匹配含有业务事务类型为 XXX，业务事务标识符与参数值中指定的标识符之一相同的业务事务（“事件”维度）的事件。要使用此参数，业务事务类型将替换参数名称中的 XXX；见下文 |
| EQ_*XXX* | 一个或多个字符串 | 匹配扩展元素名称为 XXX，且该扩展元素的内容与参数值中指定的字符串匹配的事件。要使用此参数，扩展的 XML 元素名称将替换参数名称中的 XXX；见下文 |

要解答业务问题，首先必须确定信息需求，其次进行分析以确定哪些 EPCIS 事件包含所需信息。最后，可以制定合适的 EPCIS 查询。表 4-28 将使用几个典型示例说明其制定方法。

表 4-28　业务信息需求和相应的 EPCIS 查询标准示例

| 业务信息需求 | 相应 EPCIS 事件 | EPCIS 查询标准 |
|---|---|---|
| 确认 EPC XXX 是否有效，并确定其创建的日期和相关属性，如批次、到期日期等 | 含有 EPC XXX 的调试步骤的 EPCIS 事件。如果该事件存在，则 EPC 有效。该事件还包括可以解答其他问题的事件时间和实例 / 批次主数据 | MATCH_epc: XXX<br>EQ_bizStep: urn: epcglobal: cbv: bizstep: commissioning |

续表

| 业务信息需求 | 相应 EPCIS 事件 | EPCIS 查询标准 |
| --- | --- | --- |
| 找出于 2024 年 3 月 15 日在装货码头入口 # 23 接收的所有产品 | 所有业务步骤为接收的 EPCIS 事件，其读取点位于码头入口 # 23，且事件时间为所需日期 | GE_eventTime: 2024-03- 15T00:00:00Z（2024 年 3 月 15 日午夜 UTC）<br>LT_eventTime: 2024-03- 16T00:00:00Z（2024 年 3 月 16 日午夜 UTC）<br>EQ_readPoint:（码头入口 # 23 的 SGLN 标识符）<br>EQ_bizStep: urn: epcglobal: cbv: bizstep: receiving |
| 找出按照采购订单 # 559 装运的具体系列号 | 具有 PO 编号 559 事务标识符的运输步骤的 EPCIS 事件。<br>PO 的 CBV 业务事务类型是 urn:epcglobal:cbv:btt:po。<br>PO 编号使用 CBV 模板进行编码，以使用 GLN 创建业务事务标识符；在该示例中，假定 GLN 是 0123456789012 | EQ_bizTransaction_ urn: epcglobal: cbv: btt: po: urn: epcglobal: cbv: bt: 0123456789012:559 |

### 4.5.3 查询模式：拉取与推送

EPCIS 查询用于将 EPCIS 事件从 EPCIS 存储库转移到需要此类事件的应用或贸易伙伴。可以通过不同方式触发转移。

（1）拉取。这种转移方式涉及请求 / 响应模式。应用或贸易伙伴向 EPCIS 存储库发出含有 EPCIS 查询标准的请求，EPCIS 存储库以符合标准的 EPCIS 事件做出响应。

（2）推送。这种转移方式涉及单向信息：EPCIS 存储库只需将一个或多个 EPCIS 事件传输给需要事件的应用或贸易伙伴。这种方式有两种变体：

①预约：发送方和接收方已使用 EPCIS 标准范围之外的一些方法，事先商定接收方需要的数据以及相关条件。发送方根据事先安排在合适的时候传输事件。

②订阅：接收方向发送方发出常设查询，表明其持续的信息需求。常设查询包括 EPCIS 查询标准（与“拉取”方法相同）以及将触发事件传输的条件描述。此类条件可能是固定时间表（例如，每天凌晨三点）或其他触发事件。每次触发条件发生时，发送方都会平均查询条件，并传输与条件相匹配的新事件（与上次触发订阅时相比）。

在这两种“推送”方法中，EPCIS 事件以发送方到接收方的单向通信传输。不同的是，在预约中，发送方完全控制所发送的数据类型；而在订阅中，接收方通过常设查询来表达其需求。在所有方法（“推送”和“拉取”）中，发送方最终控制所发送的数据类型。

在设计涉及 EPCIS 数据流的整个业务过程时，可以使用不同的查询模式来满足不同需求。一般而言，当需要持续传输 EPCIS 数据时，通常使用“推送”方法；当传输需要不可预知或仅在例外情况下进行传输时，使用“拉取”方法。表 4-29 将显示每种变体可能适用的示例。

表 4-29　业务场景和相应 EPCIS 查询模式示例

| 业务场景 | 查询模式 | 如何使用查询模式 |
|---|---|---|
| GTIN X，批次 Y 已被召回：制造商 XYZ 需要确定零售商 ABC 是否已经收到任何该产品 | 拉取 | 制造商 XYZ 向 ABC 的 EPCIS 存储库发出请求，要求查询“对象”维度中包含 GTIN X，批次 Y，以及“接收”业务步骤的所有事件 |
| 根据当地法规，分销商 PQR 需要在发货后一小时内，将所运送的每个系列号药品的信息发送给药店 ABC | 通过预约推送 | PQR 和 ABC 已提前商定这一点，ABC 已经向 PQR 提供此类消息的接收地址。每次 PQR 向 ABC 运送药品时，其 EPCIS 存储库都会向 ABC 发送含有 EPCIS 事件的消息，其中，该事件的“对象”维度含有药品序列化 GTIN，以及“运送”业务步骤 |
| 为应对所需的特殊处理，零售商 ABC 希望在制造商 XYZ 向其发送包含产品 X 的货物时获得通知，因为该产品含有有害物质 | 通过订阅推送 | 零售商 ABC 发出常设查询，其标准将匹配“对象”维度中包含 GTIN X，以及“运送”业务步骤的所有 EPCIS 事件，且其 GLN 位于目的地列表中，每天触发 |

## 4.5.4　EPCIS 查询控制界面

EPCIS 标准提供标准化接口，EPCIS 访问应用或贸易伙伴可以通过该接口与 EPCIS 信息库进行交互。通过该接口，应用或贸易伙伴可以发出“拉取”查询，设定“推送”订阅等。表 4-30 总结了可通过接口进行的操作。

表 4-30　EPCIS 查询控制接口操作

| 操作 | 描述 | 请求（来自 EPCIS 访问应用或贸易伙伴） | 响应（由 EPCIS 储存库） |
|---|---|---|---|
| pull | 执行“拉取”查询 | EPCIS 查询标准 | 匹配查询标准的 EPCIS 事件 |
| subscribe | 设定“推送”订阅 | 由请求者选择的订阅 ID、EPCIS 查询标准、触发条件以及用于接收常设查询结果的地址 | 确认。<br>随后，当触发条件发生时，EPCIS 存储库将符合标准的事件传输到指定地址 |
| unsubscribe | 取消先前订阅 | 先前原因建立订阅的订阅 ID | 确认 |
| getSubscriptionIDs | 确定所激活的订阅类型 | [无内容] | 请求者先前订阅的订阅 ID 列表 |
| getStandardVersion | 确定 EPCIS 存储库支持的 EPCIS 标准版本 | [无内容] | 1.0 或 1.1，取决于存储库支持的版本 |
| getVendorVersion | 确定有关 EPCIS 存储库装置的供应商特定信息 | [无内容] | 由 EPCIS 存储库供应商定义的字符串 |
| getQueryNames | 确定 EPCIS 存储库支持的 EPCIS 查询类型 | [无内容] | EPCIS 存储库支持的查询列表。其总是包含 EPCIS 标准规定的 SimpleEventQuery，并可能包含 SimpleMasterDataQuery。其也可能包含其他可用的供应商特定查询 |

EPCIS 标准针对 EPCIS 查询接口中使用的每种请求和响应消息规定了 XML 表示方式。

### 4.5.5 流程设计模式：供应链间共享数据

在拥有许多贸易伙伴的生态系统中，各方都可能与多方进行贸易，并且此类贸易关系可能都需要交换 EPCIS 数据。此外，一方可能需要与没有直接贸易关系的另一方共享 EPCIS 数据。例如，如果 A 销售给 B，B 销售给 C，则 A 和 C 可能需要共享 EPCIS 数据，以获得供应链的全貌，尽管 A 和 C 没有直接的贸易关系。

管理这种复杂关系的核心原则是将内容与流程设计分开。因此，EPCIS 数据的内容（需要可视化的具体业务步骤、用于记录此类步骤完成情况的 EPCIS 事件以及此类事件的详细内容）应根据前几节描述的方法进行设计。此类方法主要关注对各业务步骤的“对象、时间、地点和事件”进行准确建模。此外，贸易伙伴可以决定数据何时以及如何将数据从一个贸易伙伴转移到另一个贸易伙伴，这就是流程设计。

流程设计决策包括：数据在哪里存储、什么会触发将数据从一方传输给另一方、是否会使用推送或拉取模式、将使用哪种网络技术等。将内容与流程设计分开后，流程设计可以适应贸易生态系统规模的变化和技术演进，而 EPCIS 内容的设计保持不变。

流程设计的方法很多，其中许多方法属于以下三大类之一：

（1）集中式流程设计。在此类模型中，将来自供应链多方的 EPCIS 事件发送至共享存储库。为全面了解供应链，仅需查询共享存储库。

（2）分布式查询流程设计。在此类模型中，采集 EPCIS 数据的各方将这些数据保存在自己的存储库中。当另一方需要全面了解供应链时，必须找到并向其各自存储库中可能具有相关数据的所有其他各方发出查询请求。

（3）分布式推送流程设计。在此类模型中，采集 EPCIS 数据的各方将这些数据保存在自己的存储库中。但采集方不是等待另一方查询该数据，而是将其数据发送（推送）给供应链中可能需要该数据的其他方。数据推送通常需要通过与物理或数字对象相同的路径。

下面我们通过一个具体的例子来说明上述三类方法的应用：甲方向乙方运送货物，乙方向丙方运送货物，且在收到后，丙方想要检查甲方和乙方的上游 EPCIS 事件。通过以下四个问题来说明流程设计方法之间的差异。

EPCIS 事件数据生产者需要考虑的问题：

（1）生产者何时将其 EPCIS 事件共享给其他方？

（2）应将共享数据传输至哪里？

EPCIS 事件数据消费者需要考虑的问题：

（1）如何汇总多方生成的事件进行分析？

（2）谁来收集事件并进行分析？

给定方可以担任生产者和消费者，具体取决于业务过程环境。

#### 1. 集中式流程设计

集中式流程设计仅有一个由所有供应链各方共享的 EPCIS 信息库，如图 4-10 所示。

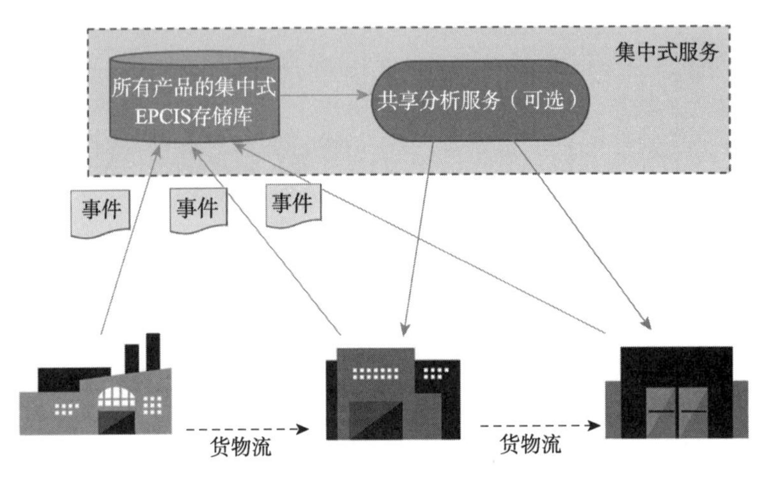


图 4-10　集中式流程设计

集中式流程设计模型的特征如表 4-31 所示。

**表 4-31　集中式流程设计模型的特征**

| 问题 | 集中式流程设计 |
| --- | --- |
| 生产者何时共享其 EPCIS 事件 | 只要各生产者采集到其事件，或者运送产品时 |
| 应将共享数据传输至哪里 | 生产者与中央存储库共享数据 |
| 如何收集事件进行分析 | 所有事件都存储于中央存储库中，因此无须进行附加步骤来收集事件 |
| 谁来收集事件并进行分析 | 消费者可以查询中央存储库并自行执行分析，或者中央存储库可以提供分析服务并代表消费者完成工作 |

集中式方法的优点是所有事件都存储在同一地点，既简化了收集事件进行分析的工作，也提供了用于提供共享分析服务的天然场所。

集中式方法的一个缺点是所有供应链方都必须同意使用相同的存储库服务。对于大型供应链来说这可能无法实现。集中式方法的一个变体是设立多个共享存储库——称为半集中式方法。设立多个存储库后，给定分析所需的数据可能不一定全部存储在一个存储库中。所以半集中式方法需要附加功能来减小这个问题。可能的选择包括：

（1）多个共享存储库可以相互联合，以便其保持对方数据的同步副本，或者根据需要将查询转发给对方。

（2）如果查询限于收集单个 EPC 类别的事件（例如，针对单个 GTIN），则可以在此基础上对存储库进行隔离。这就要求将每个 EPC 类别与特定存储库（通常由使用 EPC 的一方指定）关联，并录入将 EPC 类别映射到特定存储库的查找服务中。对象名称服务（ONS）可用于此目的。然后每个下游方都使用查找服务来确定哪个存储库可用于共享其数据。

### 2. 分布式推送流程设计

在分布式推送流程设计模型中，各供应链方将其采集到的数据保存在自己的 EPCIS 存储库中，并根据相应的物理对象的流向向下游发送 EPCIS 事件的副本。未涉及 EPCIS

查询，如图 4-11 所示。

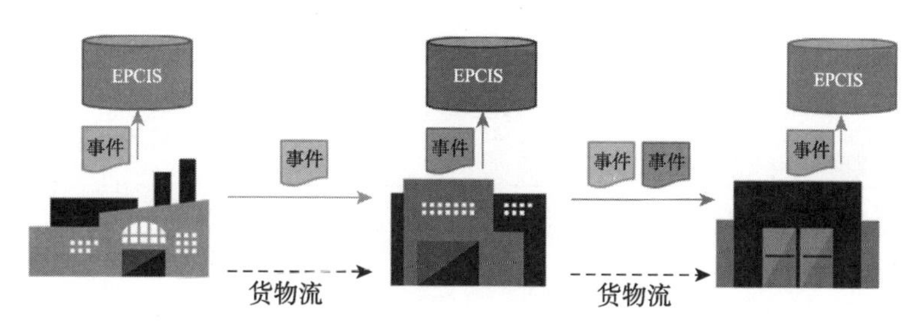


图 4-11　分布式推送流程设计

分布式推送流程设计模型的特征如表 4-32 所示。

**表 4-32　分布式推送流程设计的特征**

| 问题 | 分布式推送流程设计 |
| --- | --- |
| 生产者何时共享其 EPCIS 事件 | 当其将物理对象运送到下游方时 |
| 应将共享数据传输至哪里 | 至下游方，以及至下游各方 |
| 如何收集事件进行分析 | 下游各方接收所有上游事件，因此无须进行附加工作来收集事件 |
| 谁来收集事件并进行分析 | 消费方 |

分布式推送方式的优点是：消费方提前获得其需要的数据，以后无须查询数据。这使得该方法具有鲁棒性，因为消费方无须依赖任何一方 EPCIS 服务（或任何共享服务）的可用性。但是，这种方法的缺点是：无论最终是否需要事件，均将传输事件。而且中间方必须依赖此类事件，尽管其并不需要使用此类事件。

如上所述，分布式推送方法将上游事件传达给下游各方。也可能以相反方向传达事件，以便上游各方接收下游事件。

## 4.5.6　分布式查询流程设计

在分布式查询流程设计模型中，各供应链方将其采集到的数据保存在自己的 EPCIS 存储库中。任何一方需要另一方数据都必须发出查询要求，如图 4-12 所示。

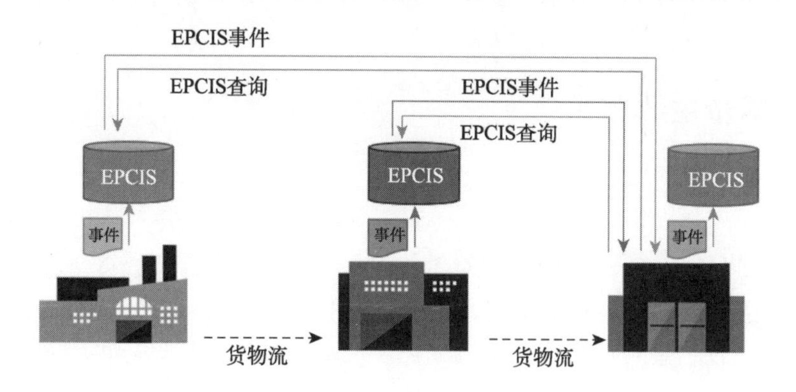


图 4-12　分布式查询流程设计

分布式查询流程设计模型的特征如表 4-33 所示。

**表 4-33　分布式查询流程设计模型的特征**

| 问题 | 分布式查询流程设计 |
|---|---|
| 生产者何时共享其 EPCIS 事件 | 仅在另一方查询时 |
| 应将共享数据传输至哪里 | 直接传输至需要数据的一方 |
| 如何收集事件进行分析 | 向各方的 EPCIS 存储库发出查询要求。这又需要使用其他方法来确定需要查询的 EPCIS 存储库 |
| 谁来收集事件并进行分析 | 消费方 |

分布式查询方法的优点是各方可以严格控制自己的数据，只将数据直接传输给需要使用的一方（数据不必通过任何其他方转发）。而且，不依赖任何共享服务。

分布式查询方法面临的挑战是：EPCIS 数据的使用者如何找到其他 EPCIS 存储库进行查询？具体来说包括如下三方面：

（1）确定拥有（或可能拥有）与使用者信息需求相关的数据的其他方。

（2）获取待查询各方 EPCIS 服务的网络地址。

（3）对各被查询方进行认证并建立信任，以便被查询方愿意授权访问查询方想要的数据。如果查询方与被查询方不存在直接的业务关系，这可能会变得复杂；例如，如果两者在供应链中距离多个步骤。

解决上述问题的方法有：

（1）监管链令牌：在这种方法中，供应链中的各方将向下一下游方发送短消息，该消息应包含其 EPCIS 服务的网络地址，以及允许访问与所装运特定物理对象有关的 EPCIS 数据的授权令牌。供应链中的中间方不仅需向下游合作伙伴提供其监管令牌，还需转发其从上游各方收到的令牌。在这种情况下，下游方接收令牌，并使用该令牌访问拥有关于其接收物理对象的数据的所有上游方。

（2）发现服务：在这种方法中，维护集中式“发现服务”，以作为所有相关 EPCIS 数据位置的索引。当一方采集到自己的 EPCIS 数据时，要向含有其 EPCIS 服务网络地址，并标识有关其数据的物理对象的发现服务发送消息。消费方随后可以查询发现服务以找到具有相关数据的所有 EPCIS 服务。发送到发现服务的信息还可以包括授权信息，以便在消费方查询生产者时建立信任。

### 4.5.7　同步主数据

EPCIS 事件“对象”维度和“地点”维度中的数据采用全球唯一标识符编写。例如，“对象”维度中的系列化全球贸易项目代码（SGTIN）或“地点”维度中的全球位置码（GLN）。为了解释 EPCIS 事件的业务含义，业务应用通常需要获得与各标识符相关联的附加描述性信息。例如，GTIN 的描述性信息可能包括产品名称、品牌名称、实际尺寸等。GLN 的描述性信息可能包括该位置的街道地址及其地理坐标。此类描述性信息被称为“主数据”。

与 EPCIS 事件数据相比，主数据呈静态。与事件数据不同，主数据不会仅因进行更多业务而增加。主数据并不呈完全静态，例如在引入新产品或建立新的物理位置时，就需要添加主数据。通常，在许多不同的 EPCIS 事件中可以提及具有单组相关主数据集的给定标识符。因此，需要提前针对每个不同标识符传送一次主数据，而不是将主数据录入每个 EPCIS 事件中。

将主数据从标识符创建者传达给可能需要主数据的其他方有多种方式，包括：

（1）使用旨在有效传达主数据的系统。此类系统包括：GS1 全球数据同步网络（GDSN），用于贸易项目（GTIN）主数据和 GLN 主数据；GS1 GLNregistry federation，用于获取有关 GLN 的更多详细信息。

（2）使用 EPCIS 1.1 标准定义的 EPCIS 主数据查询。

（3）使用 EPCIS 事件的单品/批次主数据（ILMD）功能直接将主数据录入事件中。这适用于特定批次（GTIN）或特定单品（SGTIN 或其他单品级标识符）的主数据。

（4）使用标准 EPCIS 标题的 VocabularyList 元素将主数据录入 EPCIS 文档中。

（5）不受任何 GS1 标准管辖的其他手段。

在此类方法中，GDSN 和 GLN 注册机构完全由标准管理，因此可提供最大程度的互操作性。EPCIS 主数据查询、ILMD 功能和标准 EPCIS 标题的 VocabularyList 元素为主数据提供了标准化接口，并可以与核心业务词汇表中定义的主数据属性一起使用。

### 4.5.8　编辑 EPCIS 事件数据

EPCIS 的一个基本原则是，采集到 EPCIS 数据的一方拥有这些数据，并完全控制可以接收这些数据的其他方。因此，一方要求另一方提供符合某些标准的 EPCIS 事件时，被查询方没有义务使用所有匹配事件做出响应。相反，被查询方可以根据业务规则选择限制查询方接收的数据。这被称为“编辑”。

一般而言，向另一方发送数据的 EPCIS 服务（无论是响应查询还是由于某种其他触发）都可以考虑接收方的身份，并应用业务规则来对数据进行以下编辑：

（1）服务可以回复安全例外，拒绝响应所有请求。

（2）服务可能以少于请求的数据做出响应。例如，如果查询方发出查询请求，要求在指定时间间隔内提供所有对象事件单品，服务知道 100 个匹配事件，服务可以选择以少于 100 个事件来进行响应（例如，仅返回其 EPC 是 SGTIN，并具有已分配给查询方的公司前缀的事件）。

（3）服务可能以粗粒度信息做出响应。具体而言，当查询响应包括位置标识符时，服务可以使用聚合位置来代替原始位置（例如，站点级 GLN，而不是特定装货码头的 SGLN）。

（4）服务可能隐藏某些信息。例如，如果查询方发出查询请求，要求提供对象事件单品，则服务可以选择在其响应中删除 bizTransactionList 字段。但是，所返回的信息应始终是符合本规格和行业指南，并具有正确格式的 EPCIS 事件。例如，假定有 AggregationEvent，且其操作为“添加”，如果试图隐藏 parentID 字段，则事件格式错误，因为当操作为“添加”时需要提供 parentID。因此，在这种情况下，可以提供 parentID，扣留整个事件。

（5）服务可能会将查询范围限制在最初使用特定客户端标识采集的数据。这允许将单个 EPCIS 服务分区，以供其数据应当保持分离的不相关用户组（所谓的“多租户”实现）使用。

EPCIS 实现无须确定在使用其选择的手段处理任何查询时，应采取的操作类型。授权规则的规格不在 EPCIS 标准的范围内，EPCIS 标准并未说明作出授权决策的方法。EPCIS 的特定实现可能具有任意复杂的授权业务规则。

## 4.6 数据确认和系统互操作性

### 4.6.1 确认 EPCIS 事件

基于 EPCIS 的可视化系统的功能在很大程度上取决于 EPCIS 事件的数据质量。为此，组织应该应用确认机制。此类机制包括技术、内容和完整性确认。

#### 1. 技术确认

技术确认是指从技术角度来看，EPCIS 事件符合当前 EPCIS 标准。也就是说，事件按照 EPCIS 1.1 标准中规定的 XML 模式（XSD）以 XML 格式传输。对于涉及用户或供应商扩展的特定案例，最佳做法是构建涵盖此类使用案例所需的额外名称空间和 XML 元素的 XSD，并考虑将其用于技术确认。

#### 2. 内容确认

内容确认要求从业务角度验证离散事件是否有意义。例如，如果特定使用案例中的过程流程规定，托盘包装事件应提供 SSCC 以及用 LGTIN 标识的箱子数量，则内容确认将确认包装事件是否具有该结构，而不是某个其他结构（在语法上可能有效，但不适用于特定使用案例）。此外，EPCIS 的采集应用可能会执行日期确认等语义检查，以确认 eventTime 的值不在将来。

#### 3. 完整性确认

完整性确认要求可视化系统按照流程图描述的方式端对端地运行，并实现预期业务结果。例如，可能会规定，在某一位置内，应可在发货到接收过程期间回溯项目。

技术和内容确认通常可以在通过 EPCIS 采集接口提交 EPCIS 事件时完成。根据数据质量的重要性，如果 EPCIS 事件满足一组预定技术和内容确认标准，则 EPCIS 存储库或采集应用可以接收外来 EPCIS 事件（否则拒绝）。此外，外来已通过技术验证后，就可以进行接收，如果内容确认失败，则会生成警告。

但是，完整性确认只能追溯完成，即在采集到所有包含端到端过程的事件后。使用可视化事件数据的业务应用可以应用适当规则来处理无效的事件序列。除此之外，如果某个特定业务流程的强制性事件不存在时，则可能会触发警报或者可能忽略明显重复或无意义的事件。

### 4.6.2　认证项目

EPCglobal 软件认证项目是由 EPCglobal 社区开发的，基于标准的合规性测试项目，旨在提供测试 EPC/RFID 软件产品的中立和权威来源，并提供关于认证产品和开发此类产品的供应商的信息。

第 5 章

CHAPTER 5

# GS1 全球追溯标准（GTS）

20 世纪 70 年代以来，随着食品领域频繁出现质量安全问题，有效实施产品可追溯系统已成为世界各国的战略重点，驱动企业实施追溯的关键因素来源于各国出台的各项法律法规和市场需求。在全球经济中，追溯涉及供应链中每个国家及地区的多个司法管辖区，因此，每个组织都可能面临众多不同的内部和外部的追溯要求。并且，企业要确保所建立的追溯系统与供应链中其他各相关方系统能够进行互操作，以实现全链条的可追溯性。追溯的复杂性决定了供应链的各参与方应采取全球统一的追溯标准，只有这样才能确保全链条上各环节的跟踪与追溯。

## 5.1　GS1 与产品追溯

GS1 开发的全球统一标识系统作为全球通用的商务语言，其应用最早是从食品、日用百货等快速消费品在超市零售 POS 系统自动结算开始的，目前已经逐渐扩展到食品安全跟踪与溯源、缺陷产品召回、医疗卫生、电子商务、电子政府采购、移动商务等领域。应用需求的增加驱动着 GS1 系统各项技术的不断完善。GS1 系统已成为名副其实的，对全球多行业供应链进行有效管理的一套开放式的国际标准。因此，GS1 系统在追溯领域具有天然的应用优势，具体包括：

### 1. 具有天然的适应性

GS1 系统主要应用于全球商贸流通领域，用于对商贸物流和供应链中的参与方、产品、位置、资产、服务关系等进行唯一标识，便于供应链各参与方提升信息共享效率。目前该系统已经形成了一套成熟的技术体系，不仅有编码，还有自动识别技术和数据交换技术，包括编码标准、数据载体标准以及数据交换标准。而实施追溯所需要的三大要素：标识、数据采集、数据共享，恰好可以通过 GS1 系统的各项技术满足，且具有良好的适应性。

GS1 系统应用于追溯领域可以满足多种应用场景下的需求，对于一般的商品，采用商品条码标识到品类即可；对于价值比较高的产品，可以采用“商品条码 + 系列号”追溯到单品；对于以批次作为生产管理单元（因为原料、生产条件、生产工艺等相同，具有同质性），可以采用“商品条码 + 批次”追溯到批次。具体采用什么样的载体，企业可根据自身管理需求、成本等考虑一维条码、二维码或 RFID 标签。

**2. 具备较高的国际认可度**

GS1 系统已被国际标准化组织（ISO）、联合国欧洲经济委员会（UN/ECE）、经济合作与发展组织（OECD）、亚太经济合作组织（APEC）等多个国际组织推荐作为追溯技术解决方案。2005 年，联合国欧洲经济委员会（UN/ECE）正式推荐 GS1 追溯标准用于食品的跟踪与追溯。欧盟将此种方法定义为“UN/ECE 追溯标准”。2012 年，两项新通过的 ISO 标准“产品安全”与“产品召回”在重要位置引用了 GS1 标准。同时，经济合作与发展组织（OECD）发布了采用 GS1 追溯标准建立的全球召回平台。2014 年，美国食品药品监督管理局（FDA）在颁布的一项《药品供应链安全法案（DSCSA）》指南文件中，明确提及了使用 GS1 标准实施药品追溯信息的交换和管理。同年，针对某些非食品、非医疗产品的消费者安全法规在欧洲出台，欧盟委员会成立了产品追溯专家组，通过研究确认采用 GS1 标准是提升产品追溯性和消费者安全、快速召回的最佳方法。

在国际上，以商品条码为基础的 GS1 技术体系已成为全球产品质量安全追溯领域的主导技术，在全球 100 多个国家中得到了广泛应用，涉及加工食品、水产品、肉类产品、饮料、酒类、水果和蔬菜等领域，取得了良好的效果。在此基础上，来自英国、法国、新西兰、德国、荷兰等欧洲、亚洲、美洲、非洲的主要国家相关食品部门都颁布了基于“商品条码 + 批号”的食品追溯编码技术规范与应用指南，在各国食品企业中得到了广泛应用，取得了良好效果。例如，以法国、德国为代表的欧洲零售商和供应商之间都采用“商品条码 + 批号”实现食品追溯，新西兰用于生鲜果蔬的出口管理与追溯，澳大利亚用于葡萄酒追溯等。近年来，以哥伦比亚、智利、泰国为代表的部分美洲和亚洲国家陆续开展了基于商品条码追溯技术的企业追溯能力认证工作。

**3. 具有广泛的推广和应用基础**

GS1 系统已经是全球应用最为广泛、成熟的一种标识技术体系，企业商品条码应用已经较为成熟。“商品条码”是绝大多数流通商品包装上已包含的信息，通过与“批号”“系列号”等元素的结合进行追溯，适用于工业化生产、同批次同原料同质量的大多数行业。基于商品条码的追溯编码方案以商品条码为关键字，具有全球通用性、可扩展性、跨行业性的特点，能够贯穿整个产品周期，符合一般行业的生产特点和国际的通用做法，能够满足监管部门对产品在生产、流通过程的监管需求，符合国际重要食品安全标准和规范的要求。

使用 GS1 标准进行追溯，世界各地的企业和组织能够在全球范围内使用同一标准来唯一标识追溯对象、追溯位置、追溯参与方等，通过条码和 EPC/RFID 标签来承载标准化编码。使用统一标准来标识和采集追溯数据后，信息就可以以标准格式共享，从而确保了数据的完整性、准确性和可交互性。

在我国，“中国条码推进工程”计划纲要正式启动后，食品安全追溯被确定为推进工程项目中的重点开发领域，从政策上得到重视和支持。中国物品编码中心以此为契机，加快了对我国食品安全追溯体系的研究，建立了基于 GS1 全球统一标识系统的食品安全追溯技术体系框架，制定出了食品安全追溯应用系列指南。此外，中国物品编码中心还下大力进行该项技术的推广工作，在全国建立了上百个应用试点，涵盖了肉禽类、蔬菜水果、海产品及地方特色食品等众多品类产品。

如今，作为商品的身份证和超市结算的重要方式，商品条码目前已经应用于我国食品、日用品、建材，轻工等多个行业、数亿种产品的标识。商品条码具备了厂商和产品唯一标识信息，这也是产品追溯的关键信息。对于追溯实施方企业来说，商品条码结合批次、系列号等实现追溯，投入小、可操作性强、易于兼容，企业实施成本不高、易于推广实施。GS1 系统追溯技术能够最大限度地整合社会资源，真正实现高效、低成本的产品追溯。

## 5.2 GS1 全球追溯标准（GTS）

GS1 全球追溯标准（GTS）旨在帮助组织和行业设计和实施基于 GS1 标准体系的追溯系统。就战略层面来说，本标准为正在开发长期追溯目标的组织或行业提供关键见解和相关知识。追溯是追溯对象相关历史、应用或位置的能力[ISO 9001：2015]。在考虑产品或服务时，追溯可能涉及原材料和部件来源、加工历史、交付的产品或服务的分布和位置。

GS1 实现供应链追溯的方法侧重于使用开放标准来实现供应链相关对象的可视化。GTS 旨在通过以下方式帮助组织和行业实现全球供应链追溯：

（1）提供方法，供组织在制定符合其需求和目标的追溯系统设计要求时使用。

（2）为指定具体行业的、区域的和当地标准和指南提供基础。

（3）通过提供一致方法来标识追溯对象，并在其生命周期内创建和共享有关此类对象的移动或事件的基于标准的数据，从而实现全供应链成功和互操作性通信。

（4）通过应用现有和已验证的标准，以避免碎片化方法造成应用案例不可追溯。

### 5.2.1 范围

GS1 全球追溯标准预期在端到端供应链中使用，并与贯穿追溯对象生命周期的所有事件相关，其中包括：

（1）原材料、配料、中间产品、组件和半成品的转化和加工。

（2）产品聚合和解聚以及资产关联（例如可回收资产）。

（3）运输和配送，包括跨境贸易。

（4）产品多次使用或产品服务中的维护、修理和大修操作。

（5）产品消费，包括分发和管理。

（6）产品处理和销毁以及原材料回收。

GTS 重点介绍追溯数据管理方面。其使用简单模型来标识和引用采集和共享数据的必要要求，追溯数据根据“参与方、追溯对象、时间、地点和事件”维度来采集和共享，以便向应用提供足够的业务内容来有效使用数据。GTS 是基于 GS1 标识、数据采集和数据共享的 GS1 标准的通用文件（见图 5-1）。

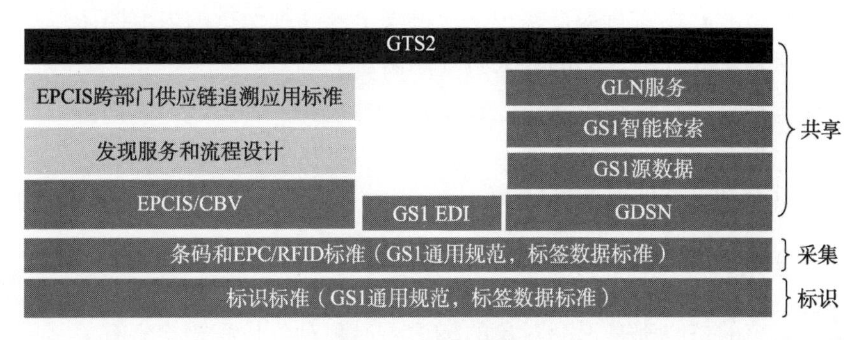


图 5-1　GTS2 范围

## 5.2.2　必要性

### 1. 数据访问与应用需求

追溯允许访问相关数据，以便分析数据并作出决策。数据可访问性是驱动响应速度和分析精度的关键。其涉及收集、存储和报告供应链和生产过程中每个重要事件的详细信息。此类信息可以以不同方式改善运营或解决看似不相关的挑战。追溯数据不仅限于解决危机，数据和数据分析等相关方法已经成为企业控制和主动监控供应链的重要手段之一（见图 5-2）。

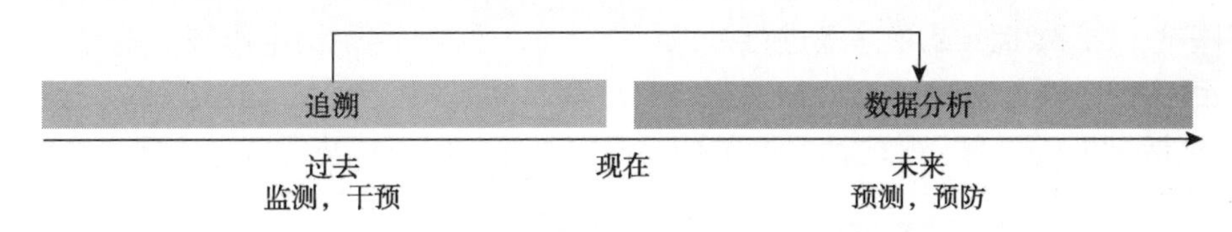


图 5-2　追溯数据应用

### 2. 市场压力和监管需求

当今供应链较长且复杂。其经常与其他众多供应链相交叉，使追溯成为多方和多链挑战。市场压力和新兴法规是追溯的关键驱动因素。使追溯变得复杂的主要原因是需要遵守不断变化的法规。在当今的全球经济中，供应链追溯涉及供应链中每个国家和地区的多个司法管辖区。因此，每个组织都可能面临众多内部和外部追溯要求。本节旨在确保此类复杂和长供应链的基本数据共享需求，以便对所有相关方的方式进行解释。

### 3. 跨部门协作需求

由于追溯数据的共享和使用可能会影响业务运营的诸多方面，因此追溯工具和解决方案涉及组织中的许多职能和部门，包括但不限于：

（1）质量和安全团队（风险管理、召回准备、审计、错误和事件管理、有效期管理、库存周转）。

（2）关注监管和组织要求的合规团队。
（3）需要共享相关信息的面向消费者的团队。
（4）负责打击假冒伪劣行为，实现供应链安全或品牌保护的内部团队。
（5）专注于道德和环境议题的社会责任团队。
（6）产品生命周期管理团队。
（7）负责运输和物流的团队。
（8）系统开发和管理团队。

### 5.2.3 追溯对象唯一标识

任何追溯系统的核心都是追溯对象的标识。追溯对象是需要检索有关其历史、应用或位置信息的物理或数字对象，例如：产品（如消费品、药品、电子设备）、物流单元（如码垛货物、包裹）和资产（如卡车、船只、火车、叉车）。对于追溯对象的物理标识，通常可以分为三个主要标识级别：

（1）品种级标识。对象可以通过产品/部件 ID 进行标识，使其能够与不同类型的产品或部件区分开。

（2）批次/批号级标识。产品/部件 ID 加上批次/批号，将具有相同 ID 的追溯对象的数量限制到较小一组实例（例如，同时生产的项目）。

（3）单品级标识。追溯对象用序列化 ID 标识，将具有相同 ID 的追溯对象的数量限制到单个物品。

追溯系统的目标和供应链本身是确定正确标识水平的关键标准。例如，高风险产品和配料一般以批次/批号或单品级进行标识。公司通常会组合应用不同层级的标识。以金枪鱼罐头的生产为例（见图 5-3），制造工艺中的输入包括主要和次要配料/材料。主要配料/材料将包括金枪鱼腰身、橄榄油和罐装瓶，而空纸箱（用于包装罐装瓶）属于次要材料。

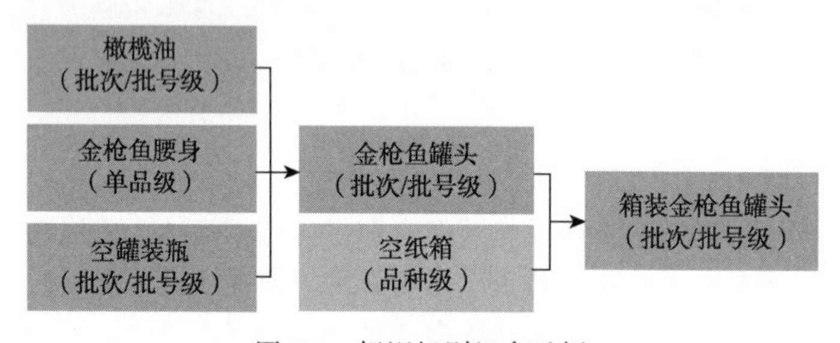


图 5-3　标识级别组合示例

### 5.2.4 追溯数据采集

追溯系统由追溯数据驱动。追溯数据通过执行各组织执行的各种业务流程生成（见图 5-4）。

在任何组织中执行追溯相关过程时，都会生成追溯数据。此类数据为使用数据的应用提供业务内容，并包含五个重要维度的信息：参与方、追溯对象、位置、时间和事件。

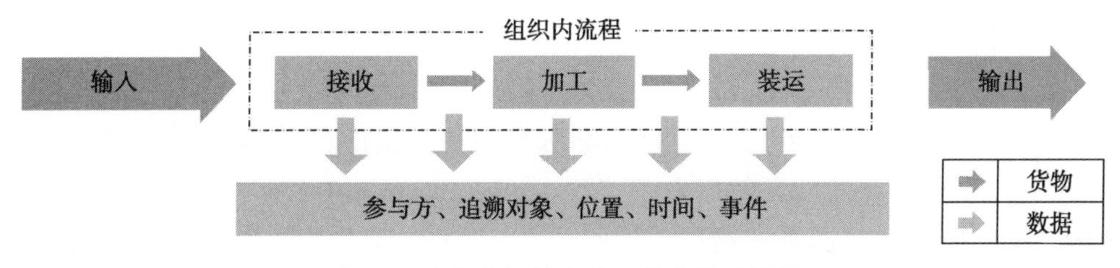


图 5-4　追溯数据的生成—单个公司视图

**1. 参与方**

处理、保管或拥有在供应链中移动的对象所涉及的唯一标识实体。如果需要区分实体及其在流程中的作用，需要提供此信息。

**2. 追溯对象**

必须对在供应链中移动的对象进行唯一标识。此类对象可能是单个产品以及货运产品。还可能包括其他物理或虚拟对象，如运输工具、设备（包括可回收运输项目）和文件。

**3. 位置**

此类移动或事件在哪里发生？唯一标识位置对于理解对象在整个供应链中的路径至关重要。其可能是制造地、特定生产线、仓库、田野、海洋、销售点、医院、船舶或有轨车。

**4. 时间**

包含该对象的移动或事件在何时发生，特定事件发生的日期、时间和时区提供了对象在整个供应链中移动的时间线。

**5. 事件**

发生了什么？事件发生时发生了什么业务流程？什么商业交易正在发生？为何对象那个时间在那个地点？

当我们将视图扩展到完整供应链时，各组织显然都将管理自己的追溯数据。为实现端到端的供应链追溯，需要访问和组合来自多个组织的数据。

## 5.2.5　互操作性和标准需求

市场上有各种信息技术和工具来支持追溯实现。通常，多个系统组件需要协同工作来提供一个整体系统。这些可能包括产品标识和主数据管理系统，一个或多个自动识别和数据采集解决方案（AIDC）以及采集关于供应链中产品路径的交易或事件数据的其他系统。

为了实现端到端供应链追溯的最终目标，特定行业或供应链的所有合作伙伴必须使用一套基本标准。为确保适当的互操作性，组织需要确保其系统基于一套通用标准构建。

GS1 标准体系提供一套综合标准，用于在对象的整个生命周期中标识、采集和共享相关信息，为互操作性提供核心基础：

（1）供应链伙伴使用标准化编码来标识业务对象和位置。

（2）供应链伙伴采集对象编码以及在数据载体（条码，RFID）中以标准方式编码的任何附加属性（例如有效期）。这可以确保对象可以在整个供应链中被自动和一致读取。因此，还应记录时间（何时）、位置（何处）和其他数据（参与方以及发生的事件）。

（3）供应链伙伴使用通用语言进行编码和数据采集后，可根据业务环境细化和增强收集到的数据，将其转换为可使用标准化语义、标准格式和标准交换协议共享的数据。

GTS 提供基于 GS1 标准体系创建互操作追溯系统的框架（见图 5-5），定义了实现可互操作追溯系统所需的最少要素，并描述了如何添加附加要素以满足特定部门、产品类别、地区和应用领域的要求。

图 5-5　可互操作追溯系统的 GTS 框架

## 5.3　追溯数据和追溯标准

GS1 作为国际非营利的标准化组织，自 2000 年前后便开始研究如何采用全球统一的编码标识体系来帮助企业建立有效的追溯体系，以满足政府合规的要求、商业需求和自身管理的需求等。经过多年来的积累，截至目前，GS1 已经制定了《GS1 全球追溯标准》《GS1 全球追溯关键控制点和一致性准则》等标准，并针对行业特点，制定了《生鲜果蔬追溯指南》《肉类追溯指南》《鱼类追溯指南》等，为政府和企业建立追溯体系提供了借鉴。

### 5.3.1　组织内的追溯数据

在涉及追溯数据时，组织应首先考虑其内部业务流程。组织应从追溯角度确定此类业务流程中的哪些步骤较为重要。随后，组织需要建立流程来定义和采集有关此类业务流程步骤的所有相关数据，从而帮助在组织内外有效使用数据。业务流程将扩展到组织的各个部门，因此，通用语言对数据采集解决方案的实施至关重要。其核心是以下两个概念：

关键追溯事件（critical traceability events，CTE）这些是追溯对象在其生命周期中发生的实际事件，如接收、转化、包装、装运、运输等。

关键数据元素（key data element，KDE）这些是描述实际关键追溯事件单品的数据。这些数据通常涵盖五个维度（“参与方、对象、位置、时间和事件”）。如图 5-6 所示。

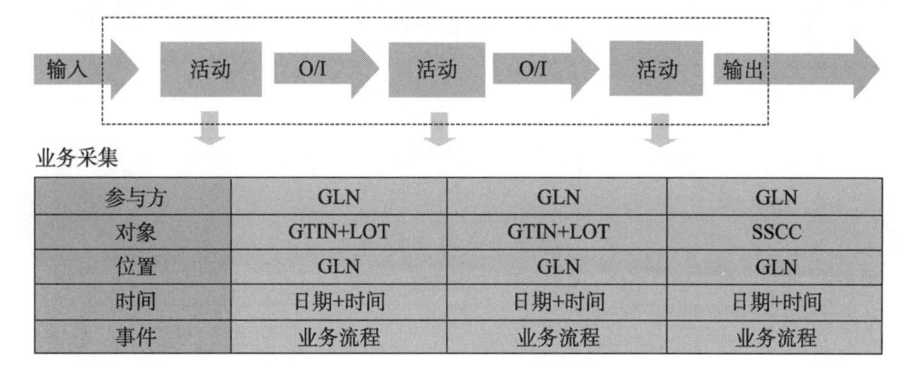


| 参与方 | GLN | GLN | GLN |
| --- | --- | --- | --- |
| 对象 | GTIN+LOT | GTIN+LOT | SSCC |
| 位置 | GLN | GLN | GLN |
| 时间 | 日期+时间 | 日期+时间 | 日期+时间 |
| 事件 | 业务流程 | 业务流程 | 业务流程 |

图 5-6　关键追溯事件（CTE）和关键数据元素（KDE）

GS1 系统中追溯数据元素包含五个重要维度的信息，称之为“5W”，分别是：参与方（Who）、对象（What）、位置（Where）、时间（When）、事件（Why）。

Who，追溯参与方，即供应链各个追溯节点上的责任主体，如生产商、制造商、经销商、物流服务提供商、消费者等。

What，追溯对象，即供应链中需要被追踪的某个批次或者单个货物。追溯对象可能是单个的产品，也可能是批次产品，还可能包括其他实物或虚拟物品，如运输工具、设备（包括可回收的运输设备）和文件等。

Where，追溯位置，即产生追溯数据的物理或者逻辑位置。这个位置可能是产品的一个生产场地、一条特定的生产线、一个仓库、一片田地、一个海洋、一个销售点、一家医院，轮船或火车车厢等。

When，追溯时间，包括事件发生的日期和时间、事件在某一地点发生时的有效时区以及将该事件录入数据库的日期和时间。

Why，追溯事件的详细内容，即与业务有关的所有业务工作，包括追溯对象的状态、交易、发送方或接收方。它包含的信息较多，除了前面提到的四种“W”中包含的内容之外，追溯时发生的其他所有内容全都可以包含到 WHY 的内容中。

### 5.3.2　供应链上的追溯数据

对于整个供应链来说，各组织都应管理好自己的追溯数据。为实现端到端的供应链追溯，需要访问和组合来自多个组织的追溯数据，如图 5-7、图 5-8 所示。

端到端追溯是指追踪和溯源对象在整个生命周期内以及通过生产、保管、交易、转化、使用、维护、回收或销毁所涉及的各方的能力。追溯要求可以从上游（原材料、配料和组件的供应商）一直延伸到下游（成品消费者，包括最终消费者）。

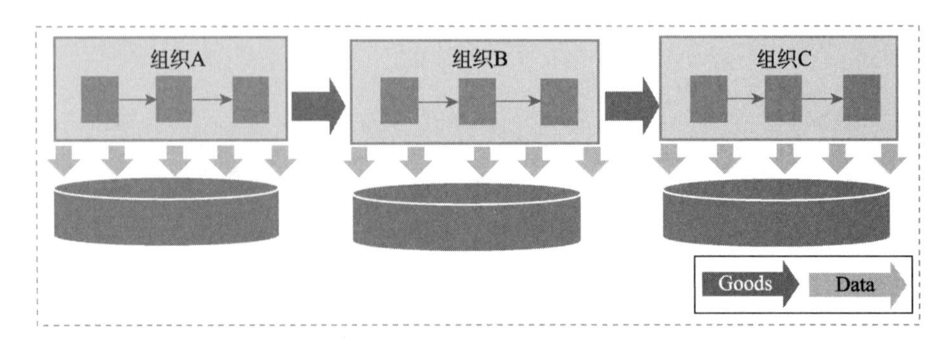


图 5-7　数据访问

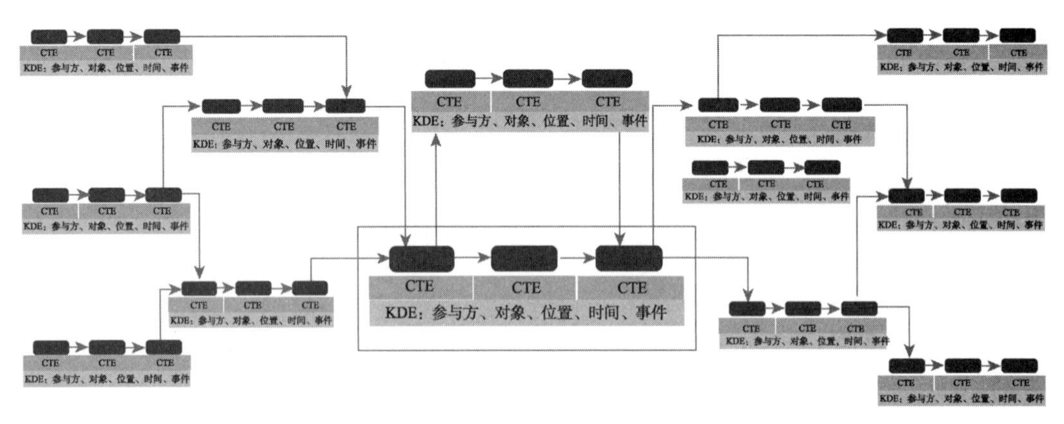


图 5-8　供应链间的追溯数据

综上所述，关键数据元素定义了追溯参与方、追溯对象、时间、位置和事件。基于 GS1 标准的追溯事件的关键数据元素如表 5-1 所示。

**表 5-1　关键数据元素**

| 参与方 | |
|---|---|
| 参与方的 GLN | 标识进入供应链追溯流程的各个主体，如买卖双方、物流服务方等 |
| 追溯对象 | |
| GTIN | 标识贸易项目类型的全球贸易项目代码 |
| 批次/批号 | 一种由数字或字母数字组成的代码，与 GTIN 结合使用，用于标识一组贸易项目实例 |
| 系列号 | 一种由数字或字母数字组成的代码，在产品的生命周期内分配给单品的代码系列号。与 GTIN 批次/批号结合使用，仅用于标识一个贸易项目 |
| 数量 | 用于标识贸易项目的数量 |
| 净重 | 用于标识贸易项目的净重。净重不包括任何包装材料，必须与有效的计量单位关联 |
| SSCC | 用于标识单个物流单元的系列货运包装箱代码 |
| 位置 | |
| 物理位置的 GLN | 在供应链流程中，用于标识生产、加工和库存等位置 |
| 时间 | |
| 关键追溯事件（CTE）的日期和时间 | 如生产、装运、接收等事件的发生时间 |
| 事件 | |
| 关键追溯事件（CTE）的业务流程 | 用于记录关键追溯事件的业务过程、步骤等 |

### 5.3.3　主数据和过程数据

从追溯数据的产生角度，追溯数据可包括主数据和过程数据（见图 5-9）。主数据包含两类，一类是用于描述产品、参与方、位置和资产的数据，为静态数据，可被组织内所有系统、应用和流程共同使用。还有一类为关系数据，用于描述针对特定产品和位置的供应链贸易伙伴关系（如：供应商和消费者），当链接组织间的关系时，可以获得所追溯对象的供应链的完整视图。主数据在一定的时段内相对稳定。

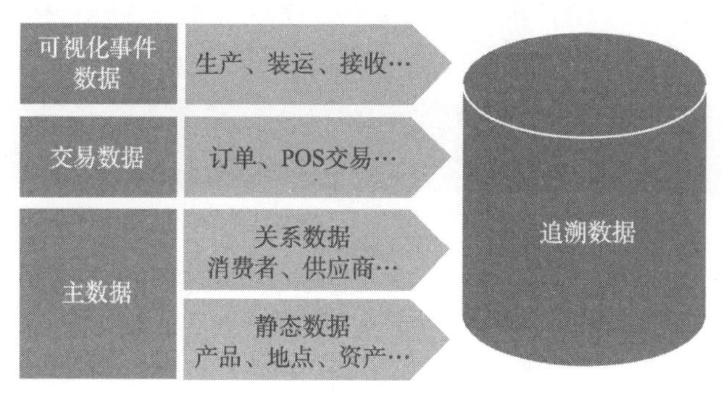


图 5-9　追溯数据来源

过程数据包括交易数据和可视化事件数据。交易数据在业务交易发生后记录，例如完成所有权转让（如订单、发票）或监管权转让（如运输指令、交货证明）。交易数据可以借助电子数据交换（EDI）和 AIDC 技术（如 POS 扫描）来记录。可视化事件数据记录了处理有关追溯对象的业务流程及步骤的完成情况。可视化事件需要采集参与业务流程的追溯对象、业务流程发生的时间、业务流程中追溯对象的来源和去处以及内容（即业务流程发生的业务环境）等数据。与其他类型的数据不同，记录可视化事件数据的目的往往是实现供应链的可视化和追溯。可视化事件数据通常会使用 AIDC 技术来采集，例如条码或 RFID。

表 5-2 展示了追溯中的外部数据和内部数据。

**表 5-2　GS1 系统追溯数据示例**

| 数据敏感度 | 主数据 | | 交易数据 | 可视化事件数据 |
|---|---|---|---|---|
| 外部数据 | 静态数据：<br>• 地点<br>• 产品<br>• 资产<br>• … | 关系数据：<br>• 供应商<br>• 消费者<br>• 第三方服务<br>• … | • 采购订单<br>• 发运通知<br>• 运输指令<br>• 提供商 | • 生产<br>• 分拣<br>• 包装<br>• 装运<br>• 接收<br>• … |
| 内部数据 | • 产品设计<br>• 生产工艺<br>• 人员<br>• … | • 合同<br>• … | • 质量检查数据<br>• 实验室分析结果<br>• … | • 检查<br>• 收集<br>• 保存<br>• … |

### 5.3.4 追溯数据精度

追溯数据精确度由两个主要维度决定：（1）追溯对象（产品和资源）的标识（编码）级别；（2）记录追溯数据的颗粒度。这两个维度一起为组织提供建立最佳精确度的方法（见图 5-10）。

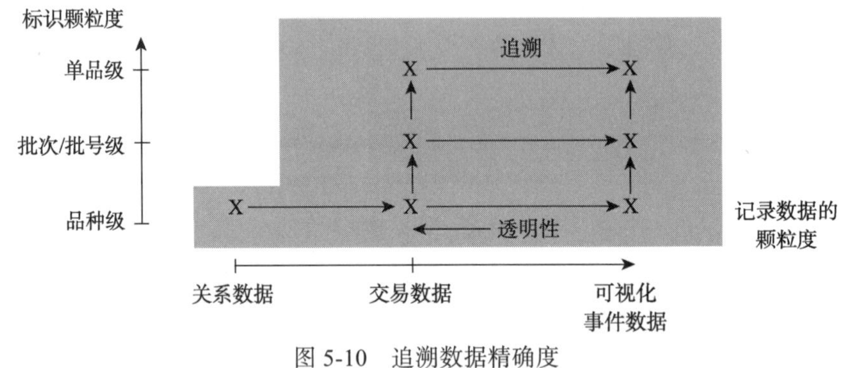


图 5-10 追溯数据精确度

### 5.3.5 追溯数据编码

#### 1. 标识对象及代码

有效的标识是追溯系统的核心，根据实际需求，追溯系统的标识对象包括追溯单元、参与方、位置、资产等方面。在 GS1 追溯标准当中，追溯单元是需要检索有关其历史、应用或位置信息的对象，可包括贸易单元（例如消费品、药品、电子设备）、物流单元（例如码垛货物、包裹）。参与方为参与追溯单元生产、加工、物流等活动的供应链各参与主体。位置是追溯单元流通过程中所涉及的所有关键位置。资产一般指物流资产，如卡车、船只、火车、叉车等。表 5-3 列出了不同追溯对象类型的 GS1 标识代码。

**表 5-3 GS1 追溯标识代码**

| 代码 | 全名 | 标识的对象类型 |
|---|---|---|
| GTIN | 全球贸易项目代码 | 任何包装层级的产品类型，例如零售单元、内包装、箱子、托盘 |
| SSCC | 系列货运包装箱代码 | 物流单元，包装在一起用于储存和/或运输用途的贸易项目组合：例如箱子、托盘或包裹 |
| GSIN | 全球装运标识代码 | 将需要一起交付的物流单元进行分组，通常由发货人对运输提供商或货运代理商提出要求 |
| GINC | 全球托运标识代码 | 将需要一起运输的物流单元（可能属于不同装运单元）分组。通常由货运代理商对运输提供商提出要求 |
| GIAI | 全球单个资产代码 | 车辆、运输设备、仓库设备、备件等资产 |
| GRAI | 全球可回收资产代码 | 可回收的运输物品，如托盘、板条箱、啤酒桶、防滚架 |
| GDTI | 全球文件类型代码 | 交易文件，如发票、纳税申报表等 |
| CPID | 组件/部件代码 | 基于原始设备制造商（OEM）（例如汽车制造）技术规范生产和标识的组件/部件 |
| GCN | 全球优惠券代码 | 纸质和数字优惠券 |

### 2. 贸易项目追溯对象

全球贸易项目代码（GTIN）用于对所需追溯的贸易项目进行标识，GTIN 与批次或系列号结合使用，可以实现不同精度的追溯，如表 5-4 所示。

表 5-4　不同追溯精度下的贸易项目标识

| 粒度 | GS1 编码 | 注释 |
| --- | --- | --- |
| 品类级 | GTIN | 给定类型的所有产品（例如，10 箱罐装果酱）均以相同方式标记，用于标识到品种，使追溯对象能够与不同类型的产品区分开。<br>这是最便宜的标识，因为标识可以嵌入批量印刷的包装图形中 |
| 批次/批号级 | GTIN + 批次/批号 | 在给定批次/批号中给定类型的所有产品（例如，10 箱罐装果酱）均以相同方式标记。<br>信息系统可以区分两批产品（例如 24 箱中的 10 箱），并且可以区分两批类型相同，但来自不同批次/批号的产品（10 箱罐装果酱来自批号 20100201，10 箱罐装果酱来自批号 20100204），但是无法区分来自相同批次/批号的两批相同类型的产品 |
| 单品级（完整系列化） | GTIN + 系列号（也称为系列化 GTIN 或 SGTIN 的组合） | 给定产品的唯一系列号标识，GTIN + 系列号组合是与所有其他物理对象不同的单个产品的全球唯一标识符 |

表 5-4 所示方案从上到下，在供应链中追溯产品的能力依次增强，但成本也随之增加。

品类标识（GTIN）能够帮助了解产品在供应链中的使用地点，根据产品计数收集数据，进行库存应用、销售分析等。但是，使用此级别时，给定产品的所有单品均难以区分，难以达到真正的追溯。

批次/批号级标识（GTIN + 批次/批号）可以将批次/批号中的产品与其他批次/批号区分开来。这在处理质量问题，且问题往往对成批出现的业务流程尤其有用，例如受污染的批次/批号的产品召回。批次/批号级追溯能够标识供应链中给定批次/批号所达到的所有地点，并确认来自该批次/批号的产品数量。

单品级或完全系列化标识（GTIN + 系列号标识）能够单独标识每个产品。这可以实现对每个产品进行单独跟踪或追溯，从而可以精确地关联供应链中不同时间产品的状态。其可用于对产品生命周期较长的产品，追溯要求可能涵盖与产品使用和维护有关的所有业务流程。

单品级标识具有独一无二的优点，即标识代码表示在特定时间点仅存在于一个地点的单个产品，可以精确评价追溯对象的特定监管链。其他标识级别允许具有相同标识代码的多个单品在特定时间点存在于多个地点，只能以概率性方式进行估算。

供应链和物流系统通常只支持批次/批号级追溯，因为便于其同时处理各种产品。也就是说，即使在制造期间给每个最终单品分配了一个系列化标识符，还应在产品以及外包装上提供一个批次/批号标识符。

追溯系统的目标和供应链特点是选择合适的追溯精度的关键。例如，高风险产品一般以批次/批号或单品级进行标识。

企业通常会组合应用不同的标识。这常用于制造过程中出现的转化事件，例如制造工艺中主要和次要配料/材料的投入。以制作金枪鱼罐头为例（见图 5-11），主要配料/材料包括金枪鱼腰、橄榄油和罐装瓶，而空纸箱（用于包装罐装瓶）属于次要材料。

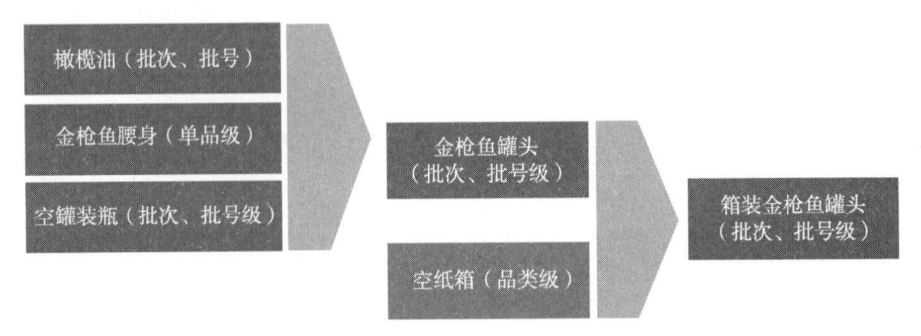


图 5-11　标识级别组合示例

另一示例是在同一产品上组合使用单品级和批次/批号级：为每个单独产品分配系列号，但配送单元（例如外包装盒）以批次/批号级标识，给供应链伙伴的物流系统使用。

实施时间和成本因标识层级不同而有很大不同。不存在“万全之策”，在确定企业（和供应链）所需的标识级别时，必须与供应链伙伴进行协调。

### 3. 物流追溯对象

在物流配送和运输中，贸易项目通常需要重新聚合（分组、包装）。这导致需要对其他追溯对象进行追踪和追溯，例如物流单元、包装箱、卡车和船只等。图 5-12 将说明此类对象如何相互关联以及如何应用 GS1 标识代码。

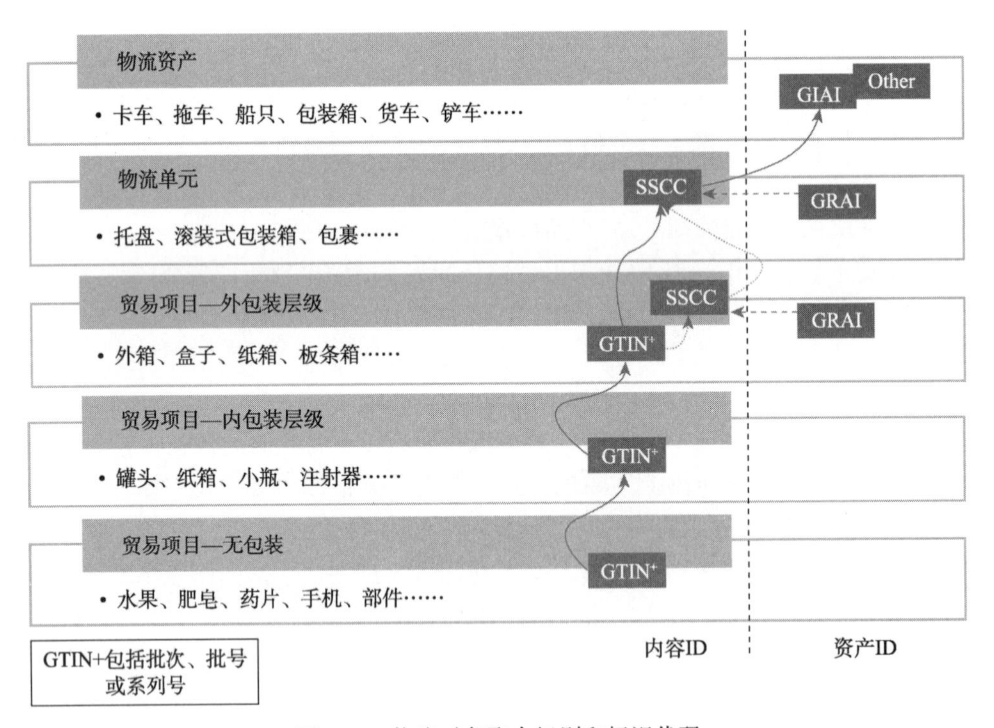


图 5-12　物流对象聚合级别和标识代码

为了了解聚合级别和所含贸易项目之间的关系，需要记录各个聚合级别之间的联系，这是追溯系统的基本要素之一，也是各方追溯系统之间建立联系的关键。

### 4. 追溯参与方

在追溯系统中，必须对供应链中发挥作用的不同参与方进行区分。供应链参与方可能包括制造商、代理商、分销商或零售商等。可以使用全球位置码（GLN）标识各个参与方。在某些情况下，可以采用全球服务关系代码（GSRN）标识所涉及的个人（见表 5-5）。

表 5-5　追溯参与方的 GS1 标识代码

| 代码 | 全名 | 标识对象 |
|---|---|---|
| GLN | 全球位置码 | 贸易伙伴（法人实体、部门等职能实体） |
| GSRN | 全球服务关系代码 | 服务关系（提供商、接收者等） |

### 5. 追溯位置

追溯位置是指追溯系统范围内的指定物理区域。可以使用全球位置码（GLN）标识参与方为其业务运作确定的物理位置。如表 5-6 所示。

表 5-6　物理位置的 GS1 标识代码

| 代码 | 全名 | 标识对象 |
|---|---|---|
| GLN | 全球位置码 | 位置 |
| | 全球位置码 + GLN 扩展组件 | 内部位置 |

GLN 可用于标识参与方所确定的业务位置。在追溯系统中，其他地点也具有重要性，因此，GS1 标准支持使用附加方式来标识更多位置信息，例如地理坐标。

### 6. 交易文件

如果需要在各参与方之间共享交易文件及相关单证等，可以使用全球文件类型代码（GDTI）实现标识，如表 5-7 所示。例如，可以使用全球文件类型代码标识认证机构分配的质量证书。

表 5-7　交易文件的 GS1 标识代码

| 代码 | 全名 | 标识对象 |
|---|---|---|
| GDTI | 全球文件类型代码 | 物理文件，如交易单证、质量证书；<br>电子文件，如数字图像和 EDI 报文 |

### 7. 其他信息的标识

如果想标识更多的信息，比如产品的批号、系列号、有效期、生产日期等信息，则可以采用 GS1 应用标识符（AI）。AI 是标识数据含义与格式的字符，由 2～4 位数字组成，GS1 系统中有超过 100 种应用标识符。见表 5-8 所示。

表 5-8　追溯过程中常用的应用标识符

| AI | 含义 | 格式 |
|---|---|---|
| 00 | 系列货运包装箱代码 SSCC | n2 + n18 |
| 01 | 全球贸易项目代码 GTIN | n2 + n14 |
| 10 | 批号 | n2 + an...20 |
| 21 | 系列号 | n2 + an...20 |
| 15 | 保质期 | n2 + n6 |
| 17 | 有效期 | n2 + n6 |
| 414 | 标识物理位置的全球位置码 | n3 + n13 |
| 417 | 标识参与方的全球位置码 | n3 + n13 |

## 5.4　追溯数据共享

在向供应链贸易伙伴或其他利益相关方提供可追溯性数据访问权限方面，根据不同的追溯数据存储方式及共享方法，主要可以分为五种模型。

### 1. 点对点模式

各方将可追溯性数据保存在其本地系统中，信息在上游和下游相邻贸易伙伴之间直接交换（见图 5-13）。这种模式使得追溯数据能够在每一对贸易伙伴之间进行交换和部分检查，以及每次向上游或下游进一步。

图 5-13　点对点模式

### 2. 集中式模式

各方在中央存储库中共享可追溯性数据，并向其发送信息请求（见图 5-14）。请注意，一些集中式存储库（例如由管理机构运行的存储库）可能仅提供采集接口，但可能不会向所有相关方提供查询接口，而是倾向于只向存储库所有者提供查询权限。其他集中式存储库可能支持不同的访问控制策略：有的向所有各方都提供查询权限，有的则取决于供应链角色或者查询方是否可以证明其在查询指定的对象的监管链/所有权链/交易链中。

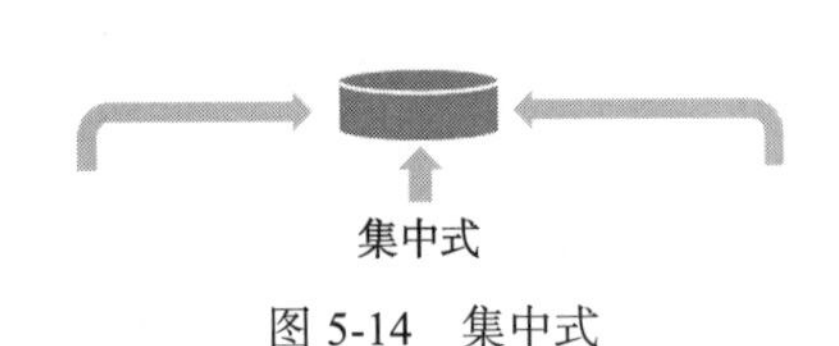


图 5-14　集中式

### 3. 网络化模式

各方将可追溯性数据保存在本地系统中，并以允许所有供应链伙伴（不仅是直接贸易伙伴）查询数据的方式进行（见图 5-15）。不同网络化模型可能采用不同访问控制权限来界定哪些人员可以检索数据在某些模型中，任何共同体成员或供应链伙伴网络都有权查询和检索数据。在其他模型中，访问权限可能取决于供应链角色，例如，防止制造商查询竞争对手的数据；或访问权限可能取决于查询方是否可以证明其在查询指定的对象的实际监管链/所有权链/交易链中。

图 5-15　网络化模式

### 4. 累积模式

这是一种推送方法，其中，可追溯性数据可以系统地完善，并随着产品流推送到供应链中的下一方（见图 5-16）。上游数据可以共享给更下游的各方，但下游数据不能共享给更上游的各方。这种方法导致整个供应链中存在高度不对称的可见性，其中，下游各方可收到所有相关上游数据的完整副本，而上游方无法收到其直接下游消费者后的下游方的追溯数据。对于下游方来说，这种方法可能也极具挑战性，因为其需接收和处理大量的可追溯性数据，特别是在处理涉及检查多个嵌套数字签名时。

图 5-16　累积模式

### 5. 完全分散和复制模式

这种模式是累积模型和网络化模型的混合体，常见于区块链技术。可追溯性数据得到系统性完善，网络中涉及的所有供应链伙伴均在本地保留一份所有数据的副本。见图 5-17。

图 5-17　分散模式

## 5.5　追 溯 系 统

“追溯系统”是指个别参与方在供应链中管理追溯的方法、流程和程序。追溯系统被各方用来提高其组织的可视化，然后与上游和下游各方共享此类可视化数据，从而促进实现端到端供应链追溯。各组织在设计追溯系统都会仔细平衡成本、收益和风险。为此，需考虑到其在广泛供应链环境中的角色，因为直接消费者和最终消费者的需求将是一个重要的考虑因素。所有追溯系统的设计都应该能够降低风险，且作为一种副产品，使产品的生命周期具有可视化。

### 5.5.1 追溯系统组成

完整追溯系统将包含管理以下内容的组件：

（1）追溯对象、参与方和位置的标识、标记和属性。

（2）自动采集（通过扫描或读取）涉及对象的移动或事件。

（3）追溯数据的记录和共享（无论是在内部还是与供应链各方），以便可以实现对已发生事件的可视化。

根据组织的规模，可能涉及多个 IT 组件，组织需要将追溯功能嵌入此类组件当中（见图 5-18）。

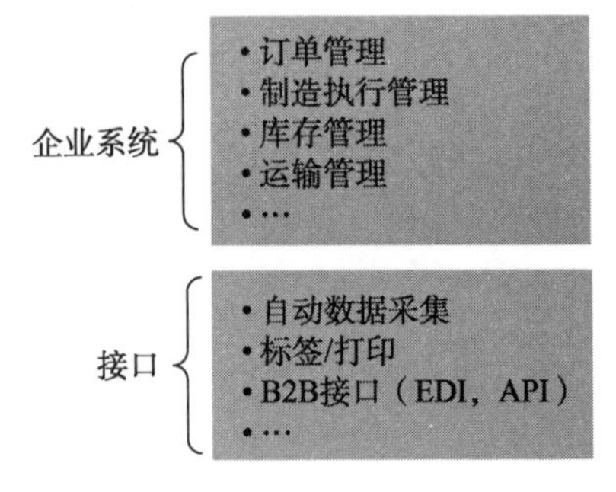


图 5-18 IT 系统组件中的追溯功能

### 5.5.2 追溯系统范围

一方的追溯系统范围将取决于该方的角色和需要解决的追溯问题。界定追溯系统范围的一些要素是：

（1）您需要向多少供应链上方和下方共享数据？

（2）您是否需要与直接供应链伙伴进行互动，或您的系统是否需要更广泛的范围？

（3）您是否仅会追溯主要配料，还是会追溯包装和间接材料？

（4）您的系统是否需要与最终消费者/终端消费者共享数据？

### 5.5.3 追溯系统设计过程

**第 1 步：**设定追溯目标

可追溯性是供应链中所有参与方的共同责任。也就是说，为确定追溯性目标，各参与方都需要考虑自己的策略以及链条中其他参与方的策略。通常，有其他因素可帮助确定方向，例如，法律要求或主要参与方的商业要求。最终消费者提高透明度的要求也是一个越来越重要的驱动因素。

随着企业追溯产品在供应链中移动的要求不断增加，必须强调部署追溯系统的总体目标。

**第 2 步：**收集追溯信息要求

在这一步骤中，将追溯目标转化为需要由追溯系统实现的具体信息请求。

**第 3 步：**分析业务流程

本步骤中，需要详细分析业务流程，以了解与追溯目标和信息需求相关的内容。分析应该包括：

（1）供应链利益相关方及其交互需求。

（2）各利益相关方的可追溯性角色和责任。

（3）显示可追溯对象的状态变化和移动的流程。

**第 4 步：**确定标识要求

进行业务流程分析后，将确定需要对哪些产品进行标识，以及确定正确的标识级别。此外，对于其他对象（如地点和文件），也需要考虑标识的方法和级别。

**第 5 步：**确定追溯数据要求

追溯数据要求首先取决于所要求的追溯精度水平。建议考虑每个追溯事件的“参与方、对象、时间、地点和事件”维度。各追溯参与方提供的数据质量至关重要，因为如果追溯参与方之间共享的数据不准确，可能会影响其他业务流程，如追溯请求或召回活动。建立和维护高质量的可追溯性数据具有重要挑战，应重点考虑以下几个方面：

（1）完整性：是否记录了所有相关数据？

（2）准确性：所记录的数据是否准确反映了发生的追溯事件？

（3）一致性：数据在各系统中存储的格式是否一样？

（4）有效性：数据是否有时间戳，以确保数据的有效性时间框架清晰？

**第 6 步：**设计追溯数据存储库功能

为理解所需要的数据采集和记录功能，可将其视为追溯数据存储库的功能。在某些情况下，存储库将实际建立；在其他情况下，存储库是一个虚拟概念，将根据需要动态集合各种数据源。追溯数据存储库需要实现以下三种主要功能：

（1）数据采集。

（2）数据存储，包括界定如何记录、存储和 / 或管理追溯数据，同时从法律和商业角度考虑所需的最短保留期限的归档程序。

（3）数据共享。

**第 7 步：**设计追溯数据使用功能

需要特定功能来检测异常并防止事故发生。此类功能可能从简单查询到高级数据分析。例如，到期证书、运输过程中温度异常、伪造检测等。此外，需要功能来管理干预程序。干预程序可能很简单（仅限于内部）或复杂（涉及大量外部参与方）。例如，召回通知、执行和完成、检疫、伪造补救。

### 5.5.4　追溯系统管理规则

#### 1. 总体要求

追溯系统应能为各方提供追溯参与方和产品追溯信息，从而满足商业和法律法规对公共安全的要求。追溯流程应与组织（企业）的物流流程、食品安全和质量管理相结合。为实现最初的追溯请求，追溯请求应能在产品供应链中触发追溯单元向上或向下的后续追溯请求。对于行业或地方管理机构提出的其他要求，追溯系统应通过扩充范围予以满足。追溯数据提供者应尽快响应追溯请求提出方的追溯请求，所允许的时间范围可在行业和地方性法规或在商务协议中予以规定。

#### 2. 对追溯单元的管理规则

（1）追溯单元应为下列项目之一：装运单元、物流单元、贸易项目、带有批号的贸易项目、带有系列号的贸易项目。

（2）追溯数据包含下列相关信息：追溯单元、追溯参与方、事件发生地点、事件发生时间、流程或事件。外部追溯的追溯数据不包括食品的详细配方、价格或财务数据、员工的个人资料和研发数据等信息。

（3）一个追溯单元可能涉及其他追溯单元。在同一时间，追溯单元可能位于多个地点和位置。在同一时间的同一装运单元中，追溯单元可能存在于多个包装层级中。

（4）如果一个追溯单元被装在其他追溯单元中，并且它们之间保持数据链接，则追溯参与方可以只保存较高包装层级追溯单元的移动和位置记录。

### 3. 对追溯参与方的管理规则

（1）所有追溯参与方应具备内部和外部追溯能力，从而实现整个食品供应链的可追溯性。

（2）各追溯参与方应采用统一的标准对追溯单元进行标识，以确保追溯信息在贸易伙伴之间快速、准确地传递。

（3）各追溯参与方均可决定其内部追溯的实施方法，内部追溯应能够准确、及时地采集、记录所需的信息，并与上游和下游追溯参与方共享所需信息。

（4）某一追溯参与方不应将其特有的习惯做法强加于其他追溯参与方。

（5）所有追溯参与方无须全部保存和共享所有追溯信息，但应能够在不侵犯其他追溯参与方知识产权的情况下访问和共享相关信息。

（6）生产企业应记录追溯单元生产加工的详细资料，并且应能够对追溯请求作出答复。

（7）追溯单元提供方应了解追溯单元在其内部流程中发生的事件，追溯单元的发货时间、发货地点和收货人。各追溯参与方应保存所接收、生产、存储和装运项目的数据。当一个追溯单元与来自多个地点或批次的类似项目混合在一起时（如，谷仓中），追溯参与方应保存所有输入和输出的记录，以便正确判断追溯单元的出货地点。

（8）追溯参与方应将追溯单元的物流与信息流相互链接。信息流应准确反映实物流动的状况。物流与信息流的链接必须确保能实现追溯单元在供应链中的可追溯性。

## 5.6 可互操作追溯系统

追溯是一种多方、多链挑战。因此，与供应链伙伴进行协调和协作起着重要作用。此时，标准将发挥其作用。开放供应链标准将建立一套通用的标识、数据采集、数据共享和数据使用规则，以期实现各方之间的互操作性。

使用 GS1 标识代码后，世界各地的公司和组织能够在全球范围内唯一标识物理实体（如贸易项目、物理位置、资产和物流单元），以及无形服务（如公司或分销商与经营者之间的服务关系）。当这个强大的编码标识系统与数据采集和数据共享方法相结合时，可以在此类物理或逻辑事物与供应链中组织需要的信息之间建立联系。总之，组织可以使用标准化产品标识和标准化位置标识方法来标识产品和位置。此外，公司可以使用常见方法（条码和/或 EPC/RFID 标签）来采集标准化编码标识。最后，公司使用通用语言来标识和采集产品数据后，信息就可以通过标准格式共享，从而确保了数据的完整性和准确性。

## 5.6.1　编码标识要求

编码标识要求如表 5-9 所示。

表 5-9　GS1 编码标识要求

| | 要求 | 适用 GS1 标准 |
|---|---|---|
| R01 | 一方的追溯系统需要针对该方创建或管理的每个追溯对象应用全球唯一编码标识，并保持记录相关主数据。例如：对于中间产品，可以使用内部标识代码 | |
| a | 我们生产和/或销售的贸易项目中有多少具有全球唯一 ID？（*） | GTIN |
| b | 我们装运的物流单元中有多少具有全球唯一 ID？（*） | SSCC，（GSIN、GINC） |
| c | 我们生产和/或管理的资产中有多少具有全球唯一 ID？（*） | GRAI、GIAI |
| R02 | 一方也可以处理由其他方创建和管理的追溯对象的标识。同样，在这种情况下，一方的追溯系统需要将此类标识记录在其采集的追溯数据中，并在适当时，检索与此类标识相关联的任何相关主数据 | |
| a | 我们从供应商购买和/或收到的贸易项目中有多少具有全球唯一 ID？（*） | GTIN |
| b | 我们从供应商购买收到的物流单元中有多少具有全球唯一 ID？（*） | SSCC，（GSIN、GINC） |
| c | 我们使用的资产（但由其他方拥有或管理）中有多少具有全球唯一 ID？（*） | GRAI、GIAI |
| R03 | 一方的追溯系统需要标识由该方生产、管理和/或销售的追溯对象，以满足端到端供应链各方的追溯要求 | |
| a | 我们生产和/或销售，且需要序列化标识的贸易项目中有多少具有适用 ID？（*） | GTIN + 系列号（SGTIN） |
| b | 我们生产和/或销售，且需要批号级标识的贸易项目中有多少具有适用 ID？（*） | GTIN + 批次/批号（LGTIN） |
| R04 | 一方的追溯系统需要针对该方管理的每个追溯方应用全球唯一标识，并保持记录相关主数据 | |
| a | 涉及与其他方进行的流程和交易的法人实体和职能中有多少具有全球唯一 ID？（*） | GLN、GSRN |
| R05 | 一方的追溯系统需要针对该方管理的每个物理位置应用全球唯一标识代码，并保持记录相关数据 | |
| a | 涉及与其他方进行的流程和交易的物理位置中有多少具有全球唯一 ID？（*） | GLN 或 GLN + 扩展 |
| R06 | 一方的追溯系统需要针对该方创建，并与其他方共享的交易或文件应用全球唯一标识代码，且在这种情况下，需要保持记录相关数据 | |
| a | 我们创建并与其他方共享的交易或文件中有多少具有全球唯一 ID？（*） | GDTI |

（*）KPI 需要表示为范围内总量的百分比

## 5.6.2　自动数据采集和标识（AIDC）要求

表 5-10 描述了追溯系统中使用 GS1 标准的数据采集要求。

表 5-10　数据采集和标识要求

| | 要求 | 适用 GS1 标准 |
|---|---|---|
| R10 | 对于需要自动标识并由该方创建或管理的追溯对象，应采用开放标准 | |
| a | 我们创建或管理的追溯对象中有多少使用开放 AIDC 标准以正确的精度级别标记？（*） | GS1 条码、GS1 EPC/RFID |
| R11 | 对于需要自动标识并由其他方创建或管理的追溯对象，应采用开放标准 | |
| a | 其他方创建或管理的追溯对象中有多少使用开放 AIDC 标准以正确的精度级别标记？（*） | GS1 条码、GS1 EPC/ RFID |

（*）KPI 需要表示为范围内总量的百分比

## 5.6.3　数据记录要求（关系数据和关键追溯事件）

表 5-11 描述了追溯系统的数据记录要求。

表 5-11　数据记录要求

| | 要求 | 适用 GS1 标准 |
|---|---|---|
| R20 | 一方的追溯系统需要记录每个贸易项目的所有供应链伙伴。关系数据应该包含：<br>• 贸易项目的品种级别或类别级 ID<br>• 来源/目的参与方的 ID<br>• 来源/目的地位置的 ID<br>• 有效期 | |
| a | 在我们的供应商中，有多少我们拥有相关关系数据（*） | GDSN、GS1 EDI、EPCIS |
| b | 在我们的消费者中，有多少我们拥有相关关系数据（*） | GDSN、GS1 EDI、EPCIS |
| c | 在我们的第三方服务提供商中，有多少我们拥有相关关系数据（*） | GDSN、GS1 EDI、EPCIS |
| d | 关系数据的平均数据质量（完整性和准确性）是（范围为 1 到 5） | GDSN、GS1 EDI、EPCIS |
| R21 | 一方的追溯系统需要记录所有与出货和收货有关的关键追溯事件，包括：<br>• 追溯对象的品种级、批次/批号级或单品级标识<br>• 来源/目的参与方的 ID<br>• 来源/目的地位置的 ID<br>• 发货/收货日期 | |
| a | 我们收到的货物中有多少已被记录（*） | GS1 EDI、EPCIS |
| b | 我们装运或发运的货物中有多少已被记录（*） | GS1 EDI、EPCIS |
| R22 | 最初创建所有追溯对象(例如，调试)的关键追溯事件均需记录 | |
| a | 我们创建追溯对象的关键追溯事件中有多少已被记录（*） | EPCIS |
| R23 | 对于每个关键追溯事件，至少需要记录以下数据：<br>• 事件日期和时间（包括时区和 UTC 时间偏移）<br>• 以单品级或批次/批号级标识的追溯对象 ID<br>• 事件发生位置的 ID<br>• 业务流程步骤和部署<br>• 责任方的 ID（如果其不同于位置管理者） | |
| a | 针对此类事件记录的数据的平均数据质量（完整性和准确性）是（范围为 1 到 5）（**） | EPCIS、GS1 EDI |

续表

| | 要求 | 适用 GS1 标准 |
|---|---|---|
| R24 | 对于需转化追溯对象（例如产生）的关键追溯事件。需要记录输入和输出之间的关系 | |
| a | 针对转化事件记录的数据的平均数据质量（完整性和准确性）是（范围为 1 到 5）（**） | EPCIS |
| R25 | 对于需要聚合（例如打包或组装）或分解（例如拆包或拆卸）追溯对象的关键追溯事件，需要针对每个包装级别记录子对象和父对象之间的关系 | |
| a | 针对聚合事件记录的数据的平均数据质量（完整性和准确性）是（范围为 1 到 5）（**） | EPCIS |
| R26 | 如果适用，一方的追溯系统需要记录附加关键追溯事件（CTE） | |
| a | 我们应该记录哪些附加关键追溯事件，如安装、处置…… | EPCIS |
| b | 我们目前正在记录哪些关键追溯事件（*） | EPCIS |

（*）KPI 需要表示为范围内总量的百分比。（**）KPI 需要以 1 至 5 之间的值表示，如下所示：

1. 质量未知。
2. 不良，数据在大多数情况下不符合我们的需求。
3. 一般，数据在大多数情况下符合我们的需求，但是我们并未定期进行质量保证检查。
4. 良好，数据在大多数情况下符合我们的需求，而且我们也会定期进行质量保证检查。
5. 优秀，数据质量得到不断监控并用于我们的日常决策。

## 5.6.4　数据共享要求

表 5-12 描述了数据共享要求。

**表 5-12　数据共享要求**

| | 要求 | 适用 GS1 标准 |
|---|---|---|
| R30 | 追溯系统应能够在所需时间范围内，使用有效和安全的机制向其他方提供追溯数据，并从其他方接收追溯数据 | |
| a | 我们能否在约定的时间范围内向供应链伙伴提供追溯数据 | GDSN、GS1 EDI、GS1 EPCIS、CBV |
| b | 我们能否在约定的时间范围内获得供应链伙伴的追溯数据 | GDSN、GS1 EDI、GS1 EPCIS、CBV |
| c | 是否有授权机制来帮助确定哪些参与方可以访问哪些数据 | GDSN、GS1 EDI、GS1 EPCIS、CBV |
| R31 | 追溯数据需要保留，并持续可供被授权方访问,以满足所有供应链伙伴的追溯要求 | |
| a | 我们是否已针对我们创建的追溯数据归档程序，并提供足够的数据保存期限 | GDSN、GS1 EDI、GS1 EPCIS、CBV |
| b | 我们的供应链伙伴是否已针对我们可能需要的追溯数据归档程序，并提供足够的数据保存期限 | GDSN、GS1 EDI、GS1 EPCIS、CBV |
| R32 | 为执行自动处理而在各方间以电子方式交换的追溯数据需要使用开放数据共享标准进行交换 | |
| a | 所有追溯数据是否使用开放数据交换标准交换 | GDSN、GS1 EDI、GS1 EPCIS、CBV |
| b | 是否应用了自动通信方法（推送，拉取） | GDSN、GS1 EDI、GS1 EPCIS、CBV |

我们将上述要求与 GS1 标准应用总结在表 5-13 中。

表 5-13　GS1 标准在追溯中应用

<table>
<tr><th>主议题</th><th>子议题</th><th>GS1 标准</th></tr>
<tr><td colspan="3">标识要求</td></tr>
<tr><td rowspan="4">追溯对象</td><td>贸易项目</td><td>GTIN，GTIN + 批号，GTIN + 系列号</td></tr>
<tr><td>资产</td><td>GIAI，GRAI</td></tr>
<tr><td>物流单元</td><td>SSCC，GSIN，GINC</td></tr>
<tr><td>优惠券</td><td>GCN</td></tr>
<tr><td>参与方</td><td></td><td>GLN，GSRN</td></tr>
<tr><td>位置</td><td></td><td>GLN，GLN + GLN 扩展组件</td></tr>
<tr><td>交易/文件</td><td></td><td>GDTI</td></tr>
<tr><td colspan="3">AIDC 要求</td></tr>
<tr><td></td><td>贸易项目（仅 GTIN）</td><td>EAN/UPC，ITF-14，GS1 Databar（非扩展）</td></tr>
<tr><td></td><td>贸易项目、资产、物流单元、参与方、地点、交易/文件</td><td>（GS1 标识代码 + 属性）<br>GS1-128，GS1 数据矩阵码，GS1 QR 码，GS1 Databar（扩展）</td></tr>
<tr><td></td><td>贸易项目、资产、物流单元、参与方、地点、交易/文件</td><td>EPC/RFID</td></tr>
<tr><td colspan="3">数据记录要求</td></tr>
<tr><td>关系数据</td><td>供应商、消费者、第三方</td><td>内部，使用 GS1 标识代码</td></tr>
<tr><td rowspan="3">关键追溯事件</td><td>观察</td><td>EPCIS：对象事件<br>CBV 业务步骤：调试、装运、接收、运输、存储……</td></tr>
<tr><td>转化</td><td>EPCIS：转化事件<br>CBV 业务步骤：调试</td></tr>
<tr><td>聚合</td><td>EPCIS：聚合事件<br>CBV 业务步骤：包装、安装</td></tr>
<tr><td colspan="3">数据共享要求</td></tr>
<tr><td rowspan="4">主数据</td><td>贸易项目</td><td>GDSN，GS1 智能检索，GS1 EDI，EPCIS</td></tr>
<tr><td>参与方和位置</td><td>GLN 服务，GS1 EDI，EPCIS</td></tr>
<tr><td>资产</td><td>EPCIS</td></tr>
<tr><td>关系数据</td><td>双向，无标准</td></tr>
<tr><td rowspan="2">交易数据</td><td>发货，收货</td><td>GS1 EDI 发货通知（DESADV）、接收通知（RECADV）、GS1 运输状态通知（IFTSTA）</td></tr>
<tr><td>召回</td><td>GS1 EDI 产品召回标准</td></tr>
<tr><td>可视化数据</td><td>关键追溯事件</td><td>EPCIS，CBV</td></tr>
</table>

第 6 章

CHAPTER 6

# GS1 系统在肉类产品追溯中的应用——以牛肉为例

肉类产品是食品追溯的一个重要领域，自从英国出现首例疯牛病例以后，全球各个国家从牛肉产品开始建立食品追溯体系。国际物品编码组织（GS1）遵照国际法规和条例的要求，开发了完善的、通用的、基于 GS1 系统的肉类产品追溯解决方案，用于常见的肉类产品如牛肉、猪肉、羊肉、禽肉等。本章以牛肉为例，介绍 GS1 系统在牛肉产品从屠宰、分割和终端销售等供应链全流程中的追溯应用。猪肉和羊肉等其他肉类产品的追溯可参照执行。

## 6.1 牛肉供应链

牛肉供应链从幼牛的饲养到牛肉产品最终到达消费者，经过饲养、屠宰、加工、冷链运输、分销、零售等多个环节，具体的供应链过程如图 6-1 所示。

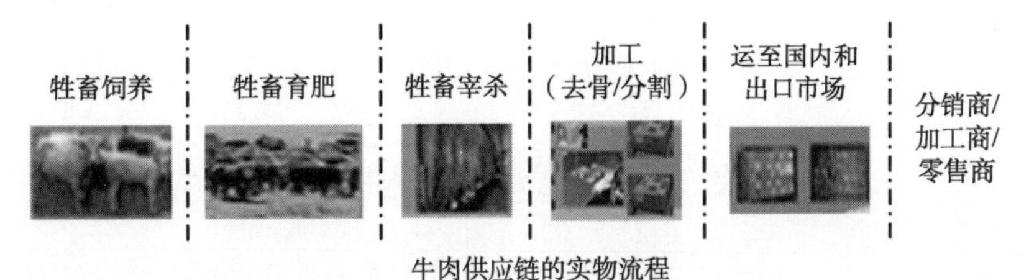


图 6-1　牛肉供应链通用模型

牛肉产品市场流通涉及多个环节，包括屠宰加工、食品加工、副产品深加工、冷链物流、商超等，确保了从生产到消费的整个过程顺利进行。在这个过程中，信息流、物流、资金流等相互交织，形成一个复杂的网络系统。各个环节之间的协调和一体化是确保供应链高效运作的关键。

**1. 养殖场**

养牛场是牛肉供应链的起点。该环节包括种牛选育、饲养管理、疾病防控等。需要为每一头牛分配一个唯一的 ID，并采集每一头牛在养殖过程中的饲料信息、防疫信息等。

### 2. 屠宰场

屠宰场是牛肉供应链中的重要环节。通过引进先进的屠宰设备和技术，提高牛肉品质和附加值。屠宰场需要与加工厂、批发市场等环节紧密合作，确保牛肉的供应和需求平衡。该环节包括的活动有：屠宰、检验、分割、包装、冷冻等。

（1）需要为每一头牛出具检验合格报告。检验报告上应有唯一的文档编号和牛的相关信息（如牛的 ID）。

（2）预冷处理：牛肉在生产后需要进行预冷处理，以迅速降低温度进入冷却状态，通常采用强制通风或间接冷却方式。

（3）切割和包装：预冷后，牛肉需要进行加工和包装，包括清洗、切割、称重和包装，遵循食品安全标准和卫生要求。需要为包装单位分配唯一的代码，还可以包括生产日期、批号、系列号等信息。

（4）冷藏储存：加工后的牛肉需要存放在冷库中，以保持其新鲜度和品质。

### 3. 冷链运输

使用冷藏车或冷藏集装箱进行运输，确保温度控制在适当范围内，避免牛肉变质。为了实现牛肉的全程追溯，需要为每一个运输单元分配唯一的代码，采用 GS1 体系中的 SSCC 代码，并确保每一个 SSCC 都与仓储单元建立链接。

### 4. 加工厂

加工厂是牛肉供应链中的关键环节，主要负责牛肉的加工和包装。在这个环节中，需要为每一类产品分配一个 GTIN。

### 5. 分销商/零售商店

牛肉的销售可以是定量包装销售，也可以是不定量包装销售。定量包装需要唯一的 GTIN 代码，不定量包装可以使用限域流通代码 RCN。

## 6.2 追溯参与方及活动

牛肉供应链追溯参与方及活动如表 6-1 所示。

表 6-1 追溯参与方及活动

| 参与方 | 活动 |
| --- | --- |
| 饲养/育肥者 | 对个体牛提供原料、饲养和肥育等活动 |
| 加工商（屠宰/去骨/分割） | 对个体牛屠宰、加工、包装、贴标、存储等活动 |
| 批发商/贸易商 | 对牛肉产品进行买卖，包括进口和出口活动 |
| 零售商店 | 对牛肉产品进行接收、存储、加工、包装、贴标、展示、销售等活动 |
| 第三方物流服务供应商 | 提供牛肉产品的运输和存储等活动 |

牛肉追溯需要以对供应链追溯参与方、追溯对象（追溯单元）以及追溯事件进行数字化为前提。

## 6.3 牛肉供应链的可追溯性

牛肉产品追溯，需要在供应链中任何节点上对个体牛、牛胴体和分割体进行唯一的标识，并确保供应链中各个节点相关信息的链接。

### 6.3.1 可追溯性关键标识信息

#### 1. 对于个体牛的贸易项目

关键标识信息包括：

（1）个体牛或群体牛的标识信息。

（2）牛的成长信息，如年龄（出生日期或出生年月）、出生地区或国家、肥育信息。

（3）饲料（谷物和添加剂）批号/批次和质量标识。

（4）所有权转移文件。

（5）其他动物处理信息。

#### 2. 对于不在零售点进行扫描销售的牛胴体

关键信息包括：

（1）如果胴体作为贸易项目，则使用应用标识符 AI（01）GTIN（全球贸易项目代码）和 AI（10）批号/批次或 AI（21）系列号作为唯一标识，将胴体与单个动物 ID 关联起来。

（2）如果将胴体作为物流单元，则使用 SSCC（系列货运包装箱代码）作为唯一标识，将胴体与单个动物 ID 关联起来。

（3）供应牲畜的日期、时间、批号/批次、所有权、上市资格以及重量和质量属性（例如，胴体等级）。

（4）政府或当局颁发的屠宰场/去骨机构的注册号码。

#### 3. 对于不在零售点扫描的定量包装（如纸箱）牛肉产品

（1）采用 GTIN + 批号/批次或 GTIN + 系列号对定量产品进行标识，并且应将纸箱与胴体的批号/批次、日期和时间标签，或与 GTIN 和胴体标签的系列号相关联。在某些市场，也可能需要单独的动物识别标识。

（2）纸箱标签需要符合国家、地区和市场法规以及客户的要求。

（3）托运通常需要肉品转移证明书/健康证书或同等的监管转移文件。

#### 4. 对于在零售点进行扫描的变量牛肉产品

（1）对于使用 GTIN 和附加属性标识的变量新鲜贸易项目，采用扩展式 GS1 DataBar 码或层排扩展式 GS1 DataBar 码进行编码。

（2）对于使用限域流通代码（RCN）的变量贸易项目，采用 EAN/UPC 符号系列进行编码。

（3）在某些情况下，根据贸易伙伴（如零售商）的要求，可将这两种方法同时用于一个变量新鲜食品贸易项目。任何在销售点扫描的变量贸易项目在使用 GS1 标识技术之前，贸易伙伴之间应达成一致协议。

**5. 牛肉供应链中的企业标识**

通过 GLN，可明确标识牛肉供应链中所涉及的物理位置和参与方，这也是贸易伙伴之间实现高效电子商务（例如电子数据交换 EDI、电子目录）的基础。

对于出口牛肉和国内市场牛肉，可能已有政府和行业机构列出了允许加工用于本地销售、出口或进口的牛肉的机构。这种情况下可使用 GLN 作为补充，但不取代企业编号。

### 6.3.2 条码承载数据

条码用于牛肉供应链各个环节产品或服务的相关数据编码的符号表示。这个数据可以是全球贸易项目代码（GTIN）或者任何附加的属性信息代码。扫描条码标签上的条码符号可以实现数据的实时采集。

一般来说，对每个贸易产品（例如，一个通过 POS 销售的预包装牛肉产品），或一个贸易产品的组合（例如，从仓库运送到零售点的一箱不同包装的牛肉产品），都要分配一个全球唯一的 GS1 标识代码，即 GTIN。GTIN 不包含产品的任何含义，只是世界范围内唯一的产品标识代码。

除了 GTIN，还需要附加的产品信息，例如产品的批号、重量、有效期等。在牛肉供应链中，GS1-128 码可以表示产品的附加属性信息，例如屠宰日期、耳标号码、屠宰场批准号等编码。当采用 GS1-128 码时，必须使用 GS1 系统应用标识符（AI）。GS1 系统应用标识符决定附加信息数据编码的结构。

### 6.3.3 牛肉产品标签及示例

国内和国际市场法规都规定在标签上印刷供人识读的产品基本信息，包括但不限于：

（1）确保牛肉与个体牛链接的一个参考代码（例如牛的动物编号，即牛的耳标号码）。

（2）牛的出生国（地区）。

（3）牛的饲养国（地区）。

（4）牛的屠宰国（地区）。

（5）牛的分割国（地区）。

（6）屠宰场和分割场获得的批准号码。

**1. 牛胴体**

牛胴体标签应包括的编码信息有净重、屠宰日期和系列号，使用的条码符号是 GS1-128 条码，确保由一个贸易伙伴编码的属性信息也可被供应链中的任何其他贸易伙伴扫描和理解。见表 6-2。

表 6-2　使用 GS1 应用标识符（AI）表示的牛胴体信息

| AI | 示例数据&格式 | 属性信息 |
|---|---|---|
| (01) | 99312345678900 | 全球贸易项目代码（GTIN） |
| (310n) | 001235 | 净重–kg |
| (7007) | 150310 | 采收日期（年月日），在肉类工业中被称为“屠杀”或“宰杀”日期 |
| (21) | 1249656L | 系列号 |

牛胴体标签示例见图 6-2。

图 6-2　牛胴体标签示例

## 2. 非零售点扫描的牛肉产品

不在零售点扫描的牛肉产品的箱标签上所使用的条码符号为 GS1-128 码。条码符号也可以表示属性信息，例如标准格式的批号或批次、系列号、有效期和重量，如表 6-3 所示。

表 6-3　使用应用标识符（AI）表示的包装（纸箱）牛肉产品信息

| AI | 示例数据&格式 | 属性信息 |
|---|---|---|
| (01) | 99316710123453 | 全球贸易项目代码（GTIN） |
| (310n) | 000262 | 净重–kg |
| (13) | 150310 | 包装日期（年月日）<br>指牛肉从胴体上取下或处理的日期 |
| (21) | 41457354 | 系列号 |

以箱为单位的牛肉产品标签示例如图 6-3、图 6-4 所示。

图 6-3　牛肉标签示例（一）

图 6-4　牛肉标签示例（二）

### 3. 零售点扫描的牛肉产品

在零售点扫描的一般牛肉产品，可以采用扩展式 GS1 DataBar 码或层排扩展式 GS1 DataBar 码进行编码。

对于使用限域流通代码（RCN）的变量贸易项目，可采用 EAN/UPC 符号系列进行编码。如图 6-5 所示。

图 6-5　牛排标签示例

上述是采用 GS1 标识技术对牛肉供应链中牛肉产品进行标识的简要介绍，具有一定的代表性，完全可以应用在猪肉和羊肉的产品追溯上。其特点是每个阶段的标签所包含的信息内容比较丰富，追溯起来比较方便快捷，但是标签成本相对较高。对于牛肉标签没有相应强制性法规要求的国家，例如在中国，标签所包含信息内容就不必包罗万象，只要能实现产品可追溯即可。

## 6.4　牛肉供应链关键追溯事件

本节选取牛肉供应链中育肥、屠宰、分割、销售作为关键追溯事件，基于 GS1 标准，给出每个关键追溯事件应记录的关键数据元素。

### 6.4.1　育肥

育肥指禽畜在屠宰之前通过喂给大量精饲料使其变得丰满的养殖过程。根据相关法律规定和商业需求，饲养者应将个体牛的证照或健康证明，以及含有标识代码的耳标等信息提供给育肥者。育肥过程应如实记录所用饲料的数量、供应商等信息。育肥事件应记录的关键数据元素见表 6-4。

表 6-4　关键数据元素——育肥

| 维度 | 数据元素 |
| --- | --- |
| 参与方 | 农场的 GLN |
|  | 饲料供应商的 GLN |
| 时间 | 育肥日期 |
| 追溯对象 | 牛的出生国（地区） |
|  | 牛的饲养国（地区） |
|  | 牛的耳标号 |
|  | 饲料的 GTIN+批号 |
| 位置 | 育肥地点 GLN |
| 事件 | 育肥 |

### 6.4.2　屠宰

屠宰场是牛肉供应链中首先采用 GS1 系统的场所。要从牛肉产品追溯到牛个体，有赖于信息的准确性。GS1 系统建议用耳标号标识牛胴体。如果牛的出生、饲养和屠宰都在同一国家，这些信息统一由 AI（426）标识。屠宰场应记录的关键数据元素见表 6-5。

表 6-5　关键数据元素——屠宰

| 维度 | 数据元素 |
| --- | --- |
| 参与方 | 屠宰国（地区） |
|  | 屠宰场批准号码 |
|  | 屠宰场的 GLN |
| 时间 | 屠宰日期和时间 |
| 追溯对象 | 牛的出生国（地区） |
|  | 牛的饲养国（地区） |
|  | 屠宰的国家 |
|  | 牛的耳标号 |
|  | 牛胴体的 GTIN |
| 位置 | 屠宰位置的 GLN |
| 事件 | 屠宰 |

### 6.4.3 分割

屠宰场应将所有与个体牛及牛胴体相关的信息传递给第一个分割场。牛胴体的分割包括牛肉加工的全过程，从切割牛胴体到进一步分割，直至零售包装。牛肉供应链中最多可以为 9 个牛肉分割场编码，每个分割场应将所有个体牛及其胴体相关信息以供人识读的方式传递给供应链中的下一个分割场。

牛胴体切割后组成的任何一批牛肉产品，应该为同一屠宰场屠宰，并且是牛肉加工车间同一天加工的牛肉产品。通常只有与整批牛肉相关的信息才可以写在牛肉分割场的标签上。每个单独的牛肉包装都必须有一个标签。分割阶段的关键数据元素如表 6-6 所示。

**表 6-6 关键数据元素——分割**

| 维度 | 数据元素 |
| --- | --- |
| 参与方 | 屠宰国（地区） |
| | 屠宰场批准号码 |
| | 屠宰场的 GLN |
| | 分割国（地区） |
| | 分割场批准号码 |
| 时间 | 分割开始和结束的日期和时间 |
| 追溯对象 | 牛的出生国（地区） |
| | 牛的饲养国（地区） |
| | 屠宰的国家 |
| | 牛的耳标号 |
| | 分割组批号 |
| | 牛肉产品 GTIN |
| | 牛肉产品批次/批号 |
| | 牛肉产品的数量 |
| | 牛肉产品的系列号 |
| 位置 | 分割位置的 GLN |
| 事件 | 分割 |

### 6.4.4 销售

牛肉的最后一个分割场应将所有与个体牛、牛胴体及牛肉加工相关的信息传递给供应链的下一个操作环节，可能是批发、冷藏或直接零售。

区分 POS 销售的“预包装”牛肉产品和“非预包装”牛肉产品很重要。由于很多国家已经分别出台了针对本国非预包装牛肉产品信息流的实施要求，本节只对在 POS 零售的预包装牛肉产品追溯应记录的关键数据元素进行了梳理，见表 6-7。

**表 6-7　关键数据元素——销售**

| 维度 | 数据元素 |
| --- | --- |
| 参与方 | 屠宰国（地区） |
| | 屠宰场批准号码 |
| | 屠宰场的 GLN |
| | 分割国（地区） |
| | 分割场批准号码 |
| | 零售商的 GLN |
| 时间 | 销售的日期和时间 |
| 追溯对象 | 牛的出生国（地区） |
| | 牛的饲养国（地区） |
| | 屠宰的国家 |
| | 牛的耳标号 |
| | 分割组批号 |
| | 牛肉产品 GTIN |
| | 牛肉产品批次/批号 |
| | 牛肉产品的数量 |
| | 牛肉产品的系列号 |
| 位置 | 销售位置的 GLN |
| 事件 | 零售销售 |

第 7 章

CHAPTER 7

# GS1 系统在生鲜果蔬追溯中的应用

消费者希望获得安全而有营养的食品，也期待供应链的所有参与方能采取有效的措施，以便在怀疑或发现问题时能快速标识、定位和召回相关批次的食品。为此，GS1 编制了《GS1 生鲜果蔬追溯实施指南》2.0 版并于 2021 年发布，协助采用统一的标准来有效支持农产品行业的追溯实践。

农产品追溯是一个支持贸易合作伙伴及时追踪产品从田间到零售商店（网店或实体店）、餐饮服务商以及最终提供给消费者的商业流程。追溯的首要任务是通过更快、更精确地标识相关产品来保护消费者。各个追溯参与方必须标识产品的直接来源（供应商）和直接接收者（客户）。这一点对于从供应链召回某个产品时至关重要。

《GS1 生鲜果蔬追溯实施指南》是生鲜果蔬（农产品）行业实施追溯管理的最佳实施指南，以 GS1 针对供应链管理、数据共享和产品标识的全球标准为基准旨在优化世界各地供应链的最佳实践。

## 7.1 生鲜果蔬供应链

生鲜果蔬产品供应链过程包括种植企业/初级生产商、包装商/再包装商、经销商/贸易商、食品服务提供商/零售商店等关键节点，如图 7-1 和图 7-2 所示。

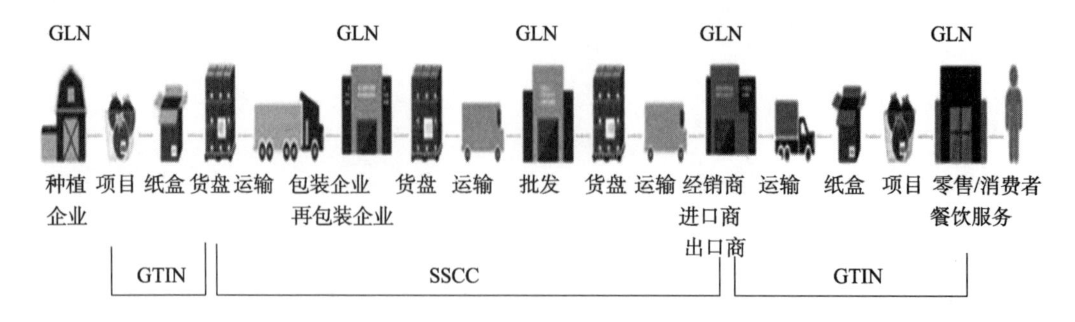


图 7-1　农产品供应链概况

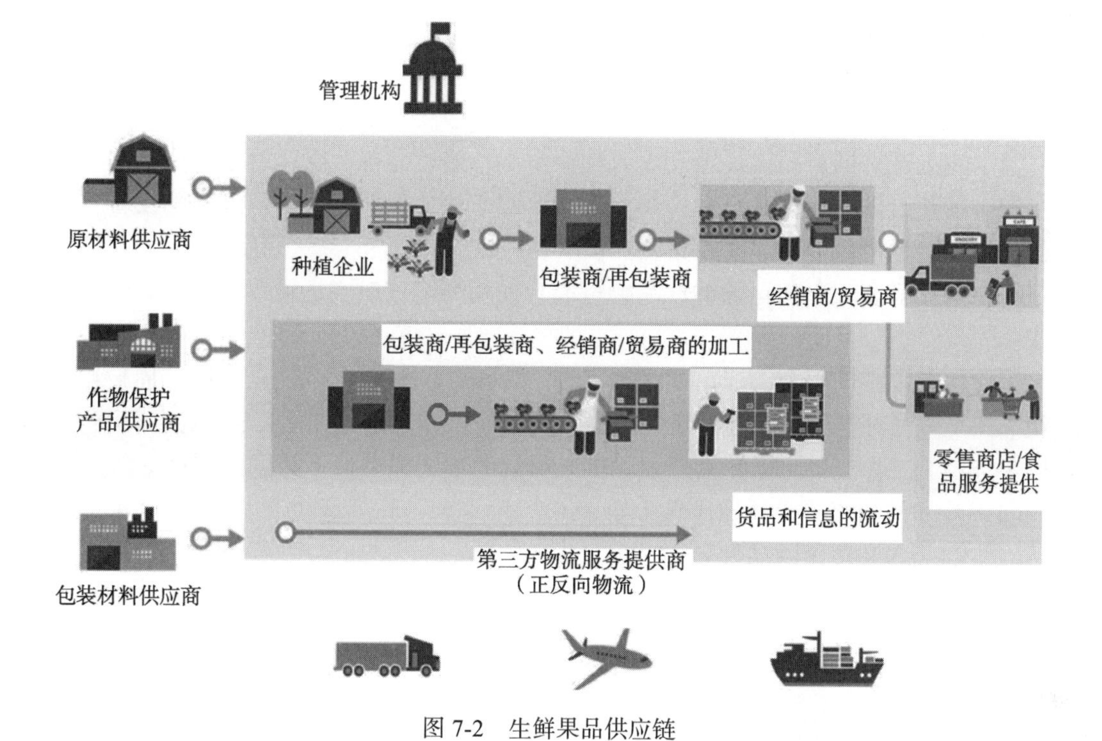


图 7-2　生鲜果品供应链

生鲜供应链的运作涉及多个环节和参与方，以确保产品在整个流通过程中保持新鲜和品质。下面是生鲜供应链的一般运作方式。

### 1. 农场和生产商环节

（1）选择适宜的土地和气候条件来种植和养殖生鲜食品。

（2）根据市场需求和季节变化确定生产量和种植计划。

（3）确保使用合适的农业和养殖方式，保持产品的品质和安全。

（4）进行采摘、收割或养殖并及时处理产品，以确保产品的新鲜度。

为了实现追溯，种植企业必须保存与产品生产相关的基本信息，例如对作物保护材料（包括使用日期和批次信息）、种子信息、化肥、包装材料、采收人员、水源等信息的记录。这些信息是企业实施内部追溯的关键信息。

为协助包装企业在包装厂分配批号，种植企业应在物流单元标签内以供人识读的格式标明所有相关的种植企业和采收作物信息，以便创建有含义的批号，内容可包含采收人员、采收田块或地块、采收日期等信息。

### 2. 加工和包装环节

（1）将农产品运送到加工厂，进行必要的处理和加工作业，例如清洗、分级、切割等。

（2）根据产品特性和市场需求，选择合适的包装材料和包装方式。

（3）对于涉及冷藏和冷冻的产品，采取适当的冷链管理措施，确保产品在运输过程中保持适宜的温度。

**3. 物流和仓储环节**

（1）将处理好的产品运送至仓库或物流中心，进行分拣、库存管理和记录。

（2）使用合适的运输工具和设备，例如冷藏车辆、保鲜包裹和温度监测设备，确保产品在运输过程中保持新鲜度和品质。

（3）对于需要长距离运输的产品，可能会使用海运或航空运输等快速、高效的物流方式。

运往包装设施的每个物流单元必须有唯一标识。物流单元可能是仓库、周转箱、集装箱、挂车等。对物流单元进行唯一标识的最好的操作方法是使用 GS1 系列货运包装箱代码（SSCC）。物流单元标签上必须以供人识读的形式提供如下数据：

（1）唯一的物流单元标识代码（如 SSCC）。

（2）商品名和适用的品种名。

（3）企业的唯一标识。

（4）种植企业和采收作物的附加信息。

**4. 零售和分销环节**

（1）将产品分发给零售商或批发商，并根据订单和市场需求进行库存管理和配送计划。

（2）在零售商或批发商店铺内陈列和销售产品。

（3）与零售商或批发商建立密切的合作关系，确保及时供应和产品可靠性。

（4）提供必要的市场支持和促销活动，以增加产品的曝光度和销售量。

**5. 消费者环节**

（1）消费者通过购物渠道（如超市、电商平台等）购买产品。

（2）产品被送到消费者手中后，消费者应按建议的储存方式和食用时间来保持产品的品质和安全性。

（3）消费者对产品品质、营养价值和安全性进行评估，从而影响他们的再次购买决策。

生鲜供应链的成功运作依赖于各个环节之间的紧密协作和信息交流。参与方需要密切合作，共享关于生产、库存和需求的关键信息。同时，适当的技术和系统支持也非常重要，以帮助有效管理供应链。冷链设备、物流跟踪系统和质量控制标准等工具都对供应链的可靠性和效率的实现至关重要。

## 7.2 追溯参与方及活动

生鲜果蔬供应链包括多个参与方，不同参与方在供应链中扮演了不同的角色，具体如表 7-1 所示。

表 7-1　生鲜果蔬追溯参与方及活动

| 参与方 | 活动 |
| --- | --- |
| 种植企业/初级生产商 | 从事种植、采收、存储、销售和运输等活动 |
| 包装商/再包装商 | 从事产品收集、包装、销售和运输等活动 |
| 经销商/贸易商 | 从事存储、销售和运输等活动 |
| 零售商店 | 从事存储、销售等活动 |
| 餐饮服务提供商 | 从事存储、制作、食品销售等活动 |
| 第三方物流服务提供商 | 运输活动 |
| 包装材料供应商 | 从事包装材料销售活动 |
| 农资供应商 | 从事肥料、能源等销售活动 |
| 种子/树苗供应商 | 从事种子/树苗销售活动 |

## 7.3　生鲜果蔬供应链的可追溯性

为了实现生鲜果蔬产品的可追溯，需要标识生鲜果蔬供应链中的追溯对象并采集相应的信息。

### 7.3.1　追溯对象

追溯对象是指能够且需要确定供应链路径的对象。追溯对象包括散装和包装农产品；用于运输的纸箱、可重复使用的包装箱；运输车辆等。企业必须确定需要追溯的单元，通常被称为“追溯项目”。追溯项目可以是：

（1）产品或贸易项目（如纸盒/纸箱、消费品）。

（2）物流单元（如托盘、运输包装箱）。

（3）产品或贸易项目的一批装运货物。

（4）资产（如可重复使用的大包、板条箱、仓库）。

贸易合作伙伴之间必须就追溯项目达成一致，保证追溯相同的项目，从而避免信息链中断。各贸易合作伙伴必须为每批装运货物至少定义一个追溯项目层级。表 7-2 列出了可用于标识追溯对象的 GS1 标识代码，可用于生鲜农产品的三个主要标识代码为 GTIN、GLN 和 SSCC，而 GIAI 和 GRAI 用于可重复使用的包装箱。

表 7-2　可用于标识追溯对象的 GS1 标识代码

| GS1 标识代码 | 全称 | 被标识对象的类型 |
| --- | --- | --- |
| GTIN | 全球贸易项目代码 | 任何包装层级的产品类型，如消费单元、内包装、纸盒、托盘 |
| GLN | 全球位置码 | 物理位置（农场；田间；仓库；交付地址；等等） |
| SSCC | 系列货运包装箱代码 | 物流单元、为存储和/或运输而包装在一起的贸易项目组合，如纸盒、托盘或包裹 |
| GIAI | 全球单个资产标识代码 | 用于标识单个资产（如用作资产的包装箱/运输工具） |
| GRAI | 全球可回收资产标识代码 | 用于标识可回收资产（如用作贸易合作伙伴之间资产的包装箱/运输工具） |

### 7.3.2 关键信息标识

#### 1. 标识需要追溯的产品或贸易项目

对供应链内的每个贸易项目采用 GTIN 进行标识。采用 GTIN 和关联的生产批号来标识可追溯产品（包装/箱）。当包装内装有预包装的内包装产品时，必须为每个内包装产品分配并标识一个唯一的 GTIN。

当经销商/贸易商仅仅是转售包装企业或再包装企业提供的产品，不将产品转变为其它贸易单元时，应使用供货的包装企业/再包装企业为这些产品分配的 GTIN。当经销商需要将供应商提供的产品重新装配时，应为每个新装配的产品分配一个新的 GTIN。

GS1 标准提供了贸易项目标识精度选择，即不同程度的追溯精确性，实现方式如表 7-3 所示。

表 7-3 贸易项目标识精度选择

| 精度 | GS1 标识代码或其他标识代码 | 意见 |
| --- | --- | --- |
| 种植企业贸易项目层级（包括纸盒和零售项目层级） | GTIN | 某一品牌的所有特定类型产品（如 10 磅装土豆）都有相同的标记<br>信息系统可能可以区分两种产品（如 10 磅装赤褐色土豆与 10 磅装育空金土豆），也可以区分不同生产商的同一种产品类型（如两袋独立的 10 磅装赤褐色土豆）<br>这类型的标记可以并入为单个品牌所有者/转售商/零售商批量印刷的包装图样中 |
| 批次层级 | GTIN + 批号 | 特定批次的所有特定类型产品（如一盒红辣椒）都有相同的标记<br>信息系统可能可以区分两种产品（如一盒红辣椒与一盒青辣椒），也可以区分不同批次的同一种产品（如批号 20100201 的一盒红辣椒和批号 20100204 的一盒红辣椒），但无法区分同一批次的同一种产品 |
| 单品层级 | GTIN + 系列号 | 特定类型的指定产品（如一盒红辣椒）<br>信息系统可能可以区分两种产品（如一盒红辣椒与一盒青辣椒），也可以区分同一种产品 |

单品层级标识（GTIN+系列号）帮助区分产品，对处理高价值项目的质量或食品安全问题的业务流程尤其有用。系列层级追溯帮助确定特定项目在供应链中的移动轨迹，并确认存在的项目数量。

#### 2. 标识生产批次

所有包装企业/再包装企业或有经销商/贸易商都必须为产出的产品分配批号。批号的精确度取决于企业的需求。例如，某一批号可以代表一天内的产品，也可以代表一个包装生产线的产品。批号与产品召回时涉及的产品范围有关，因此企业在分配批号时必须充分考虑这一情况。

“GTIN + 批号”帮助区分不同批次的产品，对处理往往涉及批次的质量或食品安全问题的业务流程尤其有用，例如召回受污染批次的产品。批次层级追溯帮助确定特定批次在供应链中的移动轨迹，并确认该批次中存在的项目数量。

#### 3. 标识物流单元

物流单元可能是货柜、大包、集装箱、挂车等。企业必须对运往包装厂的各个物流单元分配唯一性标识——系列货运包装箱代码（SSCC）。SSCC 以企业商品条码中的厂商识别代码为基础，从而保证了代码的全球唯一性。

种植企业应在物流单元标签内以供人识读的格式标明所有相关的种植企业和采收作物信息，以便创建有含义的批号，同时也便于包装企业在包装厂分配批号，批号可包含收割人员、采收地块、采收日期等信息。

对于包装企业和再包装企业或经销商/贸易商出厂的物流单元通常是托盘或包装箱。企业的追溯单元将是一个或多个物流单元。

对于餐饮服务提供商和零售商，入厂物流单元通常是托盘或集装箱。当需要物流单元层级的追溯时，最好采用为货源分配的各物流单元的 SSCC。

重新形成物流单元时，必须为新物流单元分配新的 SSCC，并且必须保持新物流单元与原物流单元之间的关联。

#### 4. 标识企业及位置信息

使用全球位置码（GLN）来唯一地标识企业，GLN 可以标识具有地址的任何团体或位置。对于供应链上的所有企业，必须与供应商和客户共享该编码。GLN 能够标识企业及其任何贸易子公司，也可以标识企业内的重要生产、存储、发货或收货位置。

### 7.3.3 标识载体选择

GS1 标准中，根据所追溯的产品或贸易项目是否经过销售终端，以及根据产品类型（定量、变量或散装农产品）和需要编码的信息，对追溯对象的标识有若干个数据载体选择。具体如表 7-4 所示。

表 7-4　不同追溯对象数据载体选择

| GS1 条码 | 销售终端 | | | | | | 大宗配送 | |
|---|---|---|---|---|---|---|---|---|
| | 定量 | | 散装农产品 | | 变量 | | | |
| | GTIN | GTIN+属性 | GTIN | GTIN+属性 | GTIN | GTIN+属性 | GTIN | GTIN+属性 |
| EAN/UPC | √ | | | | | | √ | |
| 全向式 GS1 DataBar 码 | √ | | √ | | √ | | √ | |
| 全向层排式 GS1 DataBar 码 | √ | | √ | | √ | | √ | |
| 扩展式 GS1 DataBar 码 | | √ | | √ | | √ | | √ |
| 层排扩展式 GS1 DataBar 码 | | √ | | √ | | √ | | √ |
| QR 码（二维） | | | | √ | | √ | | |
| GS1 Data Matrix 码（二维） | | | | √ | | √ | | |
| 交插二五条码（ITF） | | | | | | | √ | |
| GS1-128 码 | | | | | | | | √ |

### 7.3.4 标签示例

#### 1. 包装箱标签

当可追溯对象是箱装产品时，可采用包装箱标签标识交付给其他贸易合作伙伴的产品。这种标签采用人工易读的方式标识了产品标识代码（即 GTIN）和关联批号。同时标签上还应采用 GS1-128 码提供这些信息。这样就保证了可以在供应链下游的任何点、全球的任何位置快速准确地识别包装箱，见图 7-3。

对于装在箱内出售给消费者的箱装产品（即在零售点出售的箱装产品），必须另外附加一套条码符号以便进行前端和销售点扫描（即 POS 扫描的 EAN-13 条码）。

#### 2. 物流单元标签

当可追溯对象是物流单元时，可采用物流标签标识交付给其他贸易合作伙伴的集装箱。这种标签上采用人工易读的方式标识物流单元标识代码（即 SSCC）。货盘标签上还可以提供附加信息。通常根据具体客户关系确定需要提供的附加信息。

货盘信息采用 GS1-128 码符号。这样就保证了可以在供应链下游的任何点、全球的任何位置快速准确地识别货盘。见图 7-4。

图 7-3 唯一的标识贸易产品的 GS1-128 码箱标签示例

图 7-4 唯一标识物流单元的 GS1-128 条码货盘标签

## 7.4 生鲜果蔬供应链关键追溯事件

一般的生鲜果蔬追溯流程中，关键追溯事件包括种植企业采摘、包装、发货；经销/加工企业收货、再包装、发货；零售店收货、销售等。本节以西红柿为例介绍生鲜果蔬的供应链参与方以及追溯的关键事件。

#### 1. 采摘

种植企业在田间采摘西红柿，放在临时性的筐、袋或箱等容器中，此过程的关键追溯数据元素如表 7-5 所示。

表 7-5　关键数据元素——采摘

| 维度 | 数据元素 |
|---|---|
| 参与方 | 种植企业 GLN |
| 时间 | 采摘日期/时间 |
| 追溯对象 | GTIN |
| | 批次/批号 |
| | 系列号 |
| | 数量 |
| | 计量单位（如筐、袋、箱等） |
| 位置 | 采摘地点 GLN |
| 事件 | 采摘 |

## 2. 包装

种植企业将采收的西红柿用纸盒等标准容器进行包装，做运输准备，此过程的关键追溯数据元素如表 7-6 所示。

表 7-6　关键数据元素——包装

| 维度 | 数据元素 |
|---|---|
| 参与方 | 种植企业 GLN |
| 时间 | 包装日期/时间 |
| 追溯对象 | GTIN |
| | 批次/批号 |
| | 系列号 |
| | 数量 |
| | 计量单位（如盒、箱等） |
| 位置 | 包装地点 |
| 事件 | 包装 |

## 3. 运输

包装好的盒装西红柿装进大的包装，如托盘、（大）包装箱等，运送至经销企业。此过程的关键追溯数据元素如表 7-7 所示。

表 7-7　关键数据元素——运输

| 维度 | 数据元素 |
|---|---|
| 参与方 | 运输方 GLN |
| 时间 | 运输起止日期/时间 |
| 追溯对象 | SSCC |
| | GTIN |
| | 批次/批号 |
| | 系列号 |
| | 数量 |
| | 计量单位［如托盘、（大）包装箱等］ |
| 位置 | 发车地点 GLN |
| 事件 | 运输 |

#### 4. 接收

经销/加工企业收到包装好的西红柿。此过程的关键追溯数据元素如表 7-8 所示。

**表 7-8 关键数据元素——接收**

| 维度 | 关键数据元素 |
| --- | --- |
| 参与方 | 接收方 GLN |
| 时间 | 接收日期/时间 |
| 追溯对象 | SSCC |
| | GTIN |
| | 批次/批号 |
| | 系列号 |
| | 数量 |
| | 计量单位 |
| 位置 | 收货位置 GLN |
| 事件 | 接收 |

#### 5. 创建零售包装

经销商/加工商创建西红柿零售包装（平口箱装西红柿），以便运送至销售终端上架销售。此过程的关键追溯数据元素如表 7-9 所示。

**表 7-9 关键数据元素——创建零售包装**

| 维度 | 关键数据元素 |
| --- | --- |
| 参与方 | 经销商 GLN |
| 时间 | 再包装日期/时间 |
| 输出追溯对象 | GTIN |
| | 批次/批号 |
| | 系列号 |
| | 数量 |
| | 计量单位（如盒、密封板等） |
| 位置 | 创建包装位置 GLN |
| 事件 | 再包装 |

#### 6. 装运成品

创建好的零售包装西红柿成品被装运至销售终端。此过程的关键追溯数据元素如表 7-10 所示。

**表 7-10 关键数据元素——装运成品**

| 维度 | 数据元素 |
| --- | --- |
| 参与方 | 运输方 GLN |
| 时间 | 装运日期/时间 |

续表

| 维度 | 数据元素 |
| --- | --- |
| 追溯对象 | SSCC |
| | GTIN |
| | 批次/批号 |
| | 系列号 |
| | 数量 |
| | 计量单位 |
| 位置 | 装运位置 GLN |
| 事件 | 装运 |

### 7. 接收成品

销售终端接收西红柿成品。此过程的关键追溯数据元素如表 7-11 所示。

**表 7-11　关键数据元素——接收成品**

| 维度 | 关键数据元素 |
| --- | --- |
| 类型 | 零售商 GLN |
| 时间 | 接收日期/时间 |
| 追溯对象 | SSCC |
| | GTIN |
| | 批次/批号 |
| | 系列号 |
| | 数量 |
| | 计量单位 |
| 位置 | 收货地点 GLN |
| 事件 | 收货 |

### 8. 在销售终端出售成品

在销售终端出售成品。此过程的关键追溯数据元素如表 7-12 所示。

**表 7-12　关键数据元素——出售成品**

| 维度 | 关键数据元素名称 |
| --- | --- |
| 参与方 | 零售商 GLN |
| 时间 | 销售日期/时间 |
| 追溯对象 | GTIN |
| | 批次/批号 |
| | 系列号 |
| | 数量 |
| | 计量单位 |
| 位置 | 销售地点 GLN |
| 事件 | 零售销售 |

# 7.5　追溯参与方信息要求

## 7.5.1　种植企业

种植企业是初级产品生产商，是供应链的首个参与方。为了实现可追溯性，种植企业必须保存产品生产相关基本信息，如对农资产品（包括使用日期）种子信息、化肥、包装材料、采收人员、水源等信息的记录。这些信息是企业内部可追溯的关键信息（见图 7-5）。

为了保持可追溯性的连接，企业必须记录和共享如下数据（这些数据是确保贸易伙伴间实现可追溯性所需的最少数据）：

（1）物流单元标识代码（SSCC）。

（2）商品名称和品种名。

（3）贸易合作伙伴/买方（GLN）。

（4）发货地标识代码（GLN）。

（5）收货方标识代码（GLN）。

（6）发货/发运日期。

（7）种植企业的种植/生产相关详细记录（例如田块、种子、生产输入详细信息）。

（8）种植企业附加信息（例如采收人员、采收日期），以便贸易合作伙伴（如包装商）分配批号。

图 7-5　使用 GS1 标准在果蔬供应链中进行追溯

对种植企业的最低数据要求如图 7-6 所示。

**记录的数据**

- 物流单元标识代码（SSCC）
- 附加种植企业信息（如批次/批号）
- 商品名/品种名（GTIN）
- 收货方标识代码（GLN）
- 发货日期
- 发货地（GLN）
- 收货地（GLN）

**与下一级贸易合作伙伴共享的数据**

- 物流单元标识代码（SSCC）
- 附加种植企业信息（如批次/批号）
- 商品名/品种名（GTIN）
- 发货日期
- 发货地（GLN）
- 发货方标识代码（GLN）

图 7-6　最低数据要求

需要说明的是，种植企业为了实现可追溯性，最佳实践做法是：为物流单元分配 SSCC 编码，附加标明相应物流单元 SSCC 编码的标签。SSCC 编码采用 GS1-128 码符号。

若以电子方式传送产品信息，则应采用标准 EDI EANCOM 报文传递详细的货物信息。向收货人发送 EDI（EANCOM）发货通知：将物流单元（SSCC）与包装参考信息（可以是采购订单、装货单、包装系列号、采收工作单等）相关联。将包装参考号与货物相关联。

## 7.5.2　包装商/再包装商

为保证可追溯性，如下信息是包装商/再包装商应采集、记录和共享的最低限度信息：

**1. 种植企业提供的物流单元（即入厂可追溯项目）的信息（仅适用于包装商）**

（1）物流单元标识代码（SSCC）。
（2）商品名和品种名。
（3）发货地标识代码（GLN）。
（4）收货日期。
（5）种植企业/采收作物信息。
（6）发货日期。
（7）发货方标识代码。

**2. 包装商提供的产品（即入厂可追溯项目）的信息（仅适用于再包装商）**

（1）贸易项目标识代码（GTIN）。
（2）贸易项目描述。
（3）批号。
（4）贸易项目的数量和计量单位。
（5）发货地标识代码（GLN）。
（6）收货地代码（如接收位置/贸易合作伙伴的 GLN）。
（7）发货日期。

（8）发货方标识代码（GLN）。

（9）收货日期。

**3. 包装商提供的物流单元（即入厂可追溯项目）的信息（仅适用于再包装商）**

（1）物流单元标识代码（SSCC）。

（2）发货地标识代码（GLN）。

（3）收货地标识代码（GLN）。

（4）发货日期。

（5）发货方标识代码（GLN）。

（6）收货方标识代码（GLN）。

（7）接收日期。

**4. 当企业的可追溯项目是出厂产品时的信息**

（1）贸易项目标识代码（GTIN）。

（2）贸易项目描述。

（3）批号。

（4）贸易项目的数量和计量单位。

（5）发货地标识代码（GLN）。

（6）收货地标识代码（GLN）。

（7）发货日期。

（8）收货日期。

**5. 当企业的可追溯项目是出厂物流单元时的信息**

（1）物流单元标识代码（SSCC）。

（2）发货位置标识代码（GLN）。

（3）收货位置标识代码（GLN）。

（4）发货日期。

（5）发货方标识代码（GLN）。

（6）收货方标识代码（GLN）。

**6. 当企业的可追溯项目是一批出厂运输货物时的信息**

（1）唯一装运标识代码（提单号）。

（2）发货位置标识代码（GLN）。

（3）收货位置标识代码（GLN）。

（4）发货日期。

（5）发货方标识代码（GLN）。

（6）收货方标识代码（GLN）。

图 7-7 和图 7-8 进一步解释了保持可追溯性所需的最低限度数据。需要说明的是：

企业标识供应链内产品的最佳方法是为各贸易项目分配一个 GS1 全球贸易项目代码（GTIN）。标识需要追溯的可追溯产品（包装/箱）的最佳做法是采用 GTIN 及其关联的生产批号标识。通过将 GTIN 与产品批号相关联来实现可追溯性。每个箱标签上都应提供 GTIN 和批次信息。

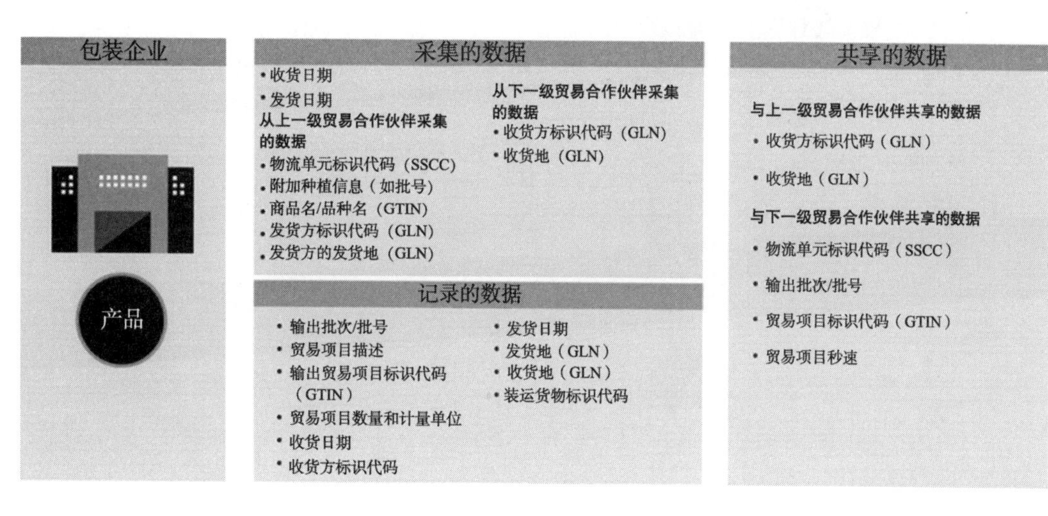


图 7-7　包装企业数据要求

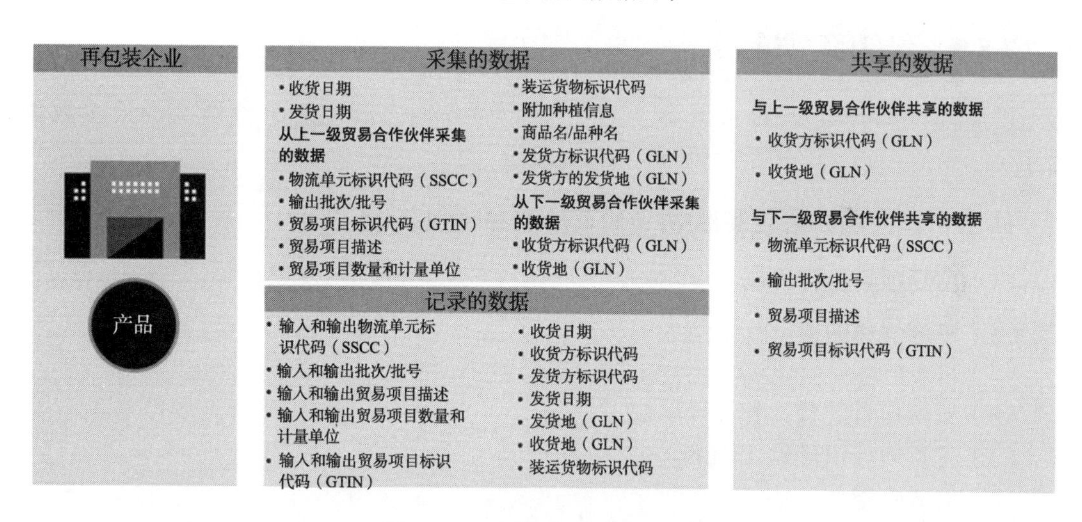


图 7-8　再包装企业的数据要求

批号与召回涉及的产品范围有关。批号本身随企业而异，取决于要求追溯的精度。例如，一个批号可以代表一天内的产品，也可以代表一个包装生产线的产品。包装商/再包装商的批号必须在内部与原种植企业/采收作物信息相关联。

当包装内含有预包装的内包装时，必须为各内包装分配并标记一个具有唯一性的 GTIN。

另外，为了实现可追溯性，包装商/再包装商还必须保存其他输入产品（如包装材料、包装过程信息等）的记录。这些信息与企业内部可追溯性信息同等重要（见图 7-9）。

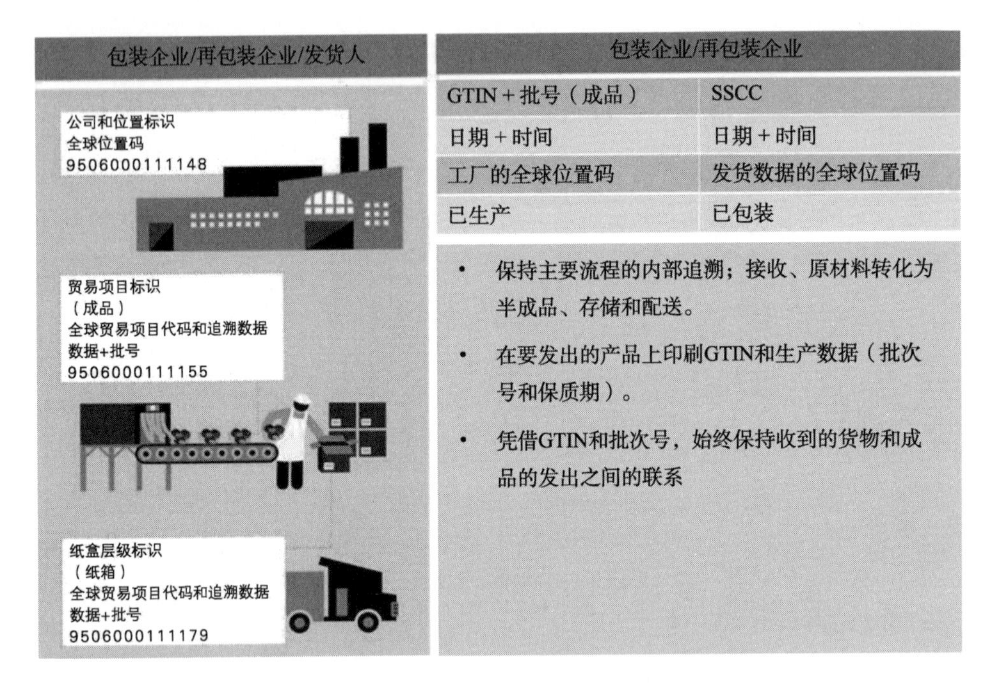


图 7-9　包装企业/再包装企业信息要求

### 7.5.3　经销商/贸易商

供应商（即包装商/再包装商）与经销商/贸易商之间实施追溯所需的最少数据如下：

**1. 当可追溯项目是包装商/再包装商的产品（包装/箱）时：**

（1）贸易项目标识代码（GTIN）。

（2）贸易项目描述。

（3）批号。

（4）贸易项目的数量和计量单位。

（5）发货地标识代码（GLN）。

（6）发货日期。

（7）发货方标识代码（GLN）。

（8）收货日期。

**2. 当可追溯项目是包装商/再包装商的物流单元时：**

（1）物流单元标识代码（SSCC）。

（2）发货地标识代码（GLN）。

（3）收货日期。

（4）发货方标识代码（GLN）。

（5）发货日期。

**3. 当可追溯项目是包装商/再包装商的一批货物（入厂可追溯项目）时：**

（1）唯一装运标识代码（提货单号）。
（2）发货地标识代码（GLN）。
（3）收货地标识代码（GLN）。
（4）发货日期。
（5）发货方标识代码（GLN）。
（6）收货方标识代码（GLN）。
（7）收货日期。

**4. 当企业的可追溯项目是出厂产品（包装/箱）时：**

（1）贸易项目标识代码（GTIN）。
（2）贸易项目描述。
（3）批号。
（4）贸易项目的数量和计量单位。
（5）发货地标识代码（GLN）。
（6）收货地标识代码（GLN）。
（7）发货日期。
（8）发货方标识代码（GLN）。
（9）收货方标识代码（GLN）。

**5. 当企业的可追溯项目是出厂物流单元时：**

（1）物流单元标识代码（SSCC）。
（2）发货地标识代码（GLN）。
（3）收货地标识代码（GLN）。
（4）发货日期。
（5）发货方标识代码（GLN）。
（6）收货方标识代码（GLN）。

**6. 当企业的可追溯项目是一批出厂运输货物时：**

（1）唯一装运标识代码（提单号）。
（2）发货地标识代码（GLN）。
（3）收货地标识代码（GLN）。
（4）发货日期。
（5）发货方标识代码（GLN）。
（6）收货方标识代码（GLN）。

图 7-10 进一步说明了经销商和贸易商实现追溯所需的最低数据要求。经销商/贸易商必须从供应商获取产品信息。产品采用 GS1 全球贸易项目代码（GTIN）标识。品牌拥有者负责为所交易的所有包装形式产品分配 GTIN，必须在交易产品之前把该标识代码录

入到经销商/贸易商的内部系统内保存。

每个箱标签上都应提供 GTIN 和批号信息。需要采集、保存这些信息并且必须将其提供给食品服务提供商/零售商。

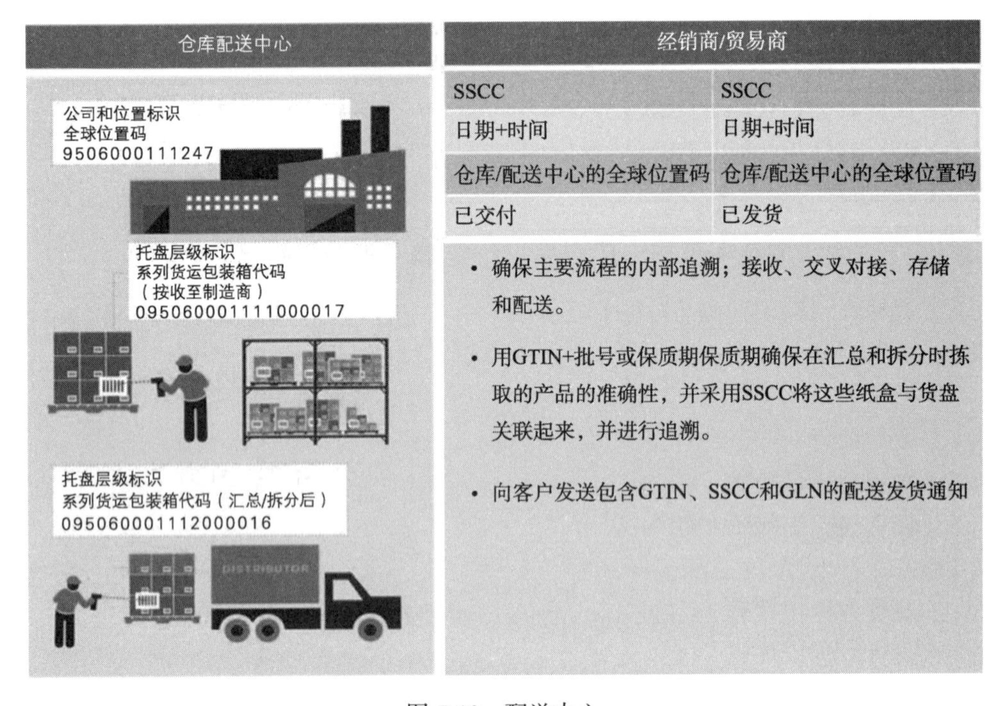


图 7-10　配送中心

当经销商/贸易商只是转售包装商/再包装商提供的产品时（即不把产品再包装成其他贸易单元），经销商/贸易商必须采用供货的包装商/再包装商为这些入厂产品分配的 GTIN。

当经销商再包装供应商提供的产品时，最佳做法是为每个新产品分配一个新的 GTIN。

经销商/贸易商可能还需要采集入厂物流单元（通常是货盘）的信息。包装商在货盘上装货时采用 GS1 系列货运包装箱代码（SSCC）标识每一个货盘。这个编码是由包装商/发货人分配的，标示在各物流单元的标签上。货盘标签还提供了必需采集和记录的其他一些重要信息。为了实现可追溯性，经销商/贸易商还必须保存其他产品输入（如包装材料）的记录。这些信息与企业内部可追溯性信息同等重要。

对于经销商/贸易商而言，出厂物流单元通常是货盘或集装箱。企业的可追溯项目是一个或多个物流单元。最佳做法是为各物流单元分配一个 GS1 SSCC。所分配的各 SSCC 编码以企业的 GS1 厂商识别代码为基础，对于各物流单元是具有唯一性的，这样可以保障全球唯一性。

### 7.5.4　零售商/餐饮服务提供商

为了保持可追溯性的连接，企业必须采集和记录如下数据：

**1. 当追溯对象是供应商的产品（包装/箱）时：**

（1）贸易项目标识代码（GTIN）。

（2）贸易项目描述。

（3）批号。

（4）贸易项目的数量和计量单位。

（5）发货地标识代码（GLN）。

（6）发货日期。

（7）收货日期。

（8）发货方标识代码（GLN）。

**2. 当追溯对象是供应商的物流单元时：**

（1）物流单元标识代码（SSCC）。

（2）发货地标识代码（GLN）。

（3）发货日期。

（4）收货日期。

（5）发货方标识代码（GLN）。

**3. 当追溯对象是供应商的一批货物时：**

（1）唯一装运标识代码（提货单）。

（2）发货地标识代码（GLN）。

（3）发货日期。

（4）发货方标识代码（GLN）。

（5）收货日期。

图 7-11 进一步解释了实现追溯所需要的最低限度数据。食品服务提供商和零售商必须从供应商处采集产品信息。产品采用 GS1 全球贸易项目代码（GTIN）标识，保证了产品标识的唯一性。品牌所有者负责为所交易的所有包装形式的产品分配 GTIN，并在交易之前将该编码录入到食品服务提供商和零售商的内部系统保存。当贸易伙伴要求实施产品可追溯时，可将各 GTIN 与批号关联来实现。每个箱标签上都应提供 GTIN 和批次信息。

食品服务提供商和零售商需要采集进店的物流单元的信息，通常是托盘信息。供应商在打托时应为每个托盘分配一个 SSCC 编码，并标识在各物流单元的标签上。托盘标签还应提供必须采集和记录的一些其他重要信息。

食品服务提供商和零售商还需要采集到店的出厂货物信息，通常是箱信息。供应商在装箱时采用 GTIN 和批号对每一箱产品进行标识，这个编码是由供应商/发货人或者零售商/食品服务提供商分配的，标示在各个箱标签上。箱标签提供了追溯到原始货源的关联信息。商店的每一份送货单都必须将送货单本身、GTIN、批号以及送货数量关联起来。零售商/食品服务提供商也可能会创建新的物流单元，这种情况下还必须采集物流单元信息。

为了实现产品的可追溯，食品服务提供商/零售商必须保存包装材料等其他产品输入的记录，这些信息与企业内部的追溯信息同等重要。

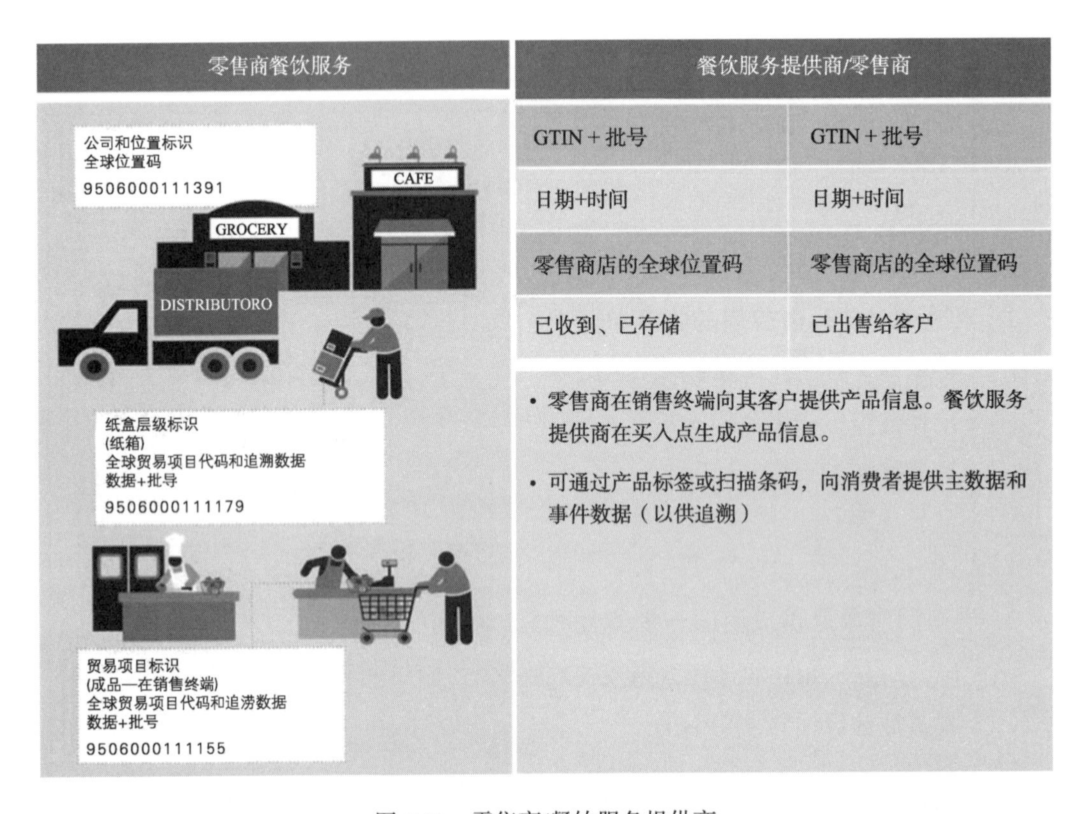


图 7-11　零售商/餐饮服务提供商

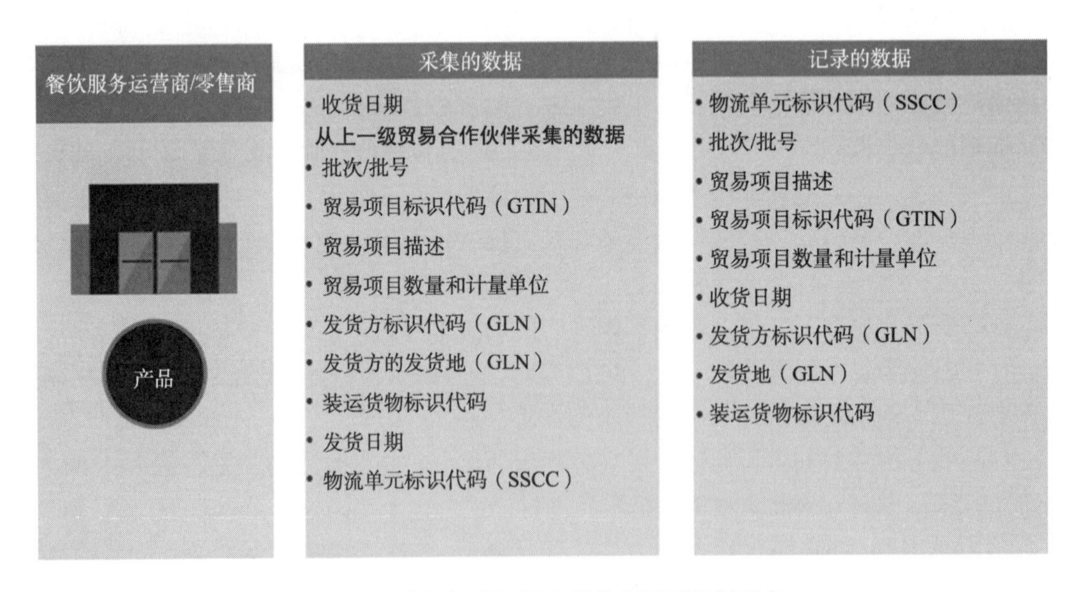


图 7-12　零售商/餐饮服务提供商最低数据要求

# 7.6　生鲜果蔬追溯案例

本节将展示几个追溯案例。

## 7.6.1　包装商案例

### 1. 田间包装产品

ABC 为一家农场，其为 XYZ 包装公司提供种植产品，XYZ 负责对 ABC 农场种植产品拣选/分级、现场包装、运输、冷却和存储。XYZ 包装公司为该农产品的品牌所有者。

XYZ 包装公司根据商品名称、收获/包装日期、收获田地（例如农场/地块、单位/区块）和收获人员为每日活动分配一个唯一性批号。分配唯一性批号时，不仅采用上述属性信息，而且还采用将包装后产品运输到冷却/存储设施时的车次，便可以获得更小的批号间隔。

在包装产品时，装入货盘之前，在各箱产品上应附着条码和供人识读文本，标明 XYZ 包装公司的 GTIN 和批号的箱标签。XYZ 还在各个已装产品的货盘上附加一个用于内部库存管理的内部货盘标签。

对于从田地运出的每车产品，都采用一份“收货单”或“随行单”传递批次信息。“收货单”或“随行单”将交给负责运输包装好的产品到 XYZ 冷却/存储设施的车辆驾驶员。

产品运抵冷却/存储设施后，将按照“收货单”或“随行单”核对实际收到的产品。每一箱或每一货盘产品都必须记录在 XYZ 的仓库管理系统（WMS）内。

在冷却/存储设施内的所有产品的移动阶段（预冷却、摆货、送上货台、发货等），都必须保存箱级或货盘级的 GTIN 和批次记录。这个流程可以确保在发生召回事件时 XYZ 包装公司能够在从田地到发货这段时间内按照批号准确追踪产品。

下面为包装商在田间包装长叶莴苣的案例。将长叶莴苣直接在田间装入一个带有 GS1-128 纸盒标签的纸盒内，该标签包含 GTIN 和批号。然后，装入带有 SSCC 的托盘，运送至零售商，并发送提前发货通知。纸盒标签上有供人识读的商品名、品种名、原产国、种植企业、包装日期、GTIN、批号。标签示例如图 7-13 所示。

图 7-13　标签示例

此环节的信息记录如表 7-13 所示。

**表 7-13　信息记录——田间包装产品**

| | 包装<br>（田间） | 接收<br>（包装厂） | 包装托盘<br>（包装厂） | 运送托盘<br>（包装厂） |
|---|---|---|---|---|
| 参与方 | 种植企业 | 包装企业 | 包装企业 | 包装企业 |
| 追溯对象 | GTIN、批号、数量、单位 = 包装箱 | GTIN、批号、数量、单位 = 包装箱 | 父级：托盘 SSCC<br>子级：GTIN/批号/数量 | 托盘 SSCC |
| 位置 | 田地标识代码（GLN） | 包装车间标识代码（GLN） | 包装车间标识代码（GLN） | 包装车间标识代码（GLN） |
| 时间 | 日期、时间、时区 | 日期、时间、时区 | 日期、时间、时区 | 日期、时间、时区 |
| 其他信息 | GPC 基础代码<br>商品名和品种名<br>大小和等级<br>品牌名称<br>贸易项目描述<br>包装类型代码<br>纸盒尺寸<br>毛重和净重<br>托盘码放<br>种植企业联系信息<br>田间地理围栏<br>种植方法<br>有机产品证书信息 | 包装企业联系信息<br>包装车间位置 | | 客户联系信息<br>收货地址 |

## 2. 车间（包装厂）包装产品

Ideal 包装公司是一家农产品包装公司，该公司经营一个包装厂，该包装厂接收来自包括 ABC 农业公司在内的多个种植企业的产品。种植企业把初级产品送到 Ideal 包装公司，后者对产品实施拣选/分级、包装（采用 Ideal 包装公司的品牌）、冷却、储藏、销售和发货。

这里 Ideal 包装公司要标识种植企业提供的所有初级产品并保存初级产品的记录。Ideal 包装公司还必须保存包装后产品（成品）的信息，并必须将这些信息与种植企业提供的初级产品信息（商品名、品名和附加种植信息）相关联。

ldeal 包装公司在追溯过程的具体操作是：

（1）将田地收获的产品装入货柜内，然后由卡车送到 Ideal 包装公司的包装车间。这些物流单元就是 ABC 农业公司与 Ideal 包装公司之间的可追溯单元。装有田间采集箱的货柜或货盘上附有一个人工可读的“田地标签”。“田地标签”上通常包含商品名、品种名、田地名称/代码和日期，有时还包含收货人员。

（2）送货车抵达包装车间后，在包装成成品之前，产品将保存在保存区（停留时间通常非常短，也可能在冷库内保存一夜，对于苹果等产品，还可能在受控环境条件下保存数月）。收货单上面注明 SSCC 代码、所接收产品的商品名和品种名、种植企业/采收作物信息、数量、日期、时间和卡车。

（3）要包装这些农产品时，将从保存区提出初级产品送到包装区，然后将其送上包装线。开始包装之前，Ideal 包装公司将为这次生产分配一个批号。当另一种产品（不同的商品名/品种名）或者另一块田地的产品送到包装线时，将暂停送入产品等待上个批次的产品包装完成，然后为下个批次生产分配一个新批号。产品分级并包装在纸箱内后，将在纸箱上附加一个人工可读产品信息的标签。标签上还将包含一个 GS1-128 条码符号，该条码将包含 Ideal 包装公司为该贸易项目分配的 GTIN 和批号。

（4）将发送给客户的货盘准备好后，Ideal 包装公司必须确认已经为每一个要发出的货盘创建并附加了一个包含 SSCC 代码的货盘标签。SSCC 货盘代码将与 Ideal 包装公司的系统内部货盘信息相关联。

（5）Ideal 包装公司将向客户发送一份 EDI（EANCOM）发货通知，发货通知上将列明这批货物内的货盘（SSCC）及各货盘上的产品（包括 GTIN 和批号）。

下面为车间包装西红柿的例子。包装商将在田间采收的西红柿放入田间仓库，再按大小和等级进行拣选，最后装入附带含 GTIN 和批号的 GS1-128 条码标签的纸盒中。将纸盒打包在托盘，附上含 SSCC 的 GS1-128 条码标签。向使用此数据的零售商发送 EDI 发货通知。标签示例如图 7-14 所示。

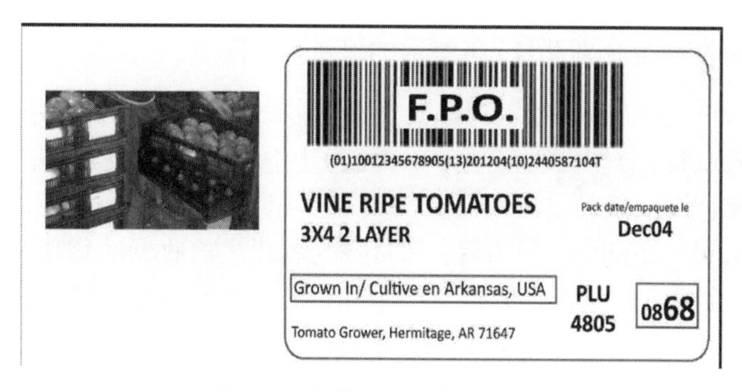


图 7-14　包装西红柿标签示例

此环节的信息记录如表 7-14 所示。

**表 7-14　追溯信息记录——车间包装产品**

| | 采收（A 田、B 田） | 接收（包装厂） | 装箱（包装厂） | 包装托盘（包装厂） | 运送托盘（包装厂） |
|---|---|---|---|---|---|
| 参与方 | 种植企业 | 包装企业 | 包装企业 | 包装企业 | 包装企业 |
| 追溯对象 | 包装箱标识代码（GRAI/GIAI）<br>数量单位：千克或磅 | 包装箱标识代码（GRAI/GIAI）<br>数量单位：纸箱 | 输入：包装箱标识代码(GRAI/GIAI)、数量、单位<br>输出：GTIN/批号/数量，单位=纸箱 | 父级：托盘 SSCC<br>子级：GTIN/批号/数量 | 托盘 SSCC |
| 位置 | 田地标识代码（GLN） | 包装车间标识代码（GLN） | 包装车间标识代码（GLN） | 包装车间标识代码（GLN） | 包装车间标识代码（GLN） |
| 时间 | 日期、时间、时区 | 日期、时间、时区 | 日期、时间、时区 | 日期、时间、时区 | 日期、时间、时区 |

续表

| | 采收（A 田、B 田） | 接收（包装厂） | 装箱（包装厂） | 包装托盘（包装厂） | 运送托盘（包装厂） |
|---|---|---|---|---|---|
| 其他信息 | GPC 基础代码<br>商品名和品种名 | 包装企业联系信息<br>包装车间位置 | GPC 基础代码<br>商品名和品种名<br>大小和等级<br>品牌名称<br>贸易项目描述<br>包装类型代码<br>纸盒尺寸<br>毛重和净重<br>托盘码放<br>种植企业联系信息<br>田间地理围栏<br>种植方法<br>有机产品证书信息 | | 客户联系信息<br>收货地址 |

## 7.6.2　经销商案例

### 1. 经销商接收种植企业/出口商提供的产品

Best Distribution 公司是一家农产品转售商（中间商），他们从种植企业/出口商获取产品。Best Distribution 公司在物流单元（货盘）层级追溯供应商提供的产品，同时还追溯出厂销售的物流单元。

产品抵达 Best Distribution 公司后，卸货并与收货之前收到的货物信息进行核对。种植企业/出口商应在每一个货盘上附加了一个标识 SSCC 的货盘标签，Best Distribution 公司将扫描和核对该标签。

具体的操作流程是：

（1）当种植企业/出口商没有在货物上附加货盘标签时，Best Distribution 公司为货盘分配一个 SSCC 并附加标示了该编码的货盘标签。同样，当种植企业/出口商没有在各箱产品上标示批号时，应将种植企业/发货人文件提供的如货运标识唯一性代码作为批号分配给这些产品，然后存储这些产品等待销售和发运给客户。

（2）将发送给客户的货盘准备好后，Best Distribution 公司扫描并记录货物/订单内各货盘的出厂货盘 SSCC 从而准确地识别货物的内容，然后这些产品进入供应链内的下一个阶段。

（3）Best Distribution 公司将向客户发送一份 EDI（EANCOM）发货通知，发货通知上将列明这批货物内货盘的 SSCC 以及各货盘上产品的 GTIN 和批号。

本案例中相关的信息记录如表 7-15 所示。

### 2. 经销商接收包装商/其他经销商/贸易商的农产品并进行再分销

Always Fresh 农产品公司是一家大型新鲜果蔬经销商，他们销售较大包装商的品牌

表 7-15 追溯信息记录——经销商接收种植企业/出口商提供的产品

| | 发货托盘<br>（出口商） | 接收<br>（经销商/贸易商） | 处理<br>（经销商/贸易商） |
|---|---|---|---|
| 参与方 | 出口商 | 经销商/贸易商 | 经销商/贸易商 |
| 追溯对象 | 托盘 SSCC | 包装箱标识代码 | 输入：GTIN/批号/数量，单位 = 纸盒 |
| | | 数量 | 输出：GTIN/批号/数量，单位 = 个；内部贸易项目分组；纸盒 |
| | | 单位 = 纸盒 | |
| 位置 | 零售商标识代码 | 零售商标识代码 | 零售商标识代码 |
| 时间 | 日期、时间、时区 | 日期、时间、时区 | 日期、时间、时区 |
| 其他信息 | 客户联系信息 | 零售商联系信息 | GTIN |
| | 收货地址 | 零售商仓库位置 | GPC 基础代码 |
| | | | 商品名和品种名 |
| | | | 大小和等级 |
| | | | 品牌名称 |
| | | | 贸易项目描述 |
| | | | 包装类型代码 |
| | | | 纸盒尺寸 |
| | | | 毛重和净重 |

产品，同时也销售自己“Always Fresh”品牌的产品。Always Fresh 农产品公司在供应链流程内充当着多个角色，负责接收、发送产品和管理可追溯性数据。在供应链内 Always Fresh 农产品公司可充当的角色包括：

（1）来自包括田地、包装厂、生产车间在内提供的货源产品的接收者。因此，Always Fresh 农产品公司可以是包装商、再包装商或经销商/贸易商角色。

（2）供应链内另一个经销商提供的产品的接收者。Always Fresh 农产品公司充当经销商/贸易商的角色。

（3）向零售店、餐馆、其他消费点等最终客户提供产品的供应商。

（4）向配货点（负责把产品送到零售店、餐馆或其他消费点）提供产品的供应商。

（5）客户单位退回或拒收产品的接收者。

在该案例中，Always Fresh 农产品公司及其贸易合作伙伴对产品层级进行跟踪，接收产品时涉及的工作包括：

（1）在接收点，Always Fresh 农产品公司负责接收所订购的货品以及相关 GTIN、批号、接收数量和日期。必须采集这些数据并将其保存在数据管理系统内。Always Fresh 农产品公司将种植企业提供的批次信息关联到田地、包装厂或产品的生产。

（2）当从货源接收的货品包含具有同一 GTIN 的多个批号时，必须采集和记录各 GTIN 以及相关批号和接收数量。

（3）当接收的产品是拒收或退回的产品时，必须采集和记录 GTIN、批号、数量和接收日期信息。这种情况下，即使接收后销毁产品，也必须采集和记录这些信息。

Always Fresh 农产品公司车间内的产品管理涉及的工作：

（1）Always Fresh 农产品公司车间接收产品后，将负责保存车间内各 GTIN 和批次的相关数据。

（2）提货时，建议 Always Fresh 农产品公司采集准备发货产品的 GTIN 和批次信息。

Always Fresh 农产品公司发货并把货物运输到接收单位的过程中涉及的工作：

（1）在产品发货点，Always Fresh 农产品公司向接收单位提供所发货品的 GTIN、货源提供的原始批号和数量。

（2）应采用电子格式 EDI（EANCOM®）发货通知提供这些信息，以便接收单位接收。

本案例中相关的信息记录如表 7-16 所示。

**表 7-16　经销商接收包装商/其他经销商/贸易商的农产品并进行再分销**

| 发货托盘 | | 接收 | 处理 |
|---|---|---|---|
| （种植企业/包装企业/经销商） | | （经销商） | （经销商） |
| 参与方 | 种植企业/包装企业/经销商 | 经销商 | 经销商 |
| 追溯对象 | 托盘 SSCC | 包装箱标识代码 | 输入：GTIN/批号/数量，单位 = 纸盒 |
| | | 数量 | 输出：GTIN/批号/数量，单位 = 个；内部贸易项目分组；纸盒 |
| | | 单位=纸盒 | |
| 位置 | 零售商标识代码 | 零售商标识代码 | 零售商标识代码 |
| 时间 | 日期、时间、时区 | 日期、时间、时区 | 日期、时间、时区 |
| 其他信息 | 客户联系信息 | 零售商联系信息 | GTIN |
| | 收货地址 | 零售商存放位置 | GPC 基础代码 |
| | — | — | 商品名和品种名 |
| | — | — | 大小和等级 |
| | — | — | 品牌名称 |
| | — | — | 贸易项目描述 |
| | — | — | 包装类型代码 |
| | — | — | 纸盒尺寸 |
| | — | — | 毛重和净重 |

### 7.6.3　零售商/餐饮服务提供商

#### 1. 供应商直接向门店供货

Always Fresh 农产品公司是一家大型新鲜果蔬经销商。Home Town 餐馆是一家小型地区性餐馆公司。Always Fresh 农产品公司直接向 Home Town 的各个餐馆发送“Always

Fresh”品牌的产品。

Home Town 餐馆每周向 Always Fresh 农产品公司发出采购订单，后者在 24～48 小时内把产品送到各餐馆。Always Fresh 农产品公司跟踪出厂后的产品以及用来运输产品的物流单元。具体的操作流程是：

（1）Home Town 发送一条电子采购订单报文（例如采用 EANCOM®），“订单”指定需要的产品（GTIN）、数量及收货餐馆。

（2）Always Fresh 农产品公司处理订单，并组织一次多位置（站）送货。产品将按交货位置集中拼装货盘。

（3）当产品以包装商拥有的品牌销售时，Always Fresh 农产品公司记录包装商产品 GTIN 的出厂去向。每箱产品上都以条码形式标识 GTIN 和批号。

（4）提货时，扫描每箱产品的 GTIN（包括 GTIN 和批号），然后将其关联到客户的一个具体交货位置。

（5）将为每个 Home Town 交货位置装一个货盘。每个货盘都将有一个唯一的 SSCC 编码。

（6）每个出厂货盘上都将附加一个货盘标签，该标签上将标识 SSCC，以及发货人信息（企业标识、发货位置、发货人 GLN）、收货人信息（企业标识、收货位置、收货人 GLN）。

（7）所有货盘信息都将关联到一个主发货记录。提单号作为主货物识别码。

（8）Always Fresh 农产品公司发送一份电子装箱单（例如采用 EANCOM 发货通知报文）。该文件内将列明送到各 Home Town 餐馆位置的货物内容。利用这些信息，Home Town 可以把入厂货物与应交货采购订单核对，并记录所有入厂 GTIN 及其批号。

（9）各货盘送到其目的地 Home Town 商店位置后，将扫描货盘 SSCC 编码。这样 Home Town 可以自动确认交货和更新商店库存记录。

（10）出现产品召回时，通过 Home Town 的自动记录可以确定哪些位置的餐馆接收过哪些产品批次。

本案例中相关的信息记录如表 7-17 所示。

**表 7-17　追溯信息记录——供应商直接向门店供货**

| 发货托盘（种植企业/包装企业/经销商） | | 接收（零售商/餐饮服务） | 处理（零售商/餐饮服务） |
|---|---|---|---|
| 参与方 | 种植企业/包装企业/经销商 | 零售商/餐饮服务 | 零售商/餐饮服务 |
| 追溯对象 | 托盘 SSCC | 包装箱标识代码 | 输入：GTIN/批号/数量，单位 = 纸盒 |
| | | 数量 | 输出：GTIN/批号/数量，单位 = 个；<br>内部贸易项目分组；纸盒 |
| | | 单位 = 纸盒 | |
| 位置 | 零售商标识代码 | 零售商标识代码 | 零售商标识代码 |
| 时间 | 日期、时间、时区 | 日期、时间、时区 | 日期、时间、时区 |

续表

| 发货托盘<br>（种植企业/包装企业/经销商） | | 接收<br>（零售商/餐饮服务） | 处理<br>（零售商/餐饮服务） |
|---|---|---|---|
| 其他信息 | 客户联系信息 | 零售商联系信息 | GTIN |
| | 收货地址 | 零售商存放位置 | GPC 基础代码 |
| | — | — | 商品名和品种名 |
| | — | — | 大小和等级 |
| | — | — | 品牌名称 |
| | — | — | 贸易项目描述 |
| | — | — | 包装类型代码 |
| | — | — | 纸盒尺寸 |
| | — | — | 毛重和净重 |

### 2. 零售商通过集中配送中心收货

Best Produce 公司是一家地区性蔬菜供应商，他们通过一个中央仓库服务客户。Fine Foods 公司是一家中型食品杂货零售公司，经营着 25 个全品种连锁商店。所有果蔬产品通过 Fine Foods 公司的配送中心集中收货，配送中心再向各连锁商店配货。

为了保证 Best Produce 公司与 Fine Foods 公司之间的可追溯性，两家公司都记录产品（GTIN 和批号）和物流单元的流动信息。贸易合作伙伴都采用了从订单到收款高效的流程，因而极大地简化了可追溯性工作。具体的做法如下：

（1）Fine Foods 公司每周都向 Best Produce 公司发送一份电子采购订单（EANCOM®）来指定下一个 7 天时间的产品需求。将采用 Best Produce 公司的 GTIN 标识每一件产品。Fine Food 公司配送中心接收、检验和保存送来的新鲜农产品，之后再送到各商店。

（2）收到 Fine Foods 公司的订单后，Best Produce 公司将其记录在销售系统内，然后向仓库发出一份发货单。每提出一箱新鲜产品并准备好发货后，Best Produce 公司都会采用该产品的信息（包括发出的 GTIN、相关批号和数量）更新发货记录。每箱产品上都有一个发货标签，上面以条码和供人识读文本提供了 GTIN 和批号。因此，每一箱产品在装入出厂货盘时都可以扫描这些信息。货盘装货完毕后，将为其分配一个唯一的识别码（SSCC），该识别码与详细发货、收货信息一起打印在一个物流单元（货盘）标签上。然后，将扫描货盘标签，并创建一条将产品信息与唯一的物流单元编码相关联的电子记录。

（3）利用 Best Produce 公司发货系统采集的信息可以在创建“装车”事件后立即发送给 Fine Foods 公司的电子货单（EDI EANCOM 发货通知）。发货通知按各（零售商）订单号归类发货数据，提供所发送的所有 GTIN、相关批号、发货数量以及产品所在货盘的 SSCC 编码。

（4）Fine Foods 公司把 EDI（EANCOM）发货通知用于多种用途。发货通知可用于协助调度配送中心资源、确认已订购货物和调节运输数量。发货通知内还包含可追溯性所需的物流和产品信息。

（5）Fine Foods 公司配送中心接收物流单元时将扫描各货盘标签来确认接收。货盘识别码（SSCC）将交叉关联到从 Best Produce 公司发货通知获取的信息。这样，Fine Foods 公司就可以快速记录货盘上的 GTIN 及其关联批号。出现产品召回时，Best Produce 公司和 Fine Foods 公司都将提供包含所有已交易产品（GTIN 和批号）和各涉及物流单元去向的记录。

本案例中相关的信息记录如表 7-18 所示。

**表 7-18　追溯信息记录—零售商通过集中配送中心收货**

| 发货托盘（种植企业/包装企业/经销商） | | 接收（零售商/餐饮服务） | 处理（零售商/餐饮服务） |
|---|---|---|---|
| 参与方 | 种植企业/包装企业/经销商 | 零售商/餐饮服务 | 零售商/餐饮服务 |
| 追溯对象 | 托盘 SSCC | 包装箱标识代码 | 输入：GTIN/批号/数量，单位 = 纸盒 |
| | | 数量 | 输出：GTIN/批号/数量，单位 = 个；内部贸易项目分组；纸盒 |
| | | 单位 = 纸盒 | |
| 位置 | 零售商标识代码 | 零售商标识代码 | 零售商标识代码 |
| 时间 | 日期、时间、时区 | 日期、时间、时区 | 日期、时间、时区 |
| 其他田地 | 客户联系信息 | 零售商联系信息 | GTIN |
| | 收货地址 | 零售商存放位置 | GPC 基础代码 |
| | — | — | 商品名和品种名 |
| | — | — | 大小和等级 |
| | — | — | 品牌名称 |
| | — | — | 贸易项目描述 |
| | — | — | 包装类型代码 |
| | — | — | 纸盒尺寸 |
| | — | — | 毛重和净重 |

第 8 章

CHAPTER 8

# GS1 系统在鱼类海产品追溯中的应用

海产品泛指海水中出产的所有可供食用、药用和其他经济用途的动植物，按照初级产品来源形式可分为养殖海产品和捕捞海产品。海产品营养丰富，受到广大消费者的青睐。然而，近年来，在满足消费者多样化需求的同时，海产品安全事件层出不穷，严重威胁到人们的身体健康。基于 GS1 系统建立的海产品安全追溯体系，能够有效追溯海产品源头，让消费者了解更多产品的相关信息，成为缓解海产品市场信息不对称的有效手段。

国际物品编码组织（GS1）2019 年 2 月发布了《GS1 鱼类、海鲜和水产养殖追溯指南》。本章内容参考该指南并结合国内的实际情况编制而成。

## 8.1 鱼类产品供应链

渔业供应链是指从捕捞、养殖、加工、运输到销售等环节中，涉及资源、信息、资金和物流等方面的流动和协调，以满足消费者需求的复杂网络。

鱼可以分为两类：捕捞的鱼与养殖的鱼。对于捕捞的鱼，在供应链中可以追溯产品从船（鱼上岸）到销售点的供应链全过程，即盛鱼的容器（鱼箱）→分拣→收购→加工→配送→零售→消费者。对于养殖的鱼，可以在供应链中追溯到饲料、鱼卵和鱼的母体，即投喂饲料→孵化→育苗→养成→加工→配送→零售→消费者。图 8-1 展示了鱼类产品供应链。

### 8.1.1 供应链上游——野生捕捞

野生捕捞供应链的上游如图 8-2 所示。

#### 1. 渔船出海捕捞

国家对捕捞业实行船网工具控制指标管理，实行捕捞许可证制度和捕捞限额制度。海洋渔船船网工具指标和捕捞许可证的申请、审核审批及制发证书文件等应当通过全国

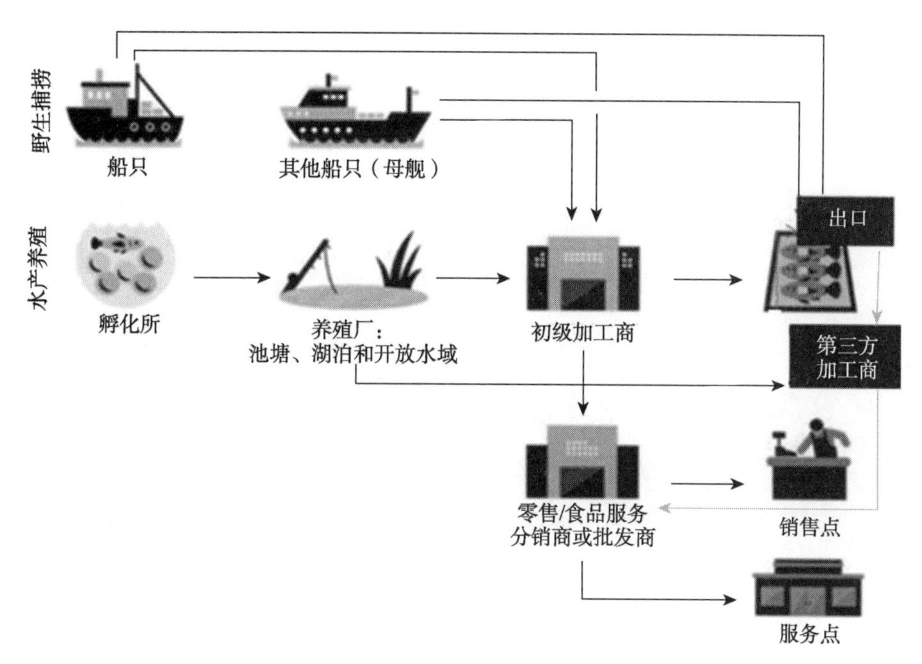


图 8-1　鱼类产品供应链

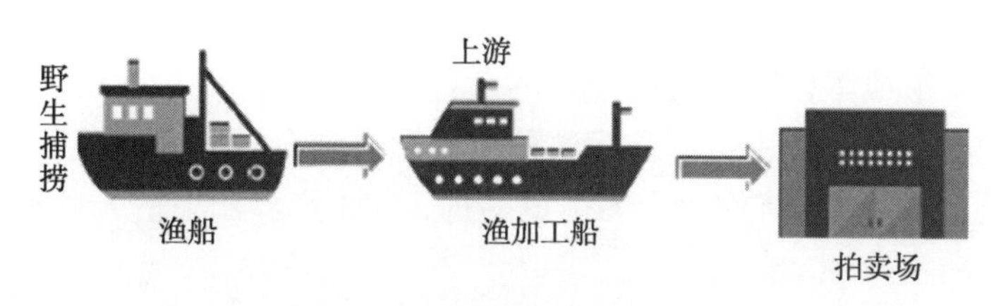


图 8-2　野生捕捞供应链的上游

统一的渔船动态管理系统进行。海洋渔业捕捞许可证和内陆渔业捕捞许可证的使用期限为 5 年，其他种类渔业捕捞许可证的使用期限根据实际需要确定，但最长不超过 3 年[①]。

捕捞策略扮演着至关重要的角色。一个有效的捕捞策略不仅能够影响渔业公司的盈利能力，还直接影响到公司的可持续发展和市场竞争力。

### 2. 鱼加工船

捕捞加工是指对水产品的加工过程，它是渔业生产的一个重要环节，涉及对鱼类和其他水产经济动物的捕捉和捞取。捕捞活动主要是捕捉捞取鱼类和其他水产经济动物，而加工则是对这些捕捞上来的水产品进行进一步的处理，以延长其保存期限、改善其食用品质或增加其经济价值。对捕获的水产品进行加工、处理、包装等工序，以便更好地保存和销售。

### 3. 拍卖

拍卖是高端鱼类的一种交易方式，采用竞价模式，出价高者得。例如，深圳国际金枪鱼交易中心采用拍卖的方式，曾将一条长达 3 米、重达 327 公斤的大西洋野生蓝鳍金

① 摘自农业农村部《渔业捕捞许可管理规定》2020 年第 5 号修订。

枪鱼拍出了 198 万元的高价。

### 8.1.2 供应链上游-水产养殖

水产养殖的上游供应链如图 8-3 所示。上游环节主要涉及投入品与技术支持，包括水产苗种、水产饲料、水产用药、养殖用具等。这些环节为整个产业链提供了基础性的投入品和技术支持。

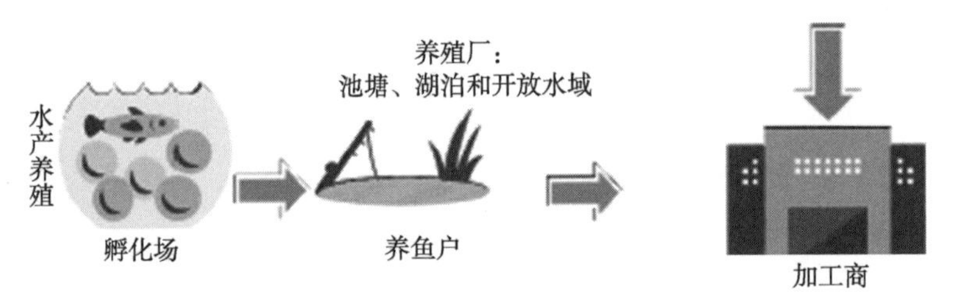


图 8-3 水产养殖的上游供应链

#### 1. 苗种

苗种是水产养殖的起点，其质量直接影响到后续养殖的成活率和产量。目前，我国水产苗种产业已经形成了较为完整的产业链，包括种质资源保护、苗种繁育、苗种销售等环节。一些大型企业通过引进国外优质种质资源，结合国内养殖环境和技术条件，培育出了适应性强、生长快、抗病力强的优良品种，为水产养殖业的发展提供了有力保障。

#### 2. 养殖

养殖环节，包括淡水养殖、海水养殖以及海洋捕捞等。这一环节是整个产业链的核心部分，也是实现水产品价值的关键环节。随着养殖技术的不断进步和养殖模式的创新，淡水养殖的产量和品质得到了显著提升。

饲料是水产养殖中的重要投入品之一。在水产养殖过程中，养殖者需要使用一些药物来预防和治疗疾病。

#### 3. 加工商

将养殖或捕捞得到的水产品进行初步加工，包括分拣/分类、冷冻、装箱等。

### 8.1.3 供应链下游

野生捕捞供应链的下游与水产养殖供应链的下游相同，见图 8-4 所示。包括水产品的深加工、包装、贮存、检验与质量控制，以及最终的销售与配送。这一环节确保了产品的质量和安全性，同时也满足了市场需求，实现了产品的价值。

水产养殖行业的下游主要包括水产品加工和水产品流通两个环节。

#### 1. 深加工

包括但不限于清洗、去鳞、切割、去骨、腌制以及包装等。

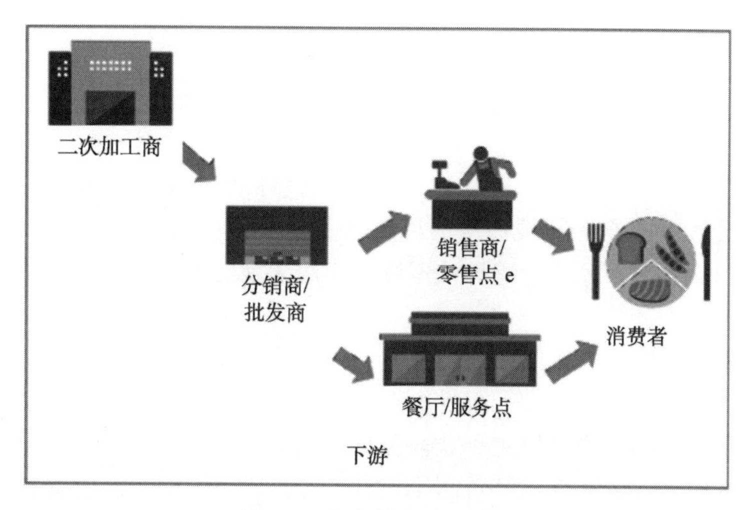


图 8-4　鱼类供应链的下游

**2. 流通销售**

目前，我国水产品流通渠道主要包括批发市场、超市、电商平台等。

## 8.2　追溯参与方及活动

在确保可追溯性方面，鱼类产品供应链中的所有各方都有共同的责任。这些可追溯性责任将由监管要求驱动。

鱼类产品追溯参与方、每一方的活动见表 8-1。

**表 8-1　鱼类产品追溯参与方及活动**

| 参与方 | 活动 |
|---|---|
| 渔船 | 用于捕鱼，进行一些基本的初步加工，隔离以及有时对各种物种进行分级的船只 |
| 鱼加工船 | 配有大量船载设施以便加工和冷冻鱼类的船只。其负责捕捞鱼类、加工和分级鱼类、将鱼类装入零售包装中，并将其冷冻 |
| 养鱼者 | 饲养、培育和捕获鱼类，然后运输至加工商处 |
| 拍卖场 | 在加入和进入商业供应链之前，接收鱼类并确认符合卫生法律 |
| 物流服务提供商 | 在任何贸易伙伴之间运输所捕捞和捕获鱼类、物理处理贸易项目（箱子或托盘）、维持卫生和温度控制以及维护责任信息（温度、追溯等） |
| 生产商/加工商 | 从渔船船员、工厂渔船或拍卖处接收散装鱼，然后进行清理并切片，装盒并送到配送中心 |
| 二次加工商 | 从生产商/加工商接收鱼并执行其他处理步骤，例如制作成现成的饭菜、寿司卷、预烤鱼等 |
| 配送中心/批发商 | 从生产商/加工商、鱼加工船或渔船船员处接收鱼类，然后运送到其他各方。<br>从配送中心处接收产品并根据订单运送到餐厅。此类组织也被称为“食品服务分销商” |
| 餐厅/服务点 | 从批发商处接收产品，并使用其制作预制食品，供消费者在其经营场所消费。（包括在学校、医院等准备的食品） |
| 零售商/零售点 | 接收来自上游供应商的鱼类，并将产品销售给消费者 |

## 8.3 鱼类产品供应链的可追溯性

供应商、零售商、加工商、分销商、批发商和食品服务经营商保持可追溯性的最佳规范是通过直接扫描箱子上和/或消费项目条码中的信息来采集所有可追溯信息，并存储在其系统中。扫描允许采集、存储和检索数据，而无须目视检查供人识读信息并手动将该信息键入系统中。

尽管从配送中心到商店或经营商的出站箱子扫描过程属于当前的例外情况，但越来越多的零售商、加工商、分销商和批发商正在建立过程来收集和存储支持可追溯性所需的最低产品信息。产品扫描可以用于获取关键追溯事件，例如进入配送中心时、从配送中心运出时、零售店或食品服务经营商接收时或者开启以供加工或消费者展示时。

最佳做法是：零售商、加工商、批发商或分销商应遵守供应商可追溯性最佳规范推荐的产品信息数据要求。对供应链中产品流的观察越整体，在可追溯性过程中使用的信息越准确。

上述方法是共享和访问整个产业链中产品可追溯性数据的新兴规范。采用这种方法后，重点是确定在链中每一步骤发生的关键追溯事件，以及确定此类事件需记录的关键数据元素。其属于分散式方法，可帮助全面了解供应链中的产品流，但各参与者一定需要复制从供应商到销售点期间收到的产品信息。EPCIS 就是适用于这种方法的标准。

图 8-5 显示了海产品可追溯性信息的最佳规范流程。

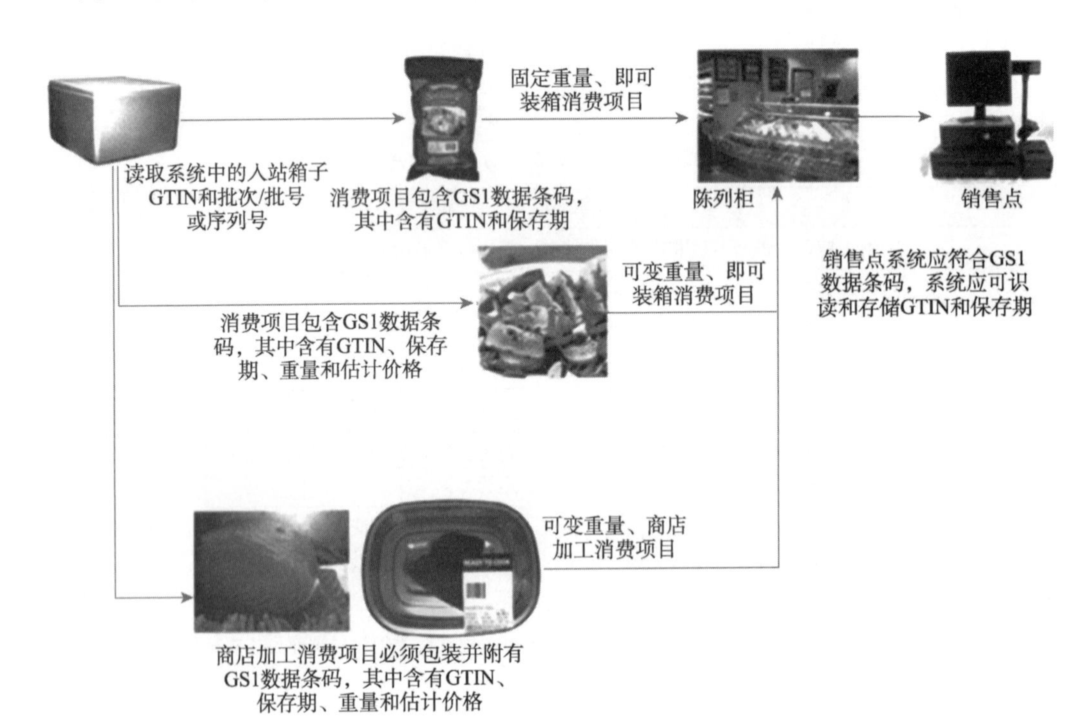


图 8-5　海产品可追溯性信息的最佳规范流程

### 8.3.1 关键信息标识

通过 GS1 系统可以对水产品供应链全过程的每一个节点进行有效地标识，建立各个环节信息管理、传递和交换的方案，从而对供应链中食品原料、加工、包装、贮藏、运输、销售等环节进行跟踪与追溯，及时发现存在的问题，并进行妥善处理。条码是相关信息的载体，通过扫描可以获取各个节点的追溯信息，可采用 GS1-128 条码、GS1 DataBar 码和 QR 码等来承载信息。

对于捕捞的鱼，在供应链中可以追溯产品从船（鱼上岸）到销售点的供应链全过程，即盛鱼的容器（鱼箱）→分拣→收购→加工→配送→零售→消费者，各个环节的标识情况如表 8-2 所示。对于养殖的鱼，可以在供应链中追溯到饲料、鱼卵和鱼的母体，即投喂饲料→孵化→育苗→养成→加工→配送→零售→消费者，各个环节的标识情况如表 8-3、表 8-4 所示。在欧盟法令 EC 2065/2001 中，无论是养殖的鱼还是捕捞的鱼，其商用名和学名（种类）、捕捞地区和加工方法，要贯穿在整个供应链中。这可以通过产品标签或包装标签或者随货物走的商业单证来实现。

**表 8-2 GS1 系统在捕捞鱼供应链中的标识应用**

| 追溯节点 | 捕捞 | 收购/拍卖 | 加工/批发 | 零售 |
|---|---|---|---|---|
| 标识单元 | 鱼箱 | 鱼箱 | 鱼箱 | 零售标签 |
| 必备追溯信息 | GS1-128：<br>AI (01) GTIN<br>AI (10)批号<br>AI (310X)净重***<br><br>可选项<br>AI (11)捕捞日期<br>AI (414)船的 ID*<br><br>文本信息<br>学名<br>商用名<br>捕捞地区<br>加工方法<br>保存方法<br>鱼的大小<br>…… | GS1-128：<br>AI (01) GTIN<br>AI (10)批号<br>AI (310X)净重***<br><br>可选项<br>AI (11)捕捞日期<br>AI (414)船的 ID*<br>AI (412) GLN**<br><br>文本信息<br>学名<br>商用名<br>捕捞地区<br>加工方法<br>保存方法<br>鱼的大小<br>…… | GS1-128：<br>AI (01) GTIN<br>AI (10)批号<br>AI (310X)净重***<br><br>可选项<br>AI (412) GLN**<br>AI (11)捕捞日期<br>AI (13)包装日期<br>AI (15)保质期<br><br>文本信息<br>学名<br>商用名<br>捕捞地区<br>加工方法<br>保存方法<br>鱼的大小<br>…… | 8 712345 678906<br><br>文本信息<br>商用名<br>加工方法<br>捕捞地区<br>批号<br>保质期<br>净重<br>保存方法<br>…… |

以捕捞的鱼为例，在加工环节，需要用 AI（01）对鱼进行标识，用 AI（10）标识其批号，用 AI（310X）标识其重量，此外，还要将鱼的名称、捕捞地区和加工方法以文本的方式表示出来；另外，还可以对捕捞日期、包装日期、保质期、供应商的位置码进行标识。

在列举的模式中区分了必备信息和可选信息，信息用文本信息和条码方式表示，如 GS1-128 条码。

**表 8-3　GS1 系统在养殖鱼上游供应链中的标识应用**

| 追溯节点 | 投喂饲料 | 孵化 | 育苗 | 养成 |
|---|---|---|---|---|
| 标识单元 | 袋/托盘 | 水箱 | 活水船/水箱 | 活水船/水箱 |
| 必备追溯信息 | GS1-128：<br>AI (01) GTIN<br>AI (10)批号<br>AI (3100)净重*<br><br>可选项<br>AI (11)生产日期<br>AI (412)供应商 ID<br>AI (414)工厂 ID<br><br>文本信息<br>饲料类型<br>批号<br>饲料成分<br>GMO<br>…… | GS1-128：<br>AI (01) GTIN<br>AI (10)批号<br>AI (30)可变数量*<br>AI (3150)升*<br><br>可选项<br>AI (412)供应商 ID<br>AI (414)养殖场 ID<br><br>文本信息<br>学名<br>商用名<br>饲养方法<br>饲养地区<br>…… | GS1-128：<br>AI (01) GTIN<br>AI (10)批号<br>AI (30)可变数量*<br><br>可选项<br>AI (412)供应商 ID<br>AI (414)育苗场 ID<br><br>文本信息<br>学名<br>商用名<br>饲养方法<br>饲养地区<br>…… | GS1-128：<br>AI (01) GTIN<br>AI (10)批号<br>AI (3100)净重*<br><br>可选项<br>AI (412)供应商 ID<br>AI (414)养殖场 ID<br><br>文本信息<br>学名<br>商用名<br>饲养方法<br>饲养地区<br>…… |

注：根据 GS1 通用规范，对尺寸大小可变的贸易项目，可变尺寸（重量、升或数量）必须同时出现。

**表 8-4　GS1 系统在养殖鱼下游供应链中的标识应用**

| 追溯节点 | 宰杀 | 加工/批发 | 零售 |
|---|---|---|---|
| 标识单元 | 鱼箱 | 鱼箱 | 零售标签 |
| 必备追溯信息 | GS1-128：<br>AI (01) GTIN<br>AI (10)批号<br>AI (3100)净重*<br><br>可选项<br>AI (11)宰杀日期<br>AI (412)供应商 ID<br>AI (414)宰杀厂 ID<br><br>文本信息<br>学名<br>商用名<br>加工方法<br>加工地区<br>保存方法<br>…… | GS1-128：<br>AI (01) GTIN<br>AI (10)批号<br>AI (3100)净重<br><br>可选项<br>AI (11)宰杀日期<br>AI (13)包装日期<br>AI (15)保质期<br>AI (412)供应商 ID<br><br>文本信息<br>学名<br>商用名<br>加工方法<br>加工地区<br>保存方法<br>…… | 8 712345 678906<br><br>文本信息<br>商用名<br>加工方法<br>加工地区<br>批号<br>保质期<br>净重<br>保存方法<br>…… |

文本信息通常由参与方之间达成一致或者在实际应用的法令中规定。

供应链中每个参与方必须负责提供准确的信息，保证条码标志正确，同时还要确保维护信息系统的安全、准确。供应链的每个参与方必须将预定义的可追溯数据传递给下一个参与方，以确保信息流的连续性。

### 1. 捕捞的鱼

表 8-2 给出了 GS1 系统在捕捞鱼供应链中的应用。其中：

（1）AI（414）是用于对物理位置进行唯一确切标识的 GS1 标识代码。鱼箱被视为一个储藏位置，可以提供与捕捞的鱼有关的全部信息。如果用户选择保持他们的注册号作为 ID，这可以通过 AI（7030）之后的 ISO 国家代码和注册号来实现。

（2）作为 AI（412）的一种选择，收购者或加工者的物理位置可以通过贸易单元的 GTIN 和有关批号结合物流单元上的系列货运包装箱代码 SSCC 来确定。

### 2. 养殖的鱼

养鱼场通常与工业生产非常类似，可以控制和记录每个加工步骤。这使可追溯性能够从消费者一直追溯到母本和它们的鱼卵。此外，还可获得饲养过程中投喂的饲料和药品资料，这与捕捞的鱼是不同的，捕捞的鱼不可能确定在鱼被捕捞之前的情况。

养殖鱼供应链模型可以划分为上游和下游两个部分。

（1）上游供应链：投喂饲料、孵化、育苗、养成。

（2）下游供应链：宰杀、加工/批发和零售。

此外，还有供应链模型中各个阶段之间的运输。表 8-3 和表 8-4 分别表示养殖鱼供应链上、下游的每个步骤。

### 3. 包装箱

可变重量和固定重量的产品包装箱都必须用文本格式的相同追溯信息清楚地标记。供应商必须使用 GTIN 和批次/批号在包装箱级别建立产品标识，以实现有效的追溯或产品召回。每个包装箱也可以使用系列号，而不是批次号；除了 GTIN 之外，还必须提供批次/批号或系列号，如表 8-5 所示。

**表 8-5　包装箱的标记信息**

| 数据元素 | 即可上架 | | 托盘包装/店内加工 | |
|---|---|---|---|---|
| | 人类可读 | 扫描 | 人类可读 | 扫描 |
| 品牌所有者/公司名称 | √ | | √ | |
| 消费单元产品说明 | √ | | √ | |
| 定义的批号 | √ | √ | √ | √ |
| 全球贸易项目代码（GTIN） | √ | √ | √ | √ |
| 捕捞日期或最佳食用日期，或最佳销售日期或最佳食用日期或生产日期 | √ | √ | √ | √ |
| 净重 | √（*） | √（*） | √（*） | √（*） |

## 8.3.2　鱼类追溯标签示例

在海产品分销渠道中，产品可以分为固定重量产品和可变重量产品。固定重量产品总是以相同重量生产和销售。固定重量产品按每个销售单位定价，而不是按重量定价。可变重量是一种特定产品，其重量（以及价格）因单位而异。可变重量产品根据项目的净重定价。由零售商贴上最终标签以进行消费品销售。

固定重量和可变重量的箱级产品均可使用 GS1-128 码标识，以编入 GTIN、批次 / 批号、净重（如果适用）以及系列号（如有需要）。

对于在零售点销售的产品，GS1 条码允许对除了 GTIN 以外的其他数据进行编码，如保质期和批号。

### 1. 产品标签示例

图 8-6 展示了一个固定重量的鱼产品的消费标签，包括 GS1 DataBar 码，条码数据满足最小粒度的追溯需求。

图 8-6　固定重量的零售项目标签

图 8-7 展示了即将上架的、可变重量的、满足最小粒度的追溯要求的消费标签，包含一个 GS1 DataBar 码。

图 8-7　即可上架的可变重量的零售项目标签

### 2. 箱级包装标签

图 8-8 给出了一个包含 GS1 标识代码、应用标识符和供人识读信息的标签示例，不同的数据属性包括有效期、捕捞区域、渔具类别和生产方法，可以被认为动态数据，可以用 GS1 应用标识符表示。

图 8-8　固定重量箱子标签示例

图 8-9 是一个可变重量的箱子标签，包含 GTIN、净重和批号信息。

图 8-9　可变重量箱子标签

## 8.4　鱼类供应链关键追溯事件

关键追溯事件是对鱼类产品供应链中所完成的某一个业务流程的记录，这对于全流程追溯数据的记录和共享至关重要，以确保端到端的追溯。图 8-10 说明了为鱼类产品供应链定义的关键追溯事件，共包含 7 个：初始包装、初始销售、接收、加工、包装、装运、最终销售。

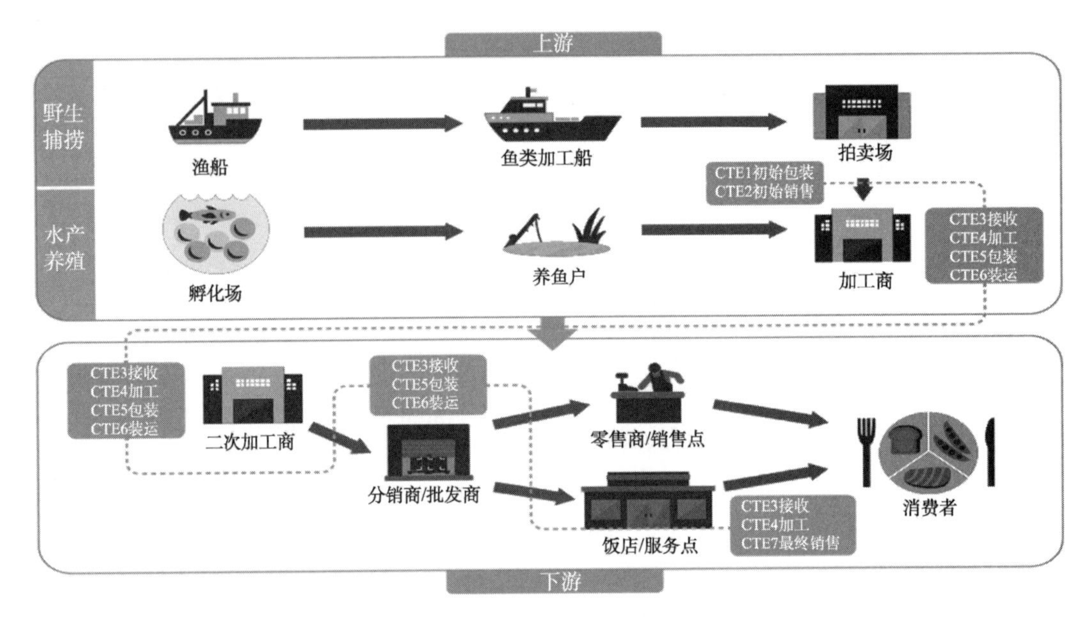


图 8-10　鱼类供应链关键追溯事件

下面给出基于 GS1 标准的全流程的关键追溯事件及关键数据元素。

### 1. 捕获或养殖鱼类产品的初始包装环节

捕获或养殖鱼类产品的初始包装环节中记录的关键追溯数据元素如表 8-6 所示。

表 8-6　关键数据元素——捕获或养殖初始包装

| 维度 | 关键数据元素 |
| --- | --- |
| 参与方 | 渔业公司或者水产养殖公司的 GLN |
| 时间 | 包装日期/时间 |
| 追溯对象 | GTIN |
| | 批次/批号 |
| | 系列号 |
| | 数量 |
| 位置 | 包装地点 GLN |
| 事件 | 初始包装 |

### 2. 捕获或养殖鱼类产品的初始销售环节

捕获或养殖鱼类产品的初始销售环节中记录的关键追溯数据元素如表 8-7 所示。

表 8-7　关键数据元素——捕获或养殖初始销售

| 维度 | 关键数据元素 |
| --- | --- |
| 参与方 | 供应商和客户的 GLN |
| 时间 | 销售日期/时间 |

续表

| 维度 | 关键数据元素 |
| --- | --- |
| 追溯对象 | GTIN |
| | 批次/批号 |
| | 系列号 |
| | 数量 |
| | SSCC |
| 位置 | 装运地点 GLN |
| 事件 | 交付（参考售货单） |

### 3. 接收环节

接收鱼类产品过程的关键追溯数据元素如表 8-8 所示。

**表 8-8　关键数据元素——接收**

| 维度 | 关键数据元素 |
| --- | --- |
| 参与方 | 供应商和客户的 GLN |
| 时间 | 接收日期/时间 |
| 追溯对象 | GTIN |
| | 批次/批号 |
| | 系列号 |
| | 数量 |
| | SSCC |
| 位置 | 接收地点 GLN |
| 事件 | 接收 |

### 4. 加工环节

鱼类产品加工环节记录的关键追溯数据元素如表 8-9 所示。

**表 8-9　关键数据元素——加工**

| 维度 | 关键数据元素 |
| --- | --- |
| 参与方 | 加工商的 GLN |
| 时间 | 加工开始的日期/时间 |
| 追溯对象 | GTIN |
| | 批次/批号 |
| | 系列号 |
| | 数量 |
| 位置 | 加工地点 GLN |
| 事件 | 加工（转化事件） |

### 5. 包装环节

鱼类产品包装环节记录的关键追溯数据元素如表 8-10 所示。

表 8-10　关键数据元素——包装

| 维度 | 关键数据元素 |
| --- | --- |
| 参与方 | 加工商的 GLN |
| 时间 | 包装流程结束的日期/时间 |
| 追溯对象 | GTIN |
| | 批次/批号 |
| | 系列号 |
| | 数量 |
| 位置 | 包装地点 GLN |
| 事件 | 包装（转化事件） |

### 6. 贸易项目的聚合（物流单元或贸易项目分组）

将鱼类产品组合包装过程记录的关键追溯数据元素如表 8-11 所示。

表 8-11　关键数据元素——聚合

| 维度 | 关键数据元素 |
| --- | --- |
| 参与方 | 销售商和客户的 GLN |
| 时间 | 配送日期/时间 |
| 追溯对象 | GTIN |
| | 批次/批号 |
| | 系列号 |
| | 数量 |
| | SSCC |
| 位置 | 包装地点 GLN |
| 事件 | 包装（聚合事件） |

### 7. 装运环节

鱼类产品装运环节的关键追溯数据元素如表 8-12 所示。

表 8-12　关键数据元素——装运

| 维度 | 关键数据元素 |
| --- | --- |
| 参与方 | 销售商和客户的 GLN |
| 时间 | 发货日期/时间 |
| 追溯对象 | GTIN |
| | 批次/批号 |
| | 系列号 |
| | 数量 |
| | SSCC |
| 位置 | 装运地点 GLN |
| 事件 | 装运 |

### 8. 销售给终端消费者

将鱼类产品销售给终端消费者过程的关键追溯数据元素如表 8-13 所示。

表 8-13　关键数据元素——销售

| 维度 | 关键数据元素 |
|---|---|
| 参与方 | 零售商的 GLN |
| 时间 | 销售流程结束的日期/时间 |
| 追溯对象 | GTIN |
|  | 批次/批号 |
|  | 系列号 |
|  | 数量 |
| 位置 | 销售地点 GLN |
| 事件 | 零售销售 |

第 9 章

CHAPTER 9

# GS1 系统在医疗产品追溯中的应用

医疗供应链主要涉及药品和医疗器械两大类产品。为了保障患者安全、实现产品全程追溯、加强质量与安全管理、支持产品撤回或召回、提升供应链物流效率以及遵守国家、地区和国际法规要求，医疗供应链对追溯有较高要求。本章以药品和医疗器械供应链为例，展示如何使用 GS1 追溯标准实现完备的追溯目标。

## 9.1 药品和医疗器械产品供应链

药品供应链包括从原材料或原料药通过医院药房或零售药店到患者的各环节，如图 9-1 所示。

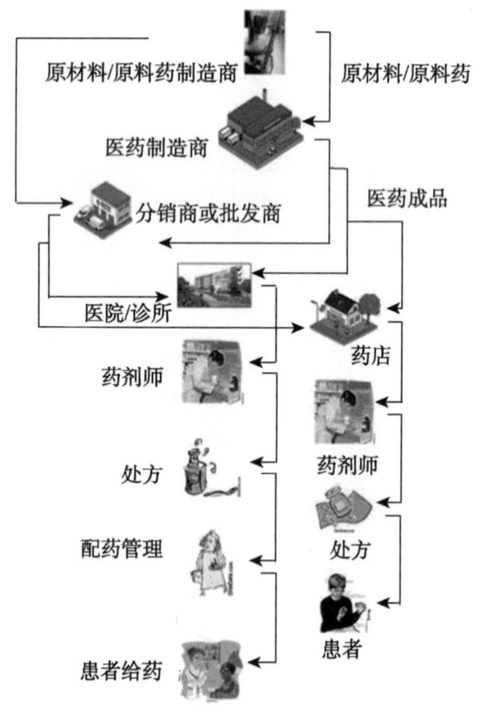


图 9-1 药品供应链

医疗器械供应链包括从原材料或组件通过医院或零售药店到医务人员（Healthcare Professional，HCP）或患者的各环节，如图 9-2 所示。

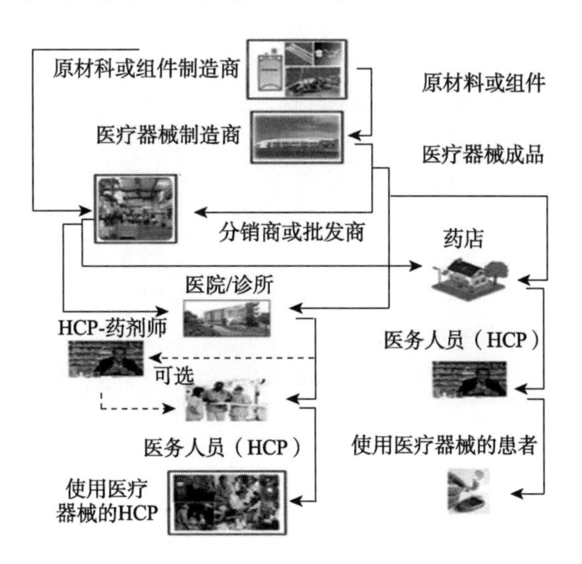


图 9-2　医疗器械供应链

## 9.2　供应链参与方及活动

本节分别从药品和医疗器械两类供应链出发，分析供应链的参与方和关键追溯事件。

医药产品供应链参与方包括原材料或原料药制造商、医药制造商、医药分销商、医院药房/药剂师、零售药店/药剂师、患者等，其活动如表 9-1 所示。

**表 9-1　医药产品供应链参与方活动**

| 参与方 | 活动 |
| --- | --- |
| 原材料或原料药制造商 | 负责原材料或原料药的生产和交付，记录内容应包括制造流程 |
| 医药制造商 | 负责接收原材料/原料药及药品的生产、制造、库存管理和发送；还负责记录有关制造流程、收发货的适当信息 |
| 医药分销商 | 负责药品的接收、存储、库存管理和药物的发送，以及必要的重新包装和重新贴标签；还负责记录有关接收、重新包装、重新贴标签和发货的适当信息 |
| 医院药房/药剂师 | 负责药品的接收、存储、库存管理和配发，以及必要的调配、重新包装和重新贴标签；还负责记录有关接收、调配、重新包装、重新贴标签和配药的适当信息 |
| 医务人员（例如医生/护士） | 负责患者给药，以及记录有关给药的适当信息 |
| 零售药店/药剂师 | 负责药品的接收、存储、库存管理和配发，以及必要的重新包装和重新贴标签；还负责记录有关接收、重新包装、重新贴标签或发货的适当信息 |
| 住院患者/门诊患者 | 使用处方药品、可能负责药品的接收和存储，也可能负责记录有关药品接收、存储和给药的信息 |

医疗器械产品供应链参与方包括原材料/组件制造商、医疗器械制造商、医疗器械分

销商/批发商、医院、零售药店、医务人员（HCP）、患者，其活动如表 9-2 所示。

**表 9-2　医疗器械产品供应链参与方的活动**

| 参与方 | 活动 |
| --- | --- |
| 原材料/组件制造商 | 负责医疗器械原材料或组件的生产和交付，记录内容应包括制造流程 |
| 医疗器械制造商 | 负责接收原材料/组件，以及医疗器械的生产、制造、库存管理和发送；还负责记录有关制造流程、收发货的适当信息 |
| 医疗器械分销商/批发商 | 负责医疗器械的接收、存储、库存管理和发送，以及必要的重新包装和重新贴标签；还负责记录有关接收、重新包装、重新贴标签和发货的适当信息 |
| 医院 | 负责医疗器械的接收、存储、库存管理和配发，以及必要的调配、重新包装和重新贴标签；还负责记录有关接收、调配、重新包装、重新贴标签和配发医疗器械的适当信息 |
| 医务人员（例如医生/护士） | 负责使用医疗器械对患者进行检查、诊断、治疗等，记录有关使用医疗器械的信息 |
| 零售药店 | 负责医疗器械的接收、存储、库存管理和配发，以及必要的重新包装和重新贴标签；还负责记录有关接收、重新包装、重新贴标签或发货的适当信息 |
| 住院患者/门诊患者 | 使用医疗器械或由医务人员使用医疗器械进行检查、诊断、治疗等，可能负责医疗器械的接收和存储，也可能负责记录有关医疗器械接收、存储的信息 |

## 9.3　药品和医疗器械的可追溯性

为了实现医药/医疗器械的全程可追溯，需要记录各追溯节点的关键数据要素，通过对关键要素的标识和数据采集，建立完整的追溯信息链。

### 9.3.1　关键信息标识

**1. 追溯对象**

追溯对象包括原材料/原料药、调配产品、分配了 GTIN 的成品、生产投入的某批次/批号的包装材料、某批次/批号的成品。

**2. 可追溯数据**

医疗产品的可追溯，需要在供应链中每个步骤创建/采集/记录的数据属性至少包括可追溯项目标识或资产上标识载体中的标识信息，以及国际和/或地方性法规要求的数据。

**3. 追溯信息标识**

全球贸易项目代码（Global Trade Item Number，GTIN）用于标识各种包装层级的产品，如消费品、药品、医疗器械、原材料等。用于医疗产品的 GTIN 一旦分配，不能再重复使用。

此外，药品和器械标识通常还要求通过应用标识符（Application Identifier，AI）标识产品有效期、批号和系列号等信息。

全球服务关系代码（Global Service Relation Number，GSRN）用于标识一个机构和服务提供者之间的关系，如在医院供职的医生，也可标识一个机构和服务接受者之间的关系，如在医院就诊的患者。

同时，还使用全球位置码 GLN、系列货运包装箱代码 SSCC、全球可回收资产代码 GRAI、全球单个资产代码 GIAI 来标识位置、物流单元、资产等相关信息。

**4. 数据载体**

适用于标识医疗供应链的载体包括 EAN/UPC、GS1-128 码、ITF-14 条码、GS1 DataBar 条码、GS1-Data Matrix 条码和 RFID 等。上述载体可视不同应用需求和环境进行灵活选择，需要注意的是，为了保障全球医药产品标识的一致性，减少复杂度，用于产品标识的二维码载体只推荐使用 GS1-Data Matrix 码。

## 9.3.2 药品和医疗器械的标记

为标记医疗产品采用 GS1 标准时，应考虑下述事项：

（1）AIDC（自动识别和数据采集）标记级别。

（2）产品配置。

（3）包装层级。

（4）分销渠道。

**1. AIDC 标记等级**

医疗产品的 AIDC 标记采用分级标记制度：最低级、扩展级和最高级。各标记等级的识别解决方案可能因标记对象为不同种类的药品（包括生物制剂、疫苗、管制药物、临床试验药物以及治疗营养品）或不同种类的医疗器械（包括各类医疗器械）而存在差异，也可能因配置或包装层级（直接标记的贸易项目、初级包装、二级包装、包装箱/货运箱、托盘、物流单元）而不同。

首先应当考虑的是存入数据载体中的数据。决策时，应将各 AIDC 标记等级纳入考虑范围。根据信息需求来设置 AIDC 标记的不同级别（最低级、扩展级和最高级）。

（1）最低级 AIDC 标记等级。AIDC 贸易项目标记分层系统中仅提供全球贸易项目代码而无属性信息的标记等级。该等级用于不需要高水平追溯控制的产品。这一等级的标记至少包含全球贸易项目代码。

（2）扩展级 AIDC 标记等级。AIDC 贸易项目标记系统内同时提供全球贸易项目代码和属性信息的等级。该等级用于需要较高水平追溯控制的产品，这一标记等级包含全球贸易项目代码、批号和失效日期（如适用）。

（3）最高级 AIDC 标记等级。AIDC 贸易项目标记系统内同时提供全球贸易项目代码、系列号以及其他可能的属性信息的标记等级。该等级用于需要最高水平追溯控制的产品。这个标记级别包含全球贸易项目代码、系列号和失效日期（如适用）。

**2. 产品配置**

决定了要承载的数据之后，应当考虑产品上承载数据的位置。决策时，应当将不同等级产品配置纳入考虑范围之内。

（1）直接标记。直接标记指使用侵入或非侵入方式直接在无包装的物品上加印符号的过程，而不需粘贴标签或使用其他间接标记工艺（见图 9-3）。

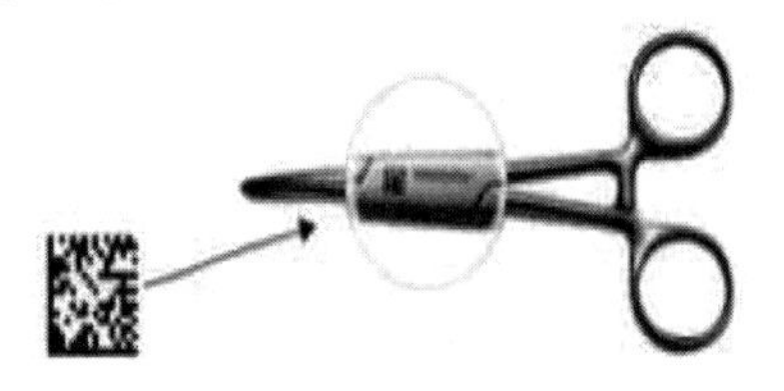

图 9-3　直接标记范例

（2）初级包装。初级包装是产品包装上或包装所附标签上标有数据载体的第一级包装。初级包装配置可能包含：无菌包装、未灭菌包装、单品、产品组合和用于单次治疗的物品组合（套件），如图 9-4、图 9-5 所示。

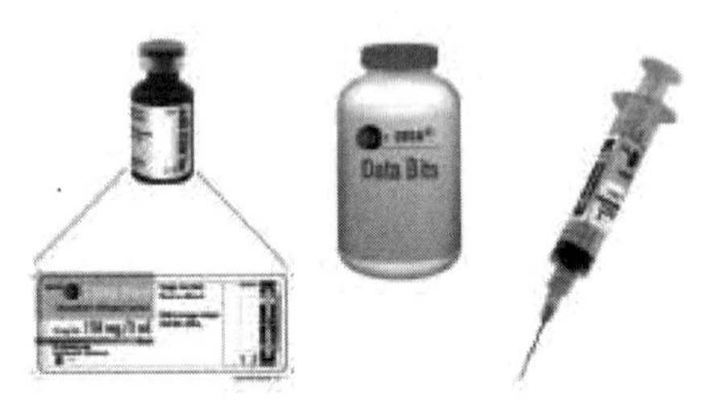


图 9-4　初级包装范例

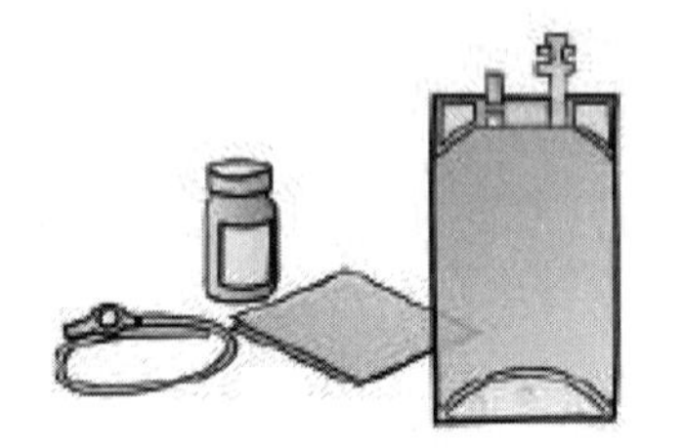

图 9-5　套件范例

（3）二级包装。二级包装配置中包含一个或多个初级包装的单品，如图 9-6 所示。

图 9-6　二级包装范例

**3. 包装层级**

包装层级也应当给予考虑。各包装层级贴标时会面临不同印刷挑战（如：空间、基底、生产线速度等）。各层级也面临不同的数据信息要求：GS1 标识符或 GS1 标识符加补充数据。

GS1 系统提供了多种数据载体，可满足印刷和数据需求。相关图解和范例如图 9-7 所示。

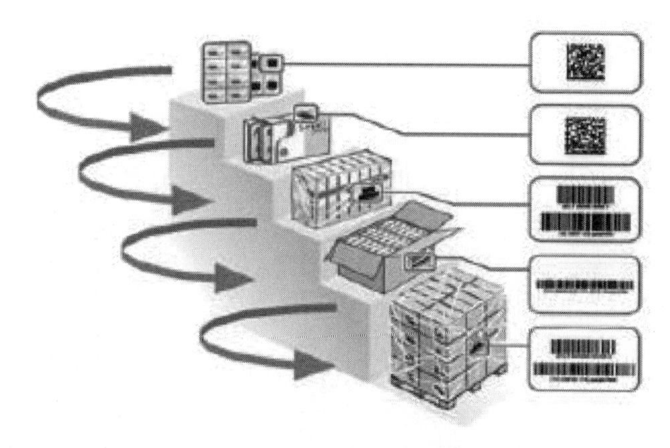

图 9-7　包装层级图解

表 9-3 提供了各包装层级和相关标签尺寸下的不同符号、编码选项和信息属性的范例。

**表 9-3　各包装层级和相关标签尺寸下的不同符号、编码选项和信息属性**

| 包装层级 | 医疗产品 | GS1 关键字* | 补充数据 | 编码信息和 GS1 数据载体 |
|---|---|---|---|---|
| 初级包装（每孔一片） | | GTIN“1” | 批次 ABC 失效日期 2024.12.31 | (01)06901234567892(17)241231(10)ABC 建议 GS1 数据载体：GS1 数据矩阵码（GS1 DataMatrix）、GS1DataBar 或(01)06901234567892 建议 GS1 数据载体：GS1 DataMatrix、GS1 DataBar |
| 二级包装**（每盒两板） | | GTIN“2” | 批次 ABC 失效日期 2024.12.31 | (01)06901234589674(17)241231(10)ABC 建议 GS1 数据载体：GS1 DataMatrix、GS1-128、GS1 DataBar |
| 多级包装（每包 7 盒）此处仅为另一包装层级范例 | | GTIN“3” | 批次 ABC 失效日期 2024.12.31 | (01)06901234568972(17)241231(10)ABC 或 (01)16905431234563(17)241231(10)ABC 建议 GS1 数据载体：GS1 DataMatrix、GS1-128、GS1DataBar |
| 包装箱（8 包） | | GTIN“4” | 批次 ABC 失效日期 2024.12.31 | (01)06905431234573(17)241231(10)ABC 或 (01)26905431234560(17)241231(10)ABC 建议 GS1 数据载体：GS1-128、GS1 DataMatrix |

同时，应考虑产品的分销渠道（例如零售销售点），以便于数据和数据载体的选择。

## 9.4　药品和医疗器械供应链关键追溯事件

药品和医疗器械供应链关键追溯事件包括生产、仓储、运输、收货、医疗服务等。下面根据流程给出基于 GS1 追溯标准的关键追溯事件及关键数据元素。

### 1. 生产环节

在生产环节，制造商进行的流程主要有：

（1）接收来自供应商的材料，采用 SSCC 对货物数量进行控制，记录批次/批号和日期。

（2）生产医药或医疗器械，并记录使用材料的批号。

（3）分配产品 GTIN 和批号，为生产批号和原材料建立关联。

（4）发货，为物流单元分配 SSCC，记录 SSCC 和物流单元中包含产品的关联：GTIN+批次/批号+效期。

流程中必须记录的关键数据元素如表 9-4 所示。

**表 9-4　关键数据元素——生产**

| 维度 | 数据元素 |
| --- | --- |
| 参与方 | 制造商 GLN |
| 时间 | 生产日期/时间 |
| 追溯对象 | 原材料 GTIN |
| | 原材料批次/批号 |
| | 原材料数量 |
| | 产品 GTIN |
| | 产品批次/批号 |
| | 产品数量 |
| 位置 | 工厂 GLN |
| 事件 | 生产，参考采购订单 |

### 2. 仓储环节

在仓储环节，分销商/批发商进行的流程主要有：

（1）接收来自制造商的医药或医疗器械，使用 SSCC 对收货进行管理。

（2）管理产品分批过程，分配存储货位。

（3）发货，创建物流单元，分配、标识 SSCC，跟踪库存变化，将 SSCC 与产品、批次/批号和收货方信息进行关联。

流程中必须记录的关键追溯数据如表 9-5 所示。

**表 9-5　关键数据元素——仓储**

| 维度 | 数据元素 |
| --- | --- |
| 参与方 | 分销商/批发商的 GLN |
| 时间 | 收货/发货日期和时间 |
| 追溯对象 | GTIN |
| | 批次/批号 |
| | 数量 |
| 位置 | 仓库位置的 GLN |
| 事件 | 仓储 |

### 3. 运输环节

在运输环节，第三方物流提供商进行的流程主要有：

（1）装货，识读、记录 SSCC。

（2）向收货方发送包含货物信息的发货通知，向承运方发送配送订单。

流程中必须记录的关键追溯数据如表 9-6 所示。

**表 9-6　关键数据元素——运输**

| 维度 | 数据元素 |
| --- | --- |
| 参与方 | 第三方物流提供商的 GLN，承运方、收货方的 GLN |
| 时间 | 收货/发货日期和时间 |
| 追溯对象 | SSCC |
| 位置 | 收货/发货方位置的 GLN |
| 事件 | 运输 |

### 4. 收货环节

在收货环节，医疗机构/零售药店进行的流程主要有：

（1）卸货并识读 SSCC。

（2）将产品信息输入库存记录。

流程中必须记录的关键追溯数据如表 9-7 所示。

**表 9-7　关键数据元素——收货**

| 维度 | 数据元素 |
| --- | --- |
| 参与方 | 医疗机构/零售药店的 GLN |
| 时间 | 收货日期和时间 |
| 追溯对象 | SSCC |
| 位置 | 收货位置的 GLN |
| 事件 | 收货 |

### 5. 医疗服务

在医疗服务环节，医务人员进行的流程主要有：

（1）准备环节，分配并记录 SSCC，发货、收货及其他物流流程都使用同样的基础信息。

（2）消毒、漂白和回收等流程可以使用一系列 GS1 标识符，如 GTIN、SSCC 和 GRAI 等。

（3）产品的内部配送可通过 GRAI 标识，并在跟踪、清洗、灭菌及维修过程中对产品进行标识。通过关联 GRAI 和 SSCC，可实现配送过程中的产品追溯。

（4）患者和他们接受的医疗服务可通过 GSRN 标识，患者在医院中治疗的每个阶段，其 GSRN 都会被识读，并在数据库中记录。这样 GSRN 可为患者安全和追溯提供保障。

（5）产品通过 GTIN+批次/批号或 GTIN+系列号进行标识，并记录在病历中，这样可确保患者在医院所有过程的信息完整性和可追溯性。

流程中必须记录的关键追溯数据如表 9-8 所示。

**表 9-8　关键数据元素——医疗服务**

| 维度 | 数据元素 |
|---|---|
| 参与方 | 医疗机构的 GLN |
| 时间 | 进行医疗服务的日期和时间 |
| 追溯对象 | 产品的 GTIN |
|  | 产品的批次/批号 |
|  | 产品的数量 |
|  | 处方的 GSRN |
| 位置 | 进行医疗服务的位置的 GLN |
| 事件 | 医疗服务 |

## 9.5　追溯参与方信息要求

医药产品的可追溯要求供应链上下游的各参与方根据自己的角色与职责对信息进行如实记录。本节分别介绍药品供应链和医疗器械供应链中各主要参与方的职责及相应信息记录要求。

下面我们从药品和医疗器械分别来描述其信息要求。

### 9.5.1　药品供应链

药品供应链参与方主要包括供应商、制造商、批发商/分销商、第三方物流商/运输商、配药商和医疗机构。

#### 1. 供应商

供应商是药品供应链的首个参与者，负责接收来自制造商的订单，并将原材料/原料药打包发送给制造商。为满足 GS1 追溯要求，供应商应为原材料包装分配 GTIN；为满足监管要求，可能还需要记录原材料的批次号、有效期等信息并与 GTIN 相关联；打包完成后，供应商为物流单元分配 SSCC，从而实现对物流单元从仓库到制造商的追溯，如图 9-8 所示。

为满足追溯要求，供应商必须记录以下信息：

（1）制造商的 GLN。

（2）原料的 GTIN。

（3）原料的批次号。
（4）物流单元的SSCC。
（5）收货方标识代码（如收货位置/贸易合作伙伴的GLN）。
（6）发货/发运日期。
（7）原料详细信息（如成分、生产日期、有效期等）。

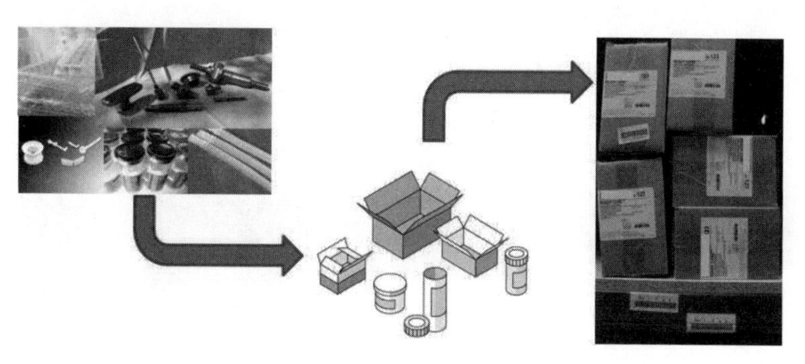

图9-8　供应商角色及追溯信息

**2. 制造商**

制造商接收来自分销商/批发商的订单，并将医药成品打包发送给分销商/批发商。为满足GS1追溯要求，制造商应为药品包装分配GTIN；为满足监管要求，可能还须记录药品的批次号、有效期等信息并与GTIN相关联；打包完成后，制造商为物流单元分配SSCC，从而实现对物流单元从仓库到分销商/批发商的追溯，如图9-9所示。

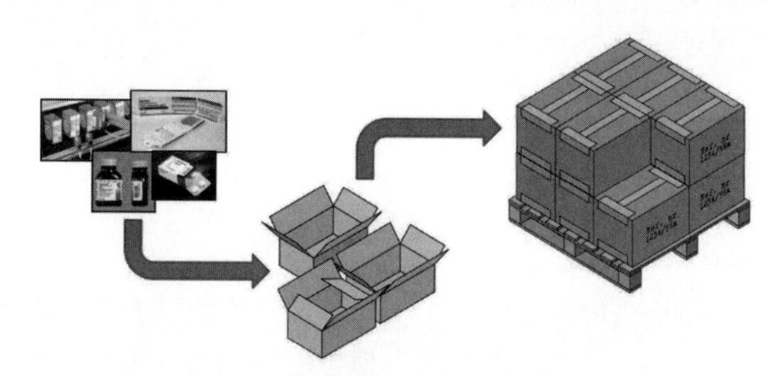

图9-9　制造商角色及追溯信息

为满足追溯要求，制造商必须记录以下信息：
（1）分销商/批发商的GLN。
（2）药物的GTIN。
（3）药物的批次号。
（4）物流单元的SSCC。
（5）收货方标识代码（如收货位置/贸易合作伙伴的GLN）。
（6）发货/发运日期。
（7）药物详细信息（如成分、生产日期、有效期等）。

### 3. 批发商/分销商

批发商/分销商收到来自制造商的药品后，扫描托盘标签上的 SSCC，并自动将数据与收到的电子信息进行匹配。完成检查后，就可以将货物移入仓库。SSCC 关联的有效期可帮助库存管理，例如按照有效期先后安排发货顺序。若托盘上的货物发生改变，SSCC 将停用。

批发商/分销商接收来自配药商（如零售药剂师、临床医生）的订单，并将医药打包发送给配药商。打包完成后，批发商/分销商为物流单元分配 SSCC，从而实现对物流单元从仓库到配药商的追溯，如图 9-10 所示。

图 9-10　批发商/分销商角色及追溯信息

为满足追溯要求，批发商/分销商必须记录以下信息：

（1）配药商的 GLN。

（2）药物的 GTIN。

（3）药物的系列号。

（4）物流单元的 SSCC。

（5）收货方标识代码（如收货位置/贸易合作伙伴的 GLN）。

（6）发货/发运日期。

### 4. 第三方物流商/运输商

第三方物流商/运输商负责在贸易伙伴之间运输产品。第三方物流供应商唯一需要参考的代码是 SSCC。运输所需的所有信息（货物的尺寸和重量、有无危险材料等）与 SSCC 关联，均已通过运输订单提前收到，如图 9-11 所示。

图 9-11　第三方物流商/运输商角色及追溯信息

为满足追溯要求，批发商/分销商必须记录以下信息：

（1）发货方标识代码（如发货位置/贸易合作伙伴的 GLN）。

（2）收货方标识代码（如收货位置/贸易合作伙伴的 GLN）。

（3）物流单元的 SSCC。

（4）发货/发运日期。

### 5. 配药商

配药商收到来自批发商/分销商的药品后，扫描托盘标签上的 SSCC，并自动将数据与收到的电子信息进行匹配。完成检查后，就可以将货物移入仓库。SSCC 关联的有效期可帮助库存管理，如按照有效期先后安排发货顺序。若托盘上的货物发生改变，SSCC 将停用。

患者向配药商出示处方，配药商扫描药品上的 GS1-128 条码或 GS1-Data Matrix 条码，编码信息（如 GTIN、系列号、有效期）就会与患者的电子病历（EPR）相关联，这对于正确用药和患者安全至关重要，如图 9-12 所示。

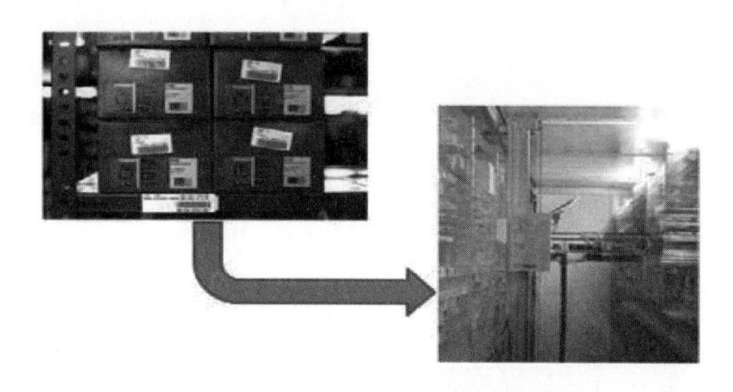

图 9-12　配药商角色及追溯信息

为满足追溯要求，配药商必须记录以下信息：

（1）药物的 GTIN+系列号。

（2）患者的购药时间。

### 6. 医疗机构

来自病房的处方送到医院药房。由于医院采用 GS1 标准，处方带有全球文档类型标识符（GDTI），与患者电子病历（EPR）相关联。

然而，在某些情况下，由于供应药物的上游合作伙伴（如批发商）没有遵守 GS1 标准，药盒上并没有带有 GTIN 的 GS1 条码。因此，在收到交货单后，医院药房会分配一个 GTIN，加上供应商的批号，打印并贴上条码标签，扫描物品以将信息记录在医院药房数据库中。

药房将药物发送到病房之前，药剂师扫描产品上的 GS1-128 条码或 GS1-Data Matrix 条码，以调整医院药房库存，并扫描处方上的 GDTI，以将药物与处方和电子病历（EPR）相关联，如图 9-13 所示。

在为患者配药过程中，医院必须记录以下信息，以确保可追溯性和患者安全：

（1）处方标识代码（GDTI）。

（2）药物的 GTIN + 批次号或系列号。

（3）配药时间。

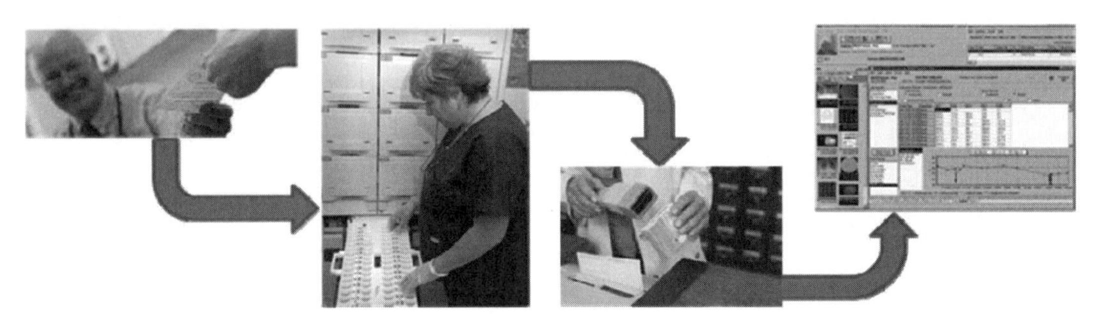

图 9-13 医疗机构角色及追溯信息

### 9.5.2 医疗器械供应链

医疗器械供应链参与方主要包括供应商、制造商、批发商/分销商、第三方物流商/运输商、配药商和医疗机构。

**1. 供应商**

供应商是医疗器械供应链的首个参与者，负责接收来自制造商的订单，并将原材料/组件打包发送给制造商。为满足 GS1 追溯要求，供应商应为原材料包装分配 GTIN；为满足监管要求，可能还须记录原材料的批次号、有效期等信息并与 GTIN 相关联；打包完成后，供应商为物流单元分配 SSCC，从而实现对物流单元从仓库到制造商的追溯，如图 9-14 所示。

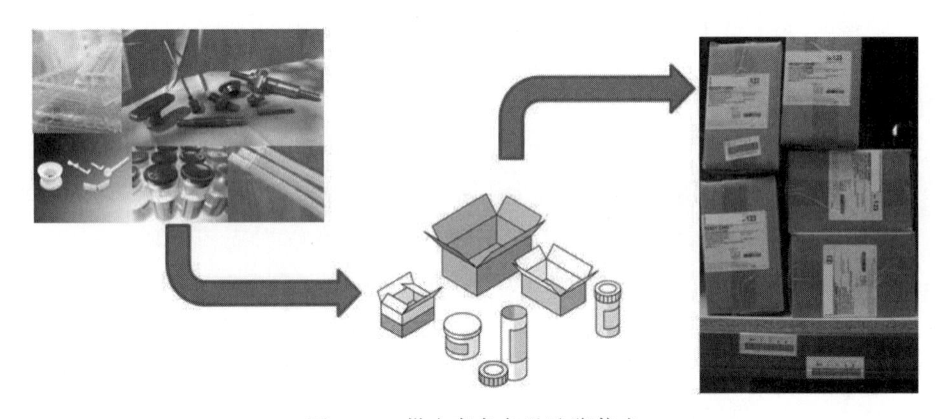

图 9-14 供应商角色及追溯信息

为满足追溯要求，供应商必须记录以下信息：

（1）制造商的 GLN。

（2）原料的 GTIN。

（3）原料的批次号。

（4）物流单元的 SSCC。

（5）收货方标识代码（如收货位置/贸易合作伙伴的 GLN）。

（6）发货/发运日期。

（7）原料详细信息（如成分、生产日期、有效期等）。

**2. 制造商**

制造商接收来自医疗机构（如医院）的订单，并将医疗器械成品打包发送给医疗机构。为满足 GS1 追溯要求，制造商应为医疗器械包装分配 GTIN；为满足监管要求，可能还须记录医疗器械的批次号、有效期等信息并与 GTIN 相关联；打包完成后，制造商为物流单元分配 SSCC，从而实现对物流单元从仓库到医疗机构的追溯，如图 9-15 所示。

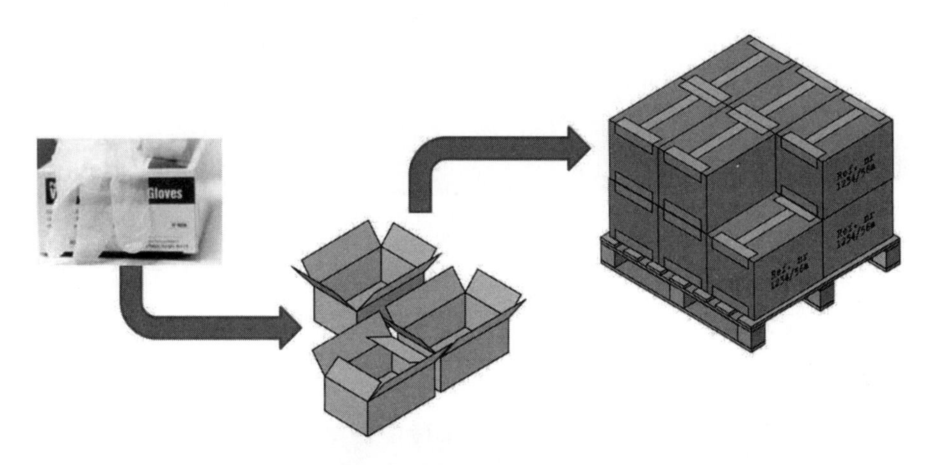


图 9-15　制造商角色及追溯信息

为满足追溯要求，制造商必须记录以下信息：

（1）医疗机构的 GLN。

（2）医疗器械的 GTIN。

（3）医疗器械的批次号。

（4）物流单元的 SSCC。

（5）收货方标识代码（如收货位置/贸易合作伙伴的 GLN）。

（6）发货/发运日期。

（7）医疗器械详细信息（如生产日期、有效期等）。

**3. 批发商/分销商**

批发商/分销商接收来自医疗机构的订单，并将医疗器械打包发送给医疗机构。由于医疗器械是从符合 GS1 标准的制造商处收到的，因此已经带有通过条码编码的 GTIN，记录在批发商/分销商的数据库中。打包完成后，批发商/分销商为物流单元分配 SSCC，从而实现对物流单元从仓库到医疗机构的追溯，如图 9-16 所示。

为满足追溯要求，批发商/分销商必须记录以下信息：

（1）医疗机构的 GLN。

（2）物流单元的 SSCC。

（3）收货方标识代码（如收货位置/贸易合作伙伴的 GLN）。

（4）发货/发运日期。

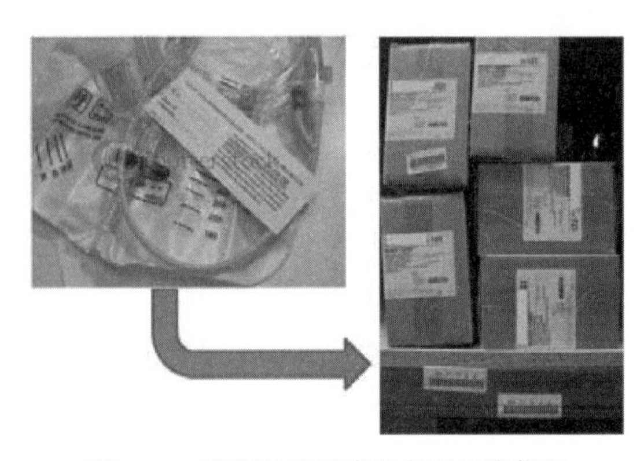

图 9-16　批发商/分销商角色及追溯信息

#### 4. 第三方物流商/运输商

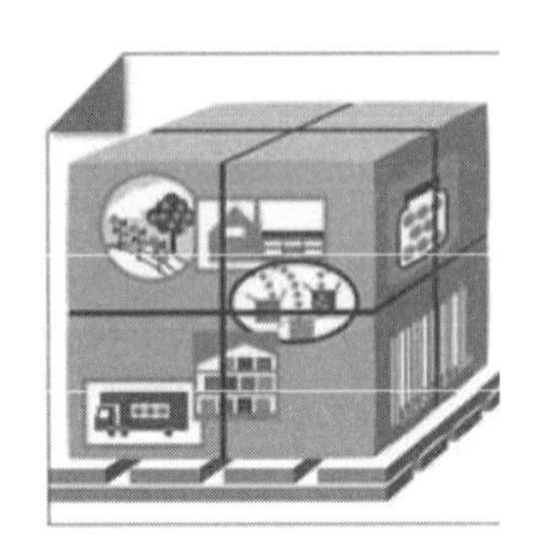

图 9-17　第三方物流商/运输商角色及追溯信息

第三方物流商/运输商负责在贸易伙伴之间运输产品。第三方物流供应商唯一需要参考的代码是 SSCC。运输所需的所有信息（货物的尺寸和重量、有无危险材料等）与 SSCC 关联，均已通过运输订单提前收到，如图 9-17 所示。

为满足追溯要求，批发商/分销商必须记录以下信息：

（1）发货方标识代码（如发货位置/贸易合作伙伴的 GLN）。

（2）收货方标识代码（如收货位置/贸易合作伙伴的 GLN）。

（3）物流单元的 SSCC。

（4）发货/发运日期。

#### 5. 配药商

患者向配药商出示处方，配药商扫描医疗器械上的 GS1-128 条码或 GS1 DataMatrix 条码，编码信息（如 GTIN、系列号）就会与患者的电子病历（EPR 相关联），如图 9-18 所示。

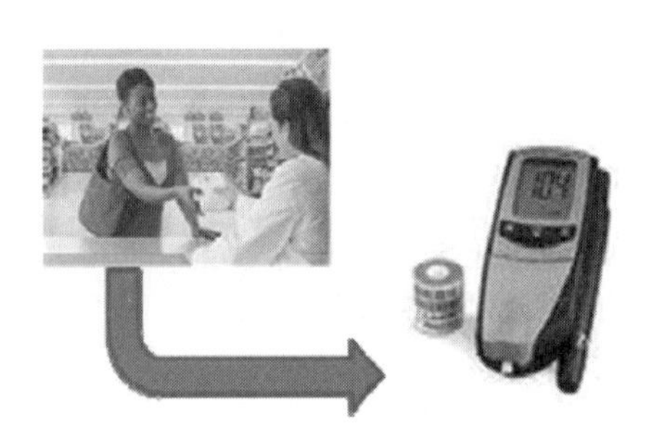

图 9-18　配药商角色及追溯信息

为满足追溯要求，配药商必须记录以下信息：

（1）医疗器械的 GTIN + 系列号。

（2）交易时间。

**6. 医疗机构**

医疗机构收到来自上游合作伙伴（如制造商）的医疗器械后，扫描托盘标签上的 SSCC，并自动将数据与收到的电子信息进行匹配。完成检查后，就可以将货物移入仓库。SSCC 关联的有效期可帮助库存管理，例如按照有效期先后安排发货顺序。如托盘上的货物发生改变，SSCC 将停用，如图 9-19 所示。

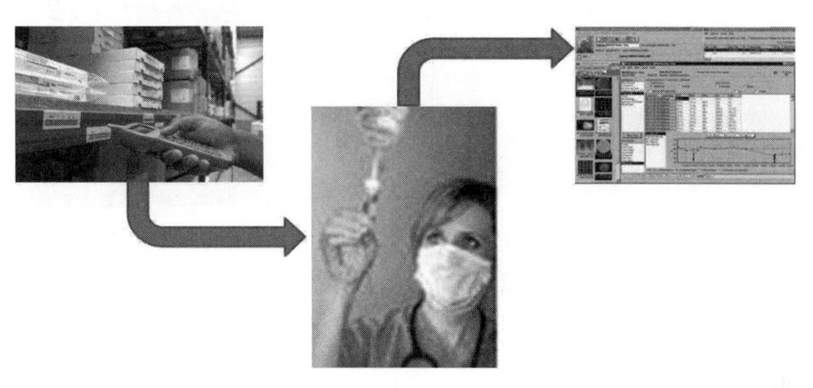

图 9-19　医疗机构角色及追溯信息

当医务人员使用医疗器械对患者进行检查、诊断或治疗时，扫描产品上的 GS1-128 条码或 GS1-Data Matrix 条码（包含 GTIN 和批次号），编码信息就会与电子病历（EPR）相关联。

在使用医疗器械过程中，医院必须记录以下信息，以确保可追溯性和患者安全：

（1）医疗器械的 GTIN + 批次号或系列号。

（2）医疗器械的使用时间。

第 10 章

CHAPTER 10

# GS1 系统在产品追溯中的典型应用

GS1 一直致力于 GS1 标准体系在产品追溯中的应用，陆续发布了《GS1 全球追溯标准》《鱼类追溯应用指南》《生鲜追溯应用指南》和《医疗健康追溯应用指南》等标准文件，指导实现在全球范围内的产品可追溯。本章系统介绍 GS1 标准在国际、国内的应用情况及典型应用案例。

## 10.1　GS1 标准追溯国际典型应用

目前，GS1 标准已在欧洲、亚洲、美洲、非洲等 60 多个国家的农产品、食品、医疗等领域得到广泛应用，特别是在蔬菜、水果、肉类、鱼类、酒类、乳制品、加工食品等产品的追溯方面取得显著成效。

### 10.1.1　总体情况介绍

本节就欧盟、美国、日本和韩国等地区及国家的追溯实践进行简要介绍。

**1. GS1 标准在欧盟追溯领域的应用**

2005 年，联合国欧洲经济委员会（UNECE）正式推荐 GS1 追溯标准用于食品的跟踪与追溯。在 UNECE 许多分类文件中提及 GS1 标准，如在绵羊胴体和切割物标准（UNECE STANDARD FOR OVINE CARCASES AND CUTS）4.3 中采用 GS1-128 标识 GTIN、重量、包装日期、保质期、批号等信息；在牛肉胴体和切割物标准（UNECE Bovine meat carcasses and cuts）4.1 中采用 GS1 系统的应用标识符来标识 UNECE 代码。

2012 年，两项新通过的 ISO 标准“产品安全”与“产品召回”在重要位置引用了 GS1 标准。同时，经济合作与发展组织（OECD）发布了采用 GS1 追溯标准建立全球产品召回平台。

2014 年 1 月，欧盟出台了针对某些非食品、非医疗产品的消费者安全法规。欧盟委员会成立了产品追溯专家组，研究确认采用 GS1 全球供应链标准是提升产品追溯性和消费者安全、快速召回的最佳方法。

2016 年，为了满足欧盟 1169 号法规的要求，GS1 匈牙利与匈牙利农业部、食品安全局合作建设了食品追溯国家平台，该平台的建设主要是基于 GS1 标准的产品数据与食品安全监管部门、市场主体等相关部门的合作。平台覆盖的产品包括鱼肉、新鲜果蔬、乳制品及白酒等食品，采用的标准包括 GS1 全球追溯标准、GS1 全球追溯关键控制点和一致性准则等。

此外，欧盟很多国家都颁布了基于 GS1 标准的追溯指南，采用 GS1 标准实施对新鲜食品、果蔬、酒类、肉类等的追溯。例如，法国的加工蔬菜和生鲜家禽追溯、英国红酒追溯、荷兰奶制品追溯、克罗地亚的食品和饮料追溯、西班牙的生鲜果蔬追溯、瑞士的加工食品和肉制品追溯、德国肉类鱼类追溯、匈牙利肉类追溯、爱尔兰的鱼类追溯、波兰鱼类、沙拉追溯等，所采用的标准涉及 GTIN、SSCC、GLN、GS1-128 条码等。

**2. GS1 标准在美国追溯领域的应用**

在美国，食品生产企业广泛使用 GS1 技术体系进行追溯。GS1 美国作为 GS1 在美国的成员组织，不断加强与各行业协会的合作，共同推动 GS1 标准在产品追溯领域的应用。2010 年，部分美国肉制品协会（美国国家火鸡联盟、美国羊肉委员会、美国养鸡协会、美国牛肉协会、国家猪肉委员会）和 GS1 美国按照 GS1 畜禽肉追溯标准制定了牛肉和禽肉追溯指南；2011 年，美国渔业学会和 GS1 美国共同制定了海产品追溯指南；2013 年，美国乳品协会、国际乳制品、熟食、焙烤食品协会和 GS1 美国共同制定了乳制品、熟食和焙烤食品追溯指南。在这些标准里都涉及采用 GTIN、SSCC、GLN、GS1-128 条码等 GS1 标准进行追溯。

此外，美国农产品营销协会、美国新鲜农产品协会、GS1 美国与加拿大农产品营销协会等共同发起了农产品追溯行动倡议（Produce Traceability Initiative，PTI），倡议采用全球水果蔬菜追溯实施指南和 GS1 所建立的工具，在新鲜水果和蔬菜行业供应链中进行产品追溯，以提高追溯效率，采用的主要标准包括 GTIN、SSCC、GLN、GDSN 等。目前已有上百家生产商、制造商和零售商加入了该倡议。

在食品饮料行业，GS1 美国与全球食品追溯中心（GFTC）合作，推进 GS1 标准（GTIN、SSCC、GLN、GS1-128 条码、GDSN、EDI、EPCIS）在全球追溯解决方案中的实施和应用。

**3. GS1 标准在日本追溯领域的应用**

日本食品市场研究中心在日本农林水产省、食品安全和消费事务局的指导下，开展了许多追溯项目，制定了一系列的追溯指导性文件。《食品可追溯性系统指南》是由食品市场研究中心制定的，2003 年 4 月发布第一版，2007 年和 2010 年 2 次修订和完善，该指南涉及对贸易项目的标识采用 GTIN，对单品标识采用 SGTIN，对物流单元的标识采用 SSCC，对位置的标识采用全球位置码 GLN，推荐可以采用 GS1-128 码用于产品标签和物流标签标识，标识产品、生产日期、有效期、数量、批号、系列号等信息。

此外，食品追溯指南委员会还制定了一系列相关追溯指南，推荐采用 GS1-128 用于产品标签和物流标签的标识。指南主要包括：国产牛肉溯源手册，收货、装运和配料来历信息的追溯系统指南，针对食品可追溯建设的食品服务业指南，水果蔬菜追溯指南，贝类食品追溯指南（牡蛎、扇贝），蛋类食品追溯指南，养殖鱼追溯指南和紫菜追溯指南等。

**4. GS1 标准在韩国追溯领域的应用**

韩国出台了加工食品追溯法案，适用于加工食品（国内和进口）企业。法案规定公司若想做追溯，必须将追溯信息提供给政府并监督，且公司必须通过计算机系统管理可追溯性信息，公司可以把追溯标识关键字做成条码。追溯标识关键字可以是以下这种形式：GTIN（13 位数）+追溯码（制造商/进口商制订）/追溯注册码（12 位数，从政府获取）。

为保障消费者的安全，2009 年，韩国知识经济局和 GS1 韩国联合三个相关政府主管部门——韩国食品药品监督管理局、环境保护部和韩国技术标准局建立了韩国不安全产品筛查系统——UPSS 系统。UPSS 系统是一个供政府部门和检测机构使用的能够阻止产品销售，防止污染食物销售到终端消费者手中的系统。该系统主要通过采用 GS1 标准，更加方便快捷地分享不安全产品信息来保障消费者安全。

一旦政府检测机构发现产品安全问题，会将不安全产品信息发给 GS1 韩国的 KOR EAN net，GS1 韩国的 KOR EAN net 再实时将信息传给零售商，零售商获取信息之后，会停止将产品继续卖给消费者。在此信息传输过程中，GS1 GTIN 用于产品的标识。目前，在韩国有 50 多家零售商，超过 6.6 万多家商店加入了这个系统。此系统应用于线下和线上。

在未采用 UPSS 系统之前，在零售分销商准备采取必要措施应对产品安全事件时，不安全的产品仍会被卖给消费者，现在这种时间上的延迟由于采用 UPSS 系统已经被消除。而且该系统减少了召回概率，降低了管理成本，提高了公司品牌形象。

### 10.1.2 追溯应用案例

**案例 1：秘鲁 Leocar EIRL 的牲畜管理和遗传改良追溯实施**

**1. 项目背景**

如今，消费者对食品质量的要求越来越严格，他们想知道关于肉类产品的各种信息，要求明确指出“谁”“何时”“何地”对肉产品做了“什么”。他们想知道动物是如何饲养的，喂养的饲料是什么，如何屠宰，加工和包装的，以及肉产品运输的进程。

不仅大型食品加工企业，甚至一个人的生产商也面临这些挑战。无论消费者在哪里购买肉制品，他们都要求所有规模的企业提供相同的信息。这种不断增长的数据需求使养牛公司 Leocar EIRL 考虑建立一个追溯系统，用以在整个生产链中提供最新的、准确的信息。

**2. 项目实施**

Leocar 采用了 GS1 标准，特别是 GS1-128 条码和系列货运包装箱代码（SSCC）。通过使用 GS1 标准，Leocar 可以获得有关牛的所有类型的信息。GS1 标准使生产商能够追踪有关牛和产品的信息，包括每个生产步骤的细节。用 GS1 条码表示的 GS1 标识符为可追溯性解决方案提供了必要的基础。

Leocar 从牛的出生开始就使用 RFID 耳标（见图 10-1），以这种方式记录牛从出生到胴体或不同的切割物出售的整个生命旅程。在整个供应链中，信息收集的过程变得更加有效。

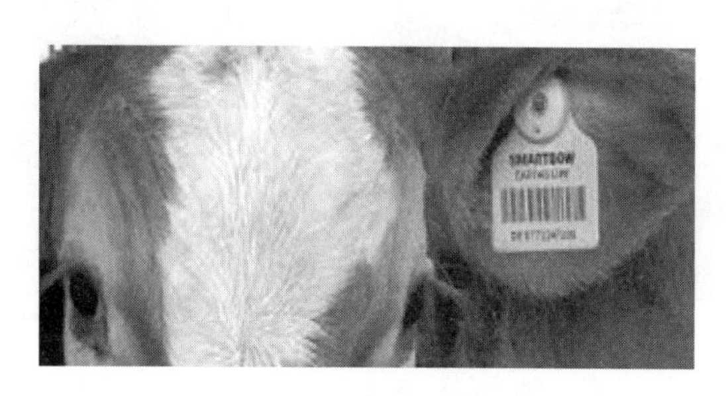

图 10-1　牛只 RFID 耳标示例

有了 RFID 标签，生产商就可以更好地控制饲料、育肥、兽医、死亡和胴体处理等方面的开支。精确、完整的信息从动物生命之初就可以自动收集和检索，运输商和零售商只需简单扫描 SSCC 和 GS1-128 码即可对信息进行控制。

牛只从出生到最终销售的追溯流程中的关键追溯事件和关键数据元素包括：

第 1 步：牛的 RFID 耳标符合 ISO 11784（动物射频识别系统—编码结构）和 ISO 11785（动物射频识别系统—技术概述）标准的 HDX 和 FDX 频率要求。（见图 10-2）。

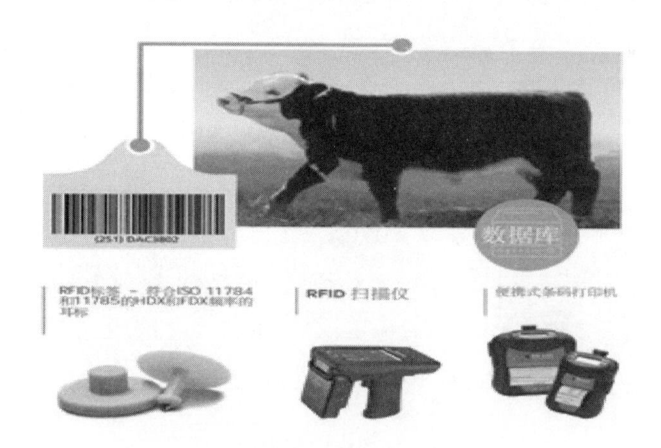


图 10-2　用耳标上的 RFID 标签标识牛

本步骤输入的数据：

（1）牛的位置采用饲养牛犊的农场的 GLN（全球参与方位置代码）标识。

（2）出生日期。

（3）来源数据：出生地、健康事件、饲料。

（4）育肥方法。

（5）疫苗接种和其他兽医数据。

第 2 步：用标签标识胴体（见图 10-3）。

图 10-3　用标签标识胴体

本步骤输入的数据：

（1）牛的标识数据。

（2）来源数据。

（3）批号。

（4）屠宰日期。

（5）重量。

第 3 步：用 GS1 标签标识牛肉初步加工过程（见图 10-4）。

图 10-4　标识牛肉初步加工过程

本步骤输入的数据：

（1）牛的标识数据。

（2）来源数据。

（3）批号。

（4）生产日期。

（5）重量。

第 4 步：用 GS1 标签标识牛肉的次加工过程（见图 10-5）。

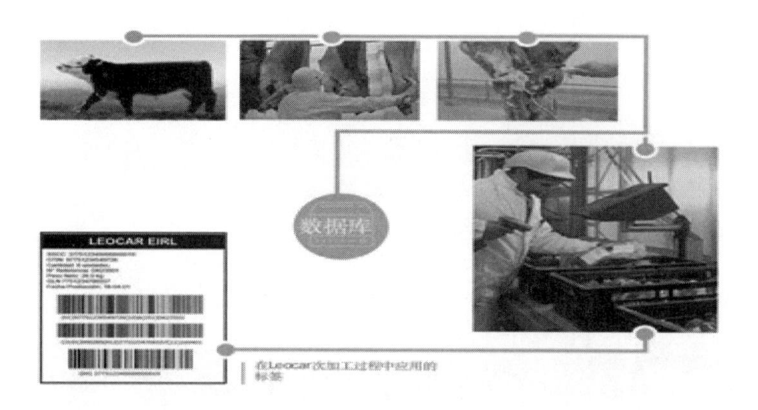


图 10-5　用 GS1 标签标识牛肉的次加工过程

本步骤输入的数据：

（1）牛的标识数据。

（2）来源数据。

（3）批号。

（4）生产日期。

（5）重量。

（6）切割方法。

（7）肉类生产公司的位置。

第 5 步：用 GS1 标签标识牛肉分销信息（见图 10-6）。

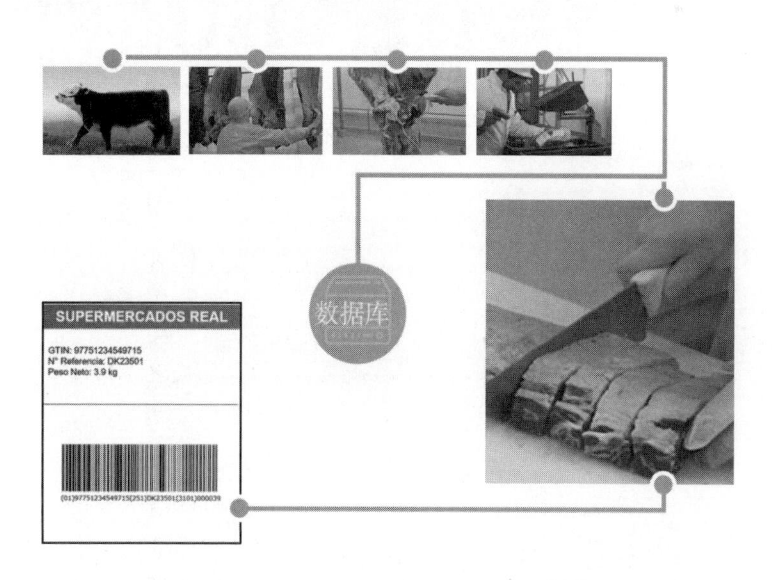


图 10-6　用 GS1 标签标识牛肉分销信息

本步骤输入的数据：

（1）牛的标识数据。

（2）来源数据。
（3）批号。
（4）生产日期。
（5）重量。
（6）肉类生产公司的位置。
（7）零售商或饭店的位置。
第 6 步：牛肉零售标签信息（见图 10-7）。

图 10-7　牛肉零售标签信息

本步骤输入的数据：
（1）牛的标识数据。
（2）来源数据。
（3）批号。
（4）生产日期。
（5）重量。
（6）零售商的位置。
（7）价格。

**3. 实施效果**

Leocar 通过应用实施 GS1 追溯系统，在节育、育肥和牲畜效益等牲畜管理方面的水平提高了 30%，并且实现了优质牛种（安格斯）受精牛的全链可追溯。在生产和运输的整个过程中，实现了 100%的监控和跟踪，为 Leocar 和其贸易伙伴增加了价值链的透明度。通过提供有关肉制品来源的详细、完整的信息，提高了消费者信心。

**案例 2：契普多（Chipotle）墨西哥餐厅实现对食品的安全追溯**

### 1. 项目背景

Steve Ells 于 1993 年成立契普多（Chipotle）墨西哥餐厅，Chipotle 的理念是“良心食品”。为了实现这一使命，提供由更好的原料制成的食品，Chipotle 需要有效地与大型供应商合作伙伴网络建立一个全公司范围的可追溯流程。

Chipotle 与 FoodLogiQ（一家食品行业可追溯性解决方案提供商）进行了合作，以实施利用 GS1 标准共享供应链各环节标准化产品信息的可追溯项目。

### 2. 项目实施

Chipotle 可追溯项目的实施使得公司能够将新鲜食物追溯至源头，包括种植农产品的农场，如图 10-8 所示。

Chipotle可追溯项目的实施，使得公司能够将新鲜食物追溯至源头，包括种植农产品的农场

供应商可追溯性清单：

——公司前缀和公司其他信息。

——公司主要联系方式。

——为与Chipotle计划相关的设施、农场或农田创建位置记录。

——各相关位置的全球位置码 (GLN)。

——为销售至Chipotle的每件产品创建产品记录。

——输入各产品的全球贸易项目代码 (GTIN)。

——上传Chipotle所要求的文件，包括法律、保险和规范文件。

——完成产品类别的可持续性调查（若需安）

图 10-8　新鲜食品生产地

（1）采用 GS1 编码标识，为实现可追溯奠定基础。FoodLogiQ 维护 Chipotle 的可追溯系统，经批准的供应商能够在该网站汇集和存储追溯信息。

使用简单、分步式的注册流程，Chipotle 供应商可在追溯系统内创建和管理自己的资料信息，包括基于 GS1 标准的数据，如可唯一标识公司品牌的 GS1 公司前缀，供应商还可以为其各农场、加工厂或配送中心提供全球位置码（GLN）。

供应商还为进入 Chipotle 厨房的食材、饮料甚至是餐纸等每一件和每种产品提供全球贸易项目代码。同时，每家供应商的地址和产品会有唯一的标识信息，为最终跟踪每件农产品奠定基础。

为了跟踪原材料进货及出货产品的信息，供应商提供的每件产品必须使用含有产品名称和全球贸易项目代码（GTIN）、批次/批号和包装日期或有效日期（使用 GS1-128 条码编码）的标签。

准备货物时，要对箱子进行托盘化处理并关联 GS1 系列货运包装箱代码（SSCC）。混合式托盘标签上，要包含 SSCC 以及包含 GTIN、批号/批次和托盘上箱子数量信息，并使用 GS1-128 条码进行标识。

（2）分步实现可视化。通过种植者、分销商和加工商提供的全部关键数据元素，包括 GTIN 和批次/批号，Chipotle 将来自 FoodLogiQ 全链条可追溯解决方案的供应商系统的所有跟踪数据与 GS1 标准联系到一起。各个箱子上的供应商标签提供 GS1 全球贸易项目代码（GTIN）和其他产品数据，可用于跟踪入库和出库的原料，如图 10-9 所示。

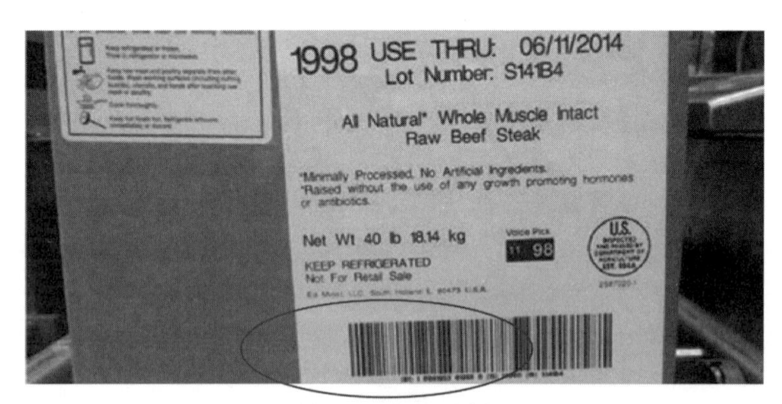


图 10-9　标签示例

为了将原材料与来源地、原料与制成品以及制成品与制造商和分销商联系到一起，Chipotle 要求供应商也跟踪和共享关键追溯事件（简称 CTE），其中规定了六项 CTE，从将农产品装箱和分配至托盘的种植者开始，到分销商将箱装食物运送到 Chipotle 餐厅。由于 GS1 标准的互操作性，设置了识别供应链食品的统一方法。如果发生某种情况，能够更加快速地应对召回，如图 10-10 所示。

图 10-10　箱标签示例

（3）推动食品安全和可持续性。通过追溯系统，可自动采集和共享其他类型的信息，如供应商的食品安全检查文件、产品规范和配方。

Chipotle 餐厅的反馈有助于跟踪质量保证指标，系统会采集产品情况、生产日期和温度等合规性信息，这些对新鲜农产品和需要冷藏的食品尤为重要。如果供应链内的产品无法满足某些标准，比如温度或条件，质量关卡会停止该产品信息的输入；系统还可自动提醒 Chipotle 供应商上传新版的关键商业文件，如在有效期内的审计和保险证书。原料供应商可使用追溯系统来验证原材料以及分销商的发货和到货时间，向 Chipotle 发货的分销商可验证其货物是否立即抵达并可使用信息来简化货品计价和库存流程。

**3. 实施效果**

通过与 Chipotle 种植者和供应商共同发起的可追溯性项目，利用可靠的 GS1 标准来实现公司的全供应链可追溯性目标，不仅能够确保所供应食物的安全和质量，而且能够提高其供应商遵守环保和承担社会责任的能力。同时，实施追溯系统后，实现了供应链的更高的可视化，确保使用更好食材。

**案例 3：SunFed 使用 GS1 标准对农产品进行追溯**

**1. 项目背景**

SunFed 是一家位于美国亚利桑那州的私人控股全方位服务的农产品公司，以西红柿、南瓜、甜瓜、黄瓜、辣椒、豆类和茄子的包装以及延长货架寿命方面的创新而著称，公司有遍及 31 个地点的种植基地，几乎全年提供多种新鲜农产品。公司一直致力于食品安全，SunFed 有食品安全专员负责的内部食品安全标准和审核，SunFed 的所有种植者均遵守食品安全方案，并接受第三方田间测试。SunFed 与 HarvestMark（一家 GS1 美国解决方案合作伙伴），成为最早推动农产品可追溯性的企业之一。其中，HarvestMark 总部位于加利福尼亚，有 200 多家客户，在美国、墨西哥、加拿大和拉丁美洲有 3000 多家农场，并且为 30 多亿包新鲜食物实现了可追溯性，包括浆果、瓜类、西红柿、土豆、药草和家禽。

在 HarvestMark 和 GS1 标准的帮助下，SunFed 已将箱子和产品可追溯性整合为其业务中不可或缺的一部分，实现了农产品从农场到厨房的完全可追溯性。

**2. 项目实施**

HarvestMark 和 SunFed 间的合作伙伴关系始于产品可追溯性计划（Produce Traceability Initiative，PTI）——一项 50 多家农产品行业公司发起的自愿计划，旨在到 2012 年年底应用统一的供应链标准以实现箱子级别的农产品可追溯性。PTI 采用世界上应用最广泛的产品标识和供应链标准——GS1 标准。

在箱子级别追溯的基础上，HarvestMark 为 SunFed 提供了一个产品级标识和管理的整体解决方案，能够为产自 SunFed 农田的每个蜜瓜、甜瓜、西瓜和茄子贴标签。当 SunFed 包装者从精选产品中选择一些发送给客户时，会为每件产品贴上一个 HarvestMark 和 SunFed 专有的序列码标签——消费者可利用该序列码在 HarvestMark 网站上或智能手机的 HarvestMark 应用程序上获取关于种植者的信息。每个产品还贴有 GS1 DataBar 多向排式条码（为零售商的零售端交易编码一个项目等级 GTIN）。然后，每件产品装入箱中，箱子上标有 GTIN 和相应批次/批号的标签。由 HarvestMark 提供的产品序列码和箱子级别的 GTIN 都关联相同的批号，如图 10-11 所示。

例如，哈密瓜在供应链中以箱子为单位进行流通，箱标签可追溯至零售商。从箱子中取出产品放到货架上时，通过产品上的标签能够实现产品的可追溯性。例如美国食品药品管理局发现一个哈密瓜的某项测试为阳性，但是箱子已经丢掉了，他们仍然能够立刻追溯其来源，如图 10-12 所示。

图 10-11　箱子上贴标签

消费者可用智能手机扫描数据矩阵码内的 HarvestMark 序列码以获得该项目的信息——比如是否面临召回。

产品上的 GS1 DataBar 条码可为零售商提供零售端信息。

图 10-12　哈密瓜上标签

序列产品代码可以在 HarvestMark.com 网站上进行追溯，消费者可直接用智能手机扫描并立即获得该产品的追溯信息，如它的种植地以及是否面临召回。例如，消费者可以看到哈密瓜来自 SunFed，查询到种植哈密瓜的墨西哥农场，甚至可以看到农场图片、采摘日期、农民背后的故事、营养信息以及食谱等信息。如果农产品已经被认证为有机产品，消费者可点击查看证书，进而提高品牌诚信。

哈密瓜等高度易腐的产品需要在一个复杂的供应链中流通，搬运不当可能会导致食物浪费。实现可追溯性后，SunFed 获得了整个供应链内的可视性，进而能够更快地将新鲜水果和蔬菜交付到商店货架，并且了解消费者是否在享用其极力保鲜的农产品。

### 3. 实施效果

目前，其产品有 95%采用了箱子或产品级可追溯性系统，正努力将更多产品实现单个产品的可追溯性。

通过 GS1 标准实施可追溯性，企业能够实时获得产品信息，有效提高了库存管理水平和品牌效应，消费者也能够获取关于自己所食用食物的种植、来源等相关信息，实现产品来源可溯，去向可追，有效保障产品质量。

**案例 4：在阿勒曼医院实施药物可追溯性**

### 1. 项目背景

为了减少抗逆转录药物扩散带来的严重风险，阿勒曼医院（Hospital Alemán，HA）实施了一个可追溯系统，该系统符合阿根廷国家药品、食品和医疗器械管理局（ANMAT）于 2011 年年底提出的新法规,它通过 IT 系统,使用 GS1 标准全球统一语言明确标识产品。所有药物移动都由 ANMAT 使用全球位置码（GLN）管理的中央数据库实时记录，以识别供应链中涉及的各种代理商。

### 2. 项目实施

（1）建立内部可追溯系统。当阿根廷国家药品、食品和医疗器械管理局（ANMAT）实施其国家药品可追溯的规定时，Alemán 医院建立了一个内部可追溯系统，不仅符合该规定，而且确保在分离、重构或重新包装产品时，单位剂量产品的完全可追溯性，从而确保患者的权利（正确的患者、正确的药物、正确的剂量、正确的时间和正确的途径）成为现实。

（2）追溯系统实施的步骤。在医院，可追溯系统涉及三个具体步骤：

①医院接收可追溯药物。

②药房的单剂量分级，确定每个单位剂量的商品代码和药物系列号。

③给患者服用。

一是药品的可追溯性。当医院接收到药物并开始采集数据时，可追溯性过程开始。医院收到药物后，报告给 ANMAT 并获得该药物 ID。在 ANMAT 的网站上使用交易 ID 确认药物的可追溯性。可追溯药物在住院病房的药房以单位剂量分级。使用印刷的 GS1 DataMatrix 链接到标记的二次包装的所有原始信息，在所有类型的展示和剂型中重新标记这些药物。单位剂量重新包装通过无菌过程完成，其中原始泡罩包装被切割并且每个单位剂量单独包装。其中，在药品追溯中使用 GS1 标准包括全球贸易项目(GTIN)、供应商的全球位置码（GLN）、系列号、与接收 GLN 关联的到期日期等。为了保证药品质量，所有供应商都需要提前经过审核，确保产品始终按照质量标准进行生产和控制，并符合上市许可/产品许可证（药品生产质量管理规范-GMP）的要求。

二是药品信息数据载体。供应商必须根据国家可追溯性法规提供正确包装标识，必须使用三种符合 GS1 标准的数据载体之一进行识别，并将其放置在二级包装上，分别是一维条码、二维码和 RFID，如图 10-13 所示。

图 10-13　GS1-128 条码示例

在 Alemán 医院计划中，护士的工作至关重要，在将药物给予患者之前，这是治疗的关键阶段之一。护士读取药房分配药物的条码，确认在电子系统中使用药物，不仅有助于提高患者安全性，而且可以节省时间。

**3. 实施效果**

药物可追溯性过程对于提高患者的安全性非常重要，特别是对于需要服用多种药物的老年患者。通过项目实施，提高了 Alemán 医院的可追溯性，同时，Alemán 医院开发了符合 ISO 9001 标准的全面质量管理体系，确保了所管理的药物符合规定的质量要求。

**案例 5：美国赛百味 IPC 端到端可追溯案例**

**1. 项目背景**

独立采购合作机构（IPC）是赛百味的加盟商拥有的公司，主要负责全球 43 000 多家赛百味餐厅的供应链流程。但 IPC 发现产品信息的不一致导致其供应链受到严重干扰，从而对成本和食品安全造成重大影响。不准确的重量和尺寸数据意味着运费计算不准确，从而导致多收费用、延误和浪费现象。为此，IPC 需要一个系统来实现完整的供应链可见性，以优化其运营。所以，IPC 于 2013 年发起了一项提高其产品数据质量的计划，最终目标是在其供应链中实现端到端的可见性——即从供应商站点到配送中心，再到赛百味餐厅的消费者餐盘。

**2. 项目实施**

此项计划要克服的第一个难关是让其供应商和分销商对他们的每个产品进行唯一性标识。IPC 为此选择了 GS1 标准，使用全球贸易项目代码(GTIN)进行产品识别。然后，IPC 能够使用 GS1 全球数据同步网络共享此产品数据——GTIN 以及产品的属性。同时，IPC 还要求供应商和分销商为其存储或制造产品的每个物理位置分配一个全球位置编号

（GLN），在 GS1-128 条码中编码 GTIN、日期和批次，以进行标记和扫描包裹及箱子，并使用 GS1 系列货运集装箱代码（SSCC）来识别托盘上包含的产品、发票、库存文件和提前发货通知（ASN）等交易文件中也使用了 GS1 标准。

供应商生成的 GS1-128 条码，为赛百味餐厅提供大量有用的产品数据，包括交付的产品保质期是否短或正在撤回或召回。对于分销商而言，通过这些产品数据（可追溯性的重要组成部分）获得的额外可见性有助于他们在跟踪和管理库存时更加高效和精确，如图 10-14 所示。

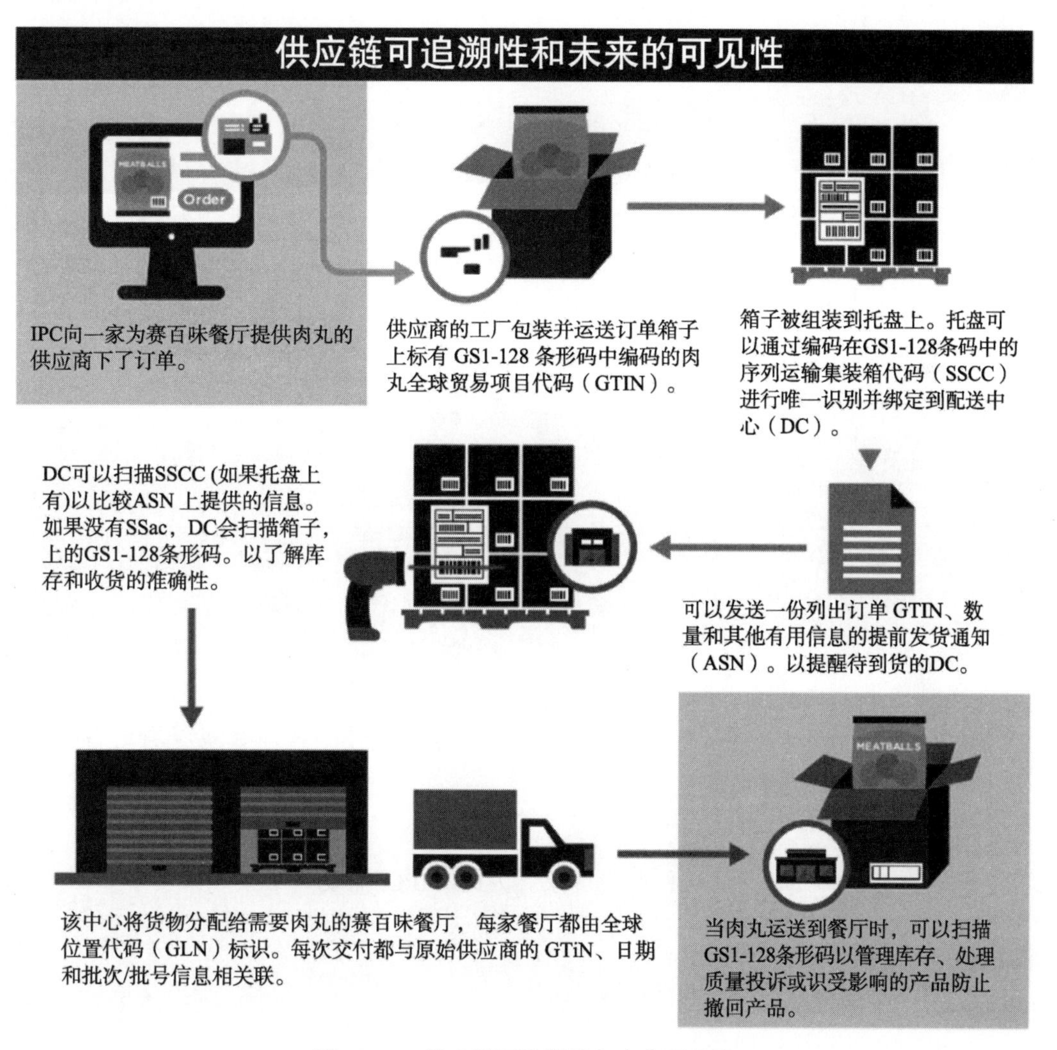


图 10-14　供应链可追溯性和未来可见性

FoodLogiQ 是一家可追溯技术提供商和经过认证的 GS1 US 解决方案合作伙伴，可帮助 IPC 通过批次/批号和失效日期了解产品的位置，并帮助贸易伙伴同步供应链事件。在 IPC 产品追溯的整个过程中，所有数据都被采集并存储在 FoodLogiQ Connect 平台内的 IPC 数据库中，以便在产品召回的情况下进行查阅。

### 3. 实施效果

IPC 一直在与其供应链合作伙伴合作，不断建立和完善 GS1 质量数据标准的基础，以满足其餐厅和消费者对信息透明度的要求。如今，供应商和分销商使用 GS1 标准对产品和位置进行唯一性标识，并可通过全球数据同步网络（GDSN）交换产品信息。

IPC 能够根据 GS1 标准授权的准确产品数据和 GDSN，通过最大限度地提高卡车装载能力，每年能够节约成本达 130 万美元。此外，标准化的产品数据可提高运营效率、降低供应链成本并节省时间和劳动力。通过使用标准化产品数据，赛百味餐厅可以改进他们的库存管理，并通过更快、更准确地响应产品召回和撤回以加强食品安全实践。

由 GS1 标准提供支持的可追溯系统和 GDSN 的通信通道，除了从成本高昂的召回和检索操作中节省资金外，还为每个从“农场到餐桌”的供应链参与者提供了好处。供应商对产品进行一次编码，便可以高效地供应数百名客户，分销商则能更好地进行库存管控并避免浪费。如果赛百味餐厅收到超过其内部保质期标准或已过期的产品，系统将自动发出警报。这种机制不仅有助于餐厅及时发现和处理不合格产品，同时也为消费者提供了更可靠的食品安全和质量保障。

**案例 6：越南大叻牛奶供应链追溯系统试点实施案例**

### 1. 项目背景

越南大叻牛奶及其合作伙伴的所有业务流程和文档都是手动记录并纸质保存，没有系统的追踪产品和保存记录的方法。在牧民层面，所有的文档都是手写的，在牛奶收集中心，85%的追踪和溯源数据是手动采集的，并且数据没有关联在一起，无法追溯到源头（牧民、原料奶缸和奶牛）。在大叻牛奶厂、分销中心和零售商层面，70%的生产和采购计划均以 Excel 为基础。为了提高整个生产链的效率和产品质量安全保证，在大湄公河区域进行了基于全球公认追溯标准的追溯系统试点建设，使企业能够拥有可有效追溯产品来源并借助信息技术管理生产程序操作系统。

### 2. 项目实施

大叻牛奶供应链流程包含七个阶段（见图 10-15），对于每个阶段的主数据和应用的 GS1 标准见表 10-1。其中该试点建设过程涵盖了牛奶供应链流程七个阶段中的四个关键阶段：牧场、牛奶收集点、运输和牛奶厂。

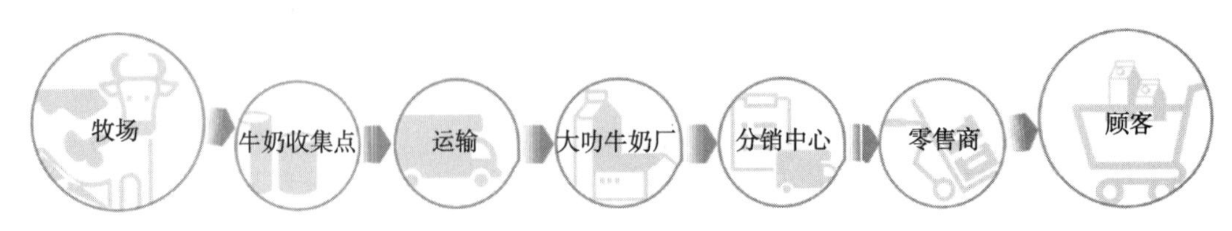


图 10-15　牛奶供应链流程

软件系统 WeCheck 收集来自奶制品生产商（农户）的验证信息后共享给大叻牛奶厂、

分销中心和零售店，并允许工厂以电子方式系统地验证产品信息，即测试结果、哪头牛生产了哪批奶、生产时间等。原材料和最终产品都被系统地贴上了 GS1 标识符和可追溯印章。可追溯印章则采用四种独特且符合国际标准的 GS1 代码（GTIN、GLN、GIAI 和 SSCC）进行设计，信息可以实时访问。这些收集来的信息和数据被数字化并存储在 GS1 越南服务器中，此类信息被编码成条码，且每种产品和每个生产批次都有不同的代码，如图 10-16、图 10-17 所示。

**表 10-1　牛奶供应链流程主数据和使用的 GS1 标准**

| 定义 | 用于牛奶加工和生产的材料和资产 | 输入材料和资产 | 一个生产周期的成品 | 用于创建、存储和检索信息的 GS1 标准 |
| --- | --- | --- | --- | --- |
| 牧民 | 奶牛和（小罐）牛奶 | 生牛奶 | 生牛奶 | 来自牧场的生牛奶的 GTIN<br>来自牧民的奶罐的 GIAI<br>牧场的 GLN<br>牛奶收集点的 GLN |
| 牛奶收集点 | 6 吨奶罐 | 生牛奶（通过质检） | 生牛奶（通过质检） | 来自牧场的生牛奶的 GTIN<br>来自牧民的奶罐的 GIAI<br>来自牛奶收集点的奶罐的 GIAI<br>牧场的 GLN<br>工厂的 GLN |
| 运输 | 奶车，4 吨奶罐 | 生牛奶（通过质检） | 生牛奶（通过质检） | 卡车上混合生牛奶的 GTIN<br>牛奶收集点的 SSCC<br>卡车的 GIAI<br>牛奶收集点的 GLN |
| 牛奶厂 | 等待奶罐到来 | 生牛奶（通过质检） | 生牛奶（通过质检） | 卡车上混合生牛奶的 GTIN<br>工厂的 GLN |
| 分销中心 | — | 巴氏杀菌无糖牛奶 950 ml | 巴氏杀菌无糖牛奶 950 ml | 无糖加工牛奶的 GTIN<br>工厂的 GLN<br>分销中心的 GLN |
| 零售商 | — | 巴氏杀菌无糖牛奶 950 ml | 巴氏杀菌无糖牛奶 950 ml | 无糖加工牛奶的 GTIN<br>分销中心的 GLN<br>零售商的 GLN |
| 顾客 | — | 巴氏杀菌无糖牛奶 950 ml | — | 无糖加工牛奶的 GTIN<br>分销中心的 GLN<br>零售商的 GLN |

图 10-16　成品上的二维码

图 10-17　信息编码成条码

通过引入追溯系统和用于数据交换和协作的 WeCheck 软件，供应链合作伙伴（牧民、牛奶收集中心、工厂、分销中心和零售商）能够以电子方式将产品历史信息输入到集中化的数据库中。这提供了更好的产品可追溯性，帮助了 QA 团队的质量控制工作，并提高了访问、检索、处理和管理数据的效率，更加快捷方便。

**3. 实施效果**

通过 WeCheck 软件和应用程序引入中央数据库，提高了大叻牛奶各部门之间关于产品卫生、安全和质量的验证信息的交换效率和传输效率，最大限度地减少了书面错误并手工文书的工作量。在牛奶收集中心，员工的处理时间减少了 50%，文书工作减少了 70%；在大叻牛奶厂，手写纸质文档减少了 80%。这可作为原材料召回的有效信息共享工具，以高效管理消费者的食品安全风险。有了追溯系统，各参与方都可以访问、追溯牛奶的来源和质量，确保产品有更好的可追溯性，提供有关牛奶从零售节点返回到源头的完整可追溯性信息。然而，查询所有供应链可追溯性信息最多仅需两秒钟，这将有助于加强利益相关者和消费者之间的信任，如图 10-18 所示。

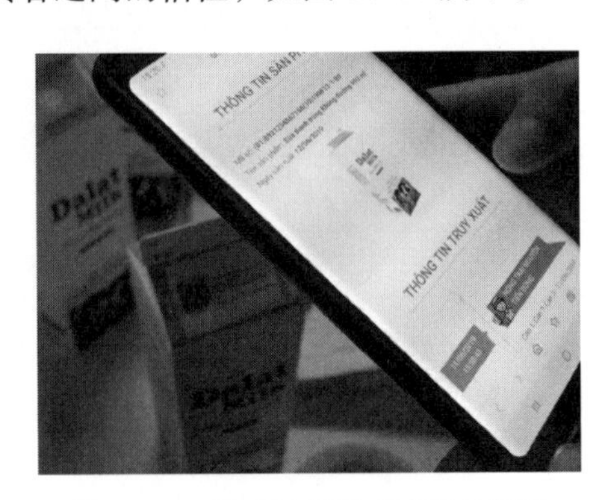


图 10-18　移动设备端查验商品信息

### 案例 7：GS1 爱尔兰与行业合作满足欧盟鱼类产品可追溯性

#### 1. 项目背景

市场和消费者迫切需要食品行业提供更完整、准确的产品信息，并进一步完善食品安全措施。在鱼类和水产品方面，欧盟已经发布很多法规，要求整个海鲜供应链各方共享产品信息。欧洲委员会（EC）1224/2009 和 EC 404/2011 法规专门针对鱼类和水产品追溯信息的采集与共享，要求所有批次的鱼类产品的所有生产、加工和配送阶段均可追溯。这就要求伴随鱼类产品整个供应链（从渔船到消费者）的搬运、包装、储存、销售和加工信息必须准确、真实。

2012 年，在经济条件不利和战略目标亟待实现的背景下，包括爱尔兰海产品委员会（BIM）、海洋渔业保护局（SFPA）、GS1 爱尔兰以及渔业合作企业和加工者在内的行业利益相关者共同发起了一项 e-LOCATE 项目，在渔业领域实践最佳可追溯性，以满足上述要求采用 GS1 标准来建立追踪框架。

#### 2. 项目实施

BIM 和 SFPA 发起的这个项目，由欧盟资助，通过新硬件和软件支持追溯性实施，为爱尔兰海鲜企业提供资金支持。项目的核心是该行业从纸质文档转变为现代化自动识别和数据采集（AIDC）技术，如条码扫描以及以标准化电子方式存储和共享信息。

GS1 爱尔兰促进了行业各方的合作，并通过使用全球 GS1 标准来实现可追溯性，具体包括：

（1）使用全球贸易项目代码（GTIN）来识别产品，如冻鱼类型。

（2）使用全球位置码（GLN）来识别位置，如具体的渔船、鱼池或渔区。

（3）使用系列货运包装箱代码（SSCC）来识别物流单元，如鱼类产品箱子，通常用 GS1-128 条码编码，承载其他追溯信息，如有效期和批号。

（4）鱼类包装盒上的 GS1-Data Matrix 条码，用于承载追溯信息。

为支持该项目实施，GS1 爱尔兰使用 GS1 全球追溯计划来进行可追溯性评估，以评价公司是否符合标准，尤其是与欧盟鱼类可追溯性法规相关的要求。

#### 3. 实施效果

实施 e-LOCATE 项目后，爱尔兰的渔业在实施全球最优追溯方案方面已有了很大的发展，标准化流程保证了合作伙伴间无缝分享和接收追溯数据。几乎所有的客户都能接受标准化的标签和电子信息，贸易伙伴间使用统一的交流途径分享和接收追溯数据：一是通过自动记录追溯数据实现有效的合规性，自动识读 e-LOCATE 标签记录必要的追溯信息，代替手动记录接收产品，满足法律法规要求；二是提升产品成本和库存管理分析，定向地改善了召回过程；三是利于改善客户服务和关系，满足消费者需求。

# 10.2 GS1 标准追溯国内典型应用

## 10.2.1 总体情况介绍

在国内，中国物品编码中心通过“条码推进工程”项目的实施，依托全国 47 个分支机构，在全国范围内开展了上百个基于商品条码追溯技术的食品安全追溯示范项目。这些项目包括：北京牛肉产品追溯应用示范系统、山东蔬菜追溯信息系统、上海副产品质量安全信息查询的应用、新疆哈密瓜追溯系统、四川茶叶追溯体系、天津中草药追溯系统等，它们形成了良好的示范效应，也形成了一批地方追溯标准。

目前，我国各地食药监，如广东、江苏、山东、上海、福建、甘肃、安徽、宁夏、深圳、云南等政府监管部门，有的通过商品条码建立起了索证索票、进销存电子台账；有的以商品条码加批次等对产品实现追溯监管，提升产品质量监管水平。它们包括江苏食药监追溯平台、广东省食品溯源平台、山东食药监追溯平台、上海市食品安全追溯信息平台、深圳市食品安全追溯信用管理系统等。

我国很多外贸企业都注重使用全球统一标准来实施追溯，例如麦当劳在 2016 年要求其 100 多家供应商都采用商品条码技术体系进行追溯；可口可乐大中华区（中粮可口可乐集团，太古集团、可口可乐中国、可口可乐装瓶商生产(东莞)有限公司等）内部达成一致，采用 GS1 标准进行追溯。

下面简单介绍国内比较成熟的基于 GS1 标准的追溯案例。

## 10.2.2 追溯应用案例

**案例 1　中国食品（产品）安全追溯平台**

中国食品（产品）安全追溯平台（https://chinatrace.org/platform/，见图 10-19）是国家发展和改革委员会确定的“国家重点食品质量安全追溯物联网应用示范工程”，由原国家质量监督检验检疫总局（现国家市场监督管理总局）组织实施，中国物品编码中心负责建设及运行维护。平台基于全球统一标识系统（GS1）建设，采用 EPCIS 对追溯对象、追溯事件进行自定义，实现对不同产品类别各个阶段的完整追溯。政府、企业、消费者等可以通过平台实现对产品的追溯、防伪及监管。

中国食品（产品）安全追溯平台拥有生产企业追溯平台（易码追溯）、经营企业追溯平台、政府监管平台三个子平台，政府、企业、消费者等可以通过平台实现对产品的追溯、防伪及监管，平台已为 3 万余家企业用户提供专业的追溯服务，对上亿种产品实现追溯。

易码追溯平台隶属于中国食品（产品）安全追溯平台（见图 10-20），是中国食品（产品）安全追溯平台面向生产企业提供的产品供应链追溯服务。该平台根据 GS1 EPCIS 国际标准，基于商品条码“全球身份证”特性，帮助企业建立产品全生命周期追溯体系，在满足我国食品安全追溯法规要求的同时，有效提升供应链信息透明度，为企业数字化转型打下基础。

图 10-19　中国食品（产品）安全追溯平台主页

图 10-20　易码追溯平台界面

易码追溯的核心功能是，企业在登录平台后，在平台录入产品的进货、产品管理、销售管理信息后，生成追溯二维码（见图 10-21）。其中进货管理包括供应商信息、原材料基本信息、原材料进货信息、原材料质检报告；产品管理信息包括产品基本信息、生产日期、有效期、产品质检报告；销售管理信息包括销售商信息、销售订单信息。

图 10-21　追溯信息填报页面

企业在平台完成信息录入后，平台会自动生成追溯图谱（见图 10-22 所示），它可以帮助企业掌握产品在各个节点的信息，包括原材料信息、检验报告、销售去向，还可以通过动态查询帮助企业精准定位问题产品或原材料。

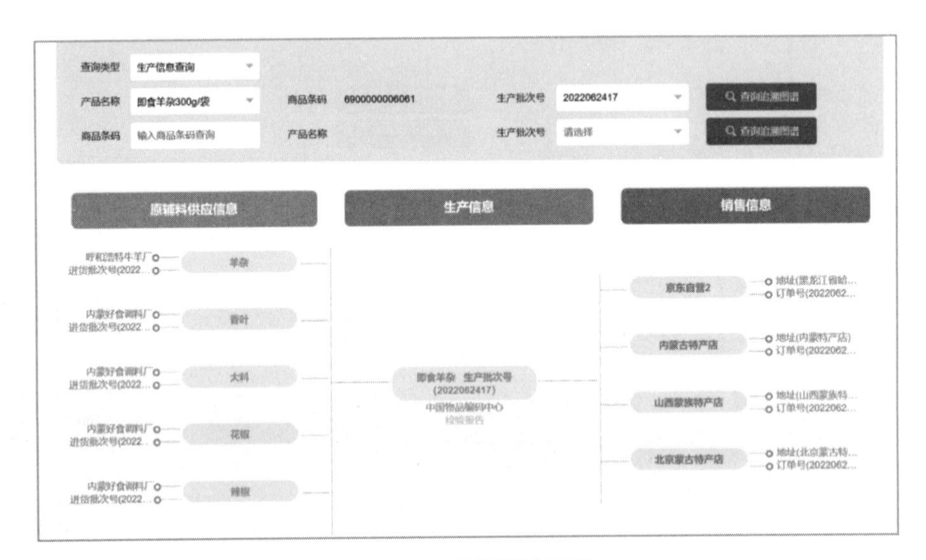


图 10-22　追溯图谱展示

同时，平台也会根据批次生成对应的追溯凭证（见图 10-23）。它不仅可以为企业提供权威的追溯证明，凭证上还会呈现出产品的基本信息、批次信息、商品条码、追溯二维码等内容。下游企业通过扫描凭证即可完成产品出库、入库等操作，可以帮助企业提高供应链效率，降低成本。

易码追溯平台可以实现商品追溯、批次追溯和单品追溯。

在易码追溯系统中，企业可以填报商品级的名称、条码、规格、图片、上市时间、有关链接等内容形成完整的商品信息，并在商品列表界面激活商品追溯二维码即可完成商品追溯。该追溯模式下，只能追溯到商品级的有关信息，当出现任何产品质量问题时，无法精准找到该生产批次的商品，需要全部召回，对企业的损失较大。

图 10-23　追溯凭证

在该系统中完成批次追溯时，是以“商品条码+批号”为关键字，以上述商品级追溯信息为基础，拓展生产批次号和生产日期，并完成该批次的上游进货数据信息、生产加工信息、下游销售数据信息和质量检验信息，从而形成完整的批次追溯链条。

若在该系统中完成单品追溯，GS1 传统的追溯单品码是以“商品条码+序列号”定义单个产品，但需要企业前期规划好所有商品的生产数量，保证编码顺序与数量无误。易码追溯以“文档标识”为基础进行了调整，形成“厂商识别代码+文档类型+校验位+电子标签日期+随机防伪码+自定义序列号”来标识该企业下每个单品。以此为标识的优势是允许企业先生产产品，而后根据不同产品、不同数量进行绑定，对企业的实用性更强，同时拥有随机防伪码，起到了防伪的效果。平台可以提供品类（包含所有批次）、批次和单品三个层级的追溯二维码，帮助企业实现不同精度的追溯。

目前，全国已有 20 余家政府平台采用了“商品条码+批次”的形式开展追溯，由此可见，GS1 追溯标准基于商品条码技术可以帮助企业建立产品全生命周期追溯体系，提高供应链的透明度和效率。该标准的应用能够确保食品从生产到消费各环节数据被准确记录，从而为消费者提供更安全、更可靠的产品（见图 10-24）。

商品追溯码

批次追溯码

单品追溯码

图 10-24　追溯二维码示例

平台的追溯码支持多种渠道扫描，使用市面上支持扫描二维码的软件扫描追溯码，即可查看追溯信息。同时，针对录入了追溯信息的产品，可以通过中国编码 APP、条码追溯 APP、条码追溯小程序扫描产品条码，也可以看到追溯信息。

**案例 2：广东省佛山市顺德区预包装食品追溯**

**1. 项目背景**

顺德位于珠三角广府文化腹地，面积 806 平方千米，常住人口 270.47 万。自古经济发达，商业繁荣，文教鼎盛。顺德美食文化源远流长，天下闻名，被联合国教科文组织授予“世界美食之都”的美誉。而近年来国内外接连不断发生的食品安全事故，引发人们对食品安全的高度关注。如何确保食品安全和质量？如何让顺德市民吃上放心的食品，确保人民群众“舌尖上的安全”？如何成功创建国家食品安全示范城市？这些问题已成为佛山市顺德区政府高度重视的民生问题。

2015 年，被称为“史上最严食品安全法”开始执行，但是现实情况是，顺德区面对着每位监管人员要监管 140 户的现实，让执法监督部门感到人员捉襟见肘。顺德区食品安全监督管理局决定结合创建食品安全城市工作，开展一系列食品安全知识宣传活动，搭建“互联网+食品安全监管”平台，以食用油为切入点进行食品安全追溯，消费者可通过国家食品安全追溯平台和移动客户端软件查询食用油追溯信息。

**2. 项目实施**

顺德追溯项目按照总体规划、分步实施的思路稳步进行，于 2015 年 9 月启动项目一期“食用植物油企业”的试点应用，经过数月的运行，10 余家食用植物油顺利实现产品从原料到销售的全程管理，并成功参加阿里年货节等电商活动，帮助企业既提升了产品管理水平又获得了更多的商业机遇，同时也为顺德追溯项目的实施积累了丰富经验。2016 年 4 月，顺德食品药品监督管理局在项目一期的基础上，开始项目二期实施工作，向大米、小麦粉、肉制品等行业深度拓展，推进产品质量追溯体系的全行业实施。2019 年 4 月，开始实施项目三期工作，建设化妆品追溯系统，实现化妆品行业的原辅料采购、生产过程监管、检验检测、备案、产品销售、单品编码、批量下载、实时解析、防伪、防窜货等追溯及相应的业务监管功能。同时，实施农贸市场追溯系统、小作坊加工追溯系统和电子结算系统。

顺德区食品安全追溯体系的建设，主要采用商品条码与产品批次相结合的形式实现食品的全程电子追溯，利用平台对辖区内重点食品生产企业的生产记录信息、原料采购信息、成品销售实现实时记录和一体化动态监管。生产企业按照“原辅材料进货把关、生产过程控制、产品检验、问题产品召回”等生产环节全过程录入追溯平台，从机制上约束了生产环节，必须按照法规、标准及相关流程操作，从而降低风险、消除隐患、保障食用油的质量和安全，实现产品在原材料采购信息、生产关键环节信息和销售信息的可追溯；同时消费者也可以通过安装国家物品编码中心的“条码追溯”APP 软件，扫描商品条码获取相关食品质量信息，满足其知情权。

在政府、企业和社会的共同推动下，顺德区涌现出了许多食品安全追溯的优秀企业案例（见图 10-25），他们充分利用中国物品编码中心提供的信息化、标准化手段，使消费者或合作伙伴通过微信、条码追溯微信小程序、条码追溯 APP 等扫码工具即可扫码轻松查看产品从原材料到生产加工、检验报告到订单流向的食品供应链信息，让消费者买得放心，用得安心。

| 序号 | 产品名称 | 商品规格 | 品牌 | 企业名称 | 商品条码 | 商品图片 | 追溯网址二维码 | 追溯内容二维码 |
|---|---|---|---|---|---|---|---|---|
| 1 | 鲜肉包 | 720 | 佛宾 | 佛山市顺德区百辉食品有限公司 | 6921500267516 |  | | |
| 2 | 黄金沙拉90克 | 90g/包 | 天晴朗朗 | 佛山市顺德区天晴朗朗食品有限公司 | 06947529501219 | | | |
| 3 | 压榨一级花生油 | 500 ml | 甘竹 | 佛山市顺德区东方油类实业有限公司 | 06920938612493 |  | | |

图 10-25　顺德区食品安全追溯优秀案例

### 3. 实施效果

该项目的实施，有利于帮助企业满足法律法规的要求，落实追溯的主体责任，提升企业管理能力，降低企业风险；强化了政府对食品行业的监管力度，优化了预包装食品商品条码+生产日期/批次的生产过程数字化监管机制，实现政府对企业的远距离实时监控；实现了社会监督，消费者可以通过平台，根据商品条码和生产日期/批号信息查询产品生产、流通和质量检测等信息，若发现问题后，可根据包装上的商品条码和生产日期/批号信息进行举报和投诉，在有效保障和满足消费者知情权的同时，提高消费者对企业产品的消费信心，提高客户满意度。

## 案例 3　GS1 编码系统为“丽水山耕”配上“升级码”

### 1. 项目背景

“丽水山耕”是丽水市生态农业协会于 2014 年 9 月创立的品牌（见图 10-26）。截至 2016 年年底，“丽水山耕”品牌已吸引 230 家农业主体加入“母子品牌”运作，经丽水山耕背书的农产品远销北京、上海、深圳等二十多个省、市，销售额超 20 亿元，平均溢价 33%。“丽水山耕”通过产前、产中、产后一体化经营，三生共赢、三产融合，将现代农业技术与传统农耕文化融合，发展现代农业生产经营主体，打造面向城乡居民消费品质需求的生态精品现代农业。

图 10-26 “丽水山耕”品牌

“丽水山耕”通过引入全球统一标识系统（GS1 系统），助推丽水生态精品农业智慧化、精益化发展，打造“丽水山耕”全程追溯升级版，探索标准化、具有推广性的农业供给侧结构性改革道路。

**2. 项目实施**

丽水山耕产品主要分为预包装产品和生鲜产品两大类。追溯流程和 GS1 应用方案有所区别。

（1）在预包装产品的应用。目前丽水山耕大部分产品为预包装产品，具有以下特点：定量成型包装，产品规格标准化，便于进行统一编码，也易于进行条码标识；生产过程和环节相对规范，企业信息化程度相对较高，易于开展规范化管理，生产流通环节信息相对便于采集；商品条码（GS1 系统中全球贸易项目代码 GTIN 的表现形式）覆盖率较高，便于在统一体系下深入开展应用；存储运输要求不是很高，全过程跟踪追溯应用实施难度较小。

在预包装产品的种植到销售过程对各环节的对象进行统一编码和标识，既可满足各环节自动识读的要求，又满足全程跟踪追溯要求，在区域农产品公共平台（以下简称平台）应用实施的简要流程见图 10-27。平台目前所使用的编码主要通过批次码关联种植和生产信息，各环节采用 GS1 统一编码，见图 10-28。

平台应用 GS1 系统的各类编码的关系参照图 10-29。生产企业和平台可进行扫码管理，用信息化打通种植、生产、运输、销售等流通环节，提升平台企业的信息化管理水平，为深入供应链优化打下基础，同时提升平台追溯管理的效率和准确率。

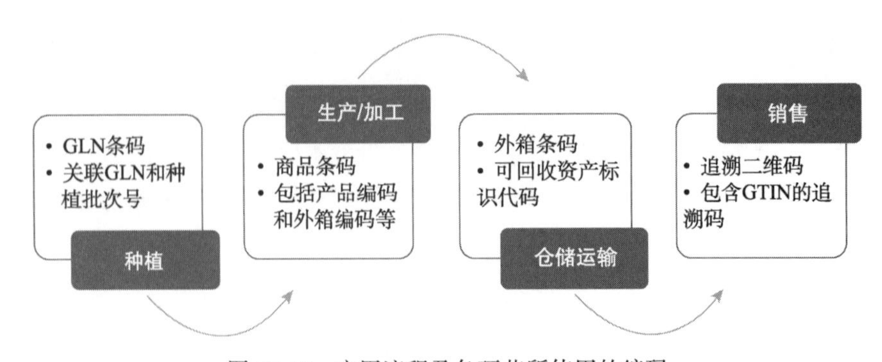


图 10-27 应用流程及各环节所使用的编码

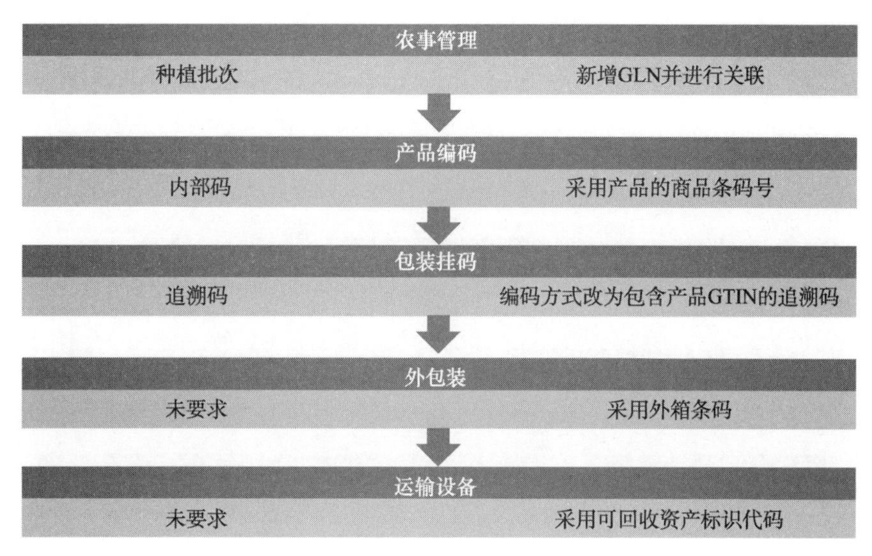


图 10-28 平台流程中应用的编码内容

（2）在生鲜类产品的应用。生鲜类产品具有以下特点：一般不具有定量包装，不进行深加工，在运输、销售等环节不利于固定信息的标识；由于没有包装，因此不易于进行加贴标识；生产地点、人员相对分散，且信息化程度较低，现场信息采集记录手段比较薄弱。其中，平台应用实施的简要流程如图 10-30 所示。平台目前所使用的编码主要通过 GLN 和 GRAI 关联种植和物流信息，流程中应用的编码内容如图 10-31 所示。

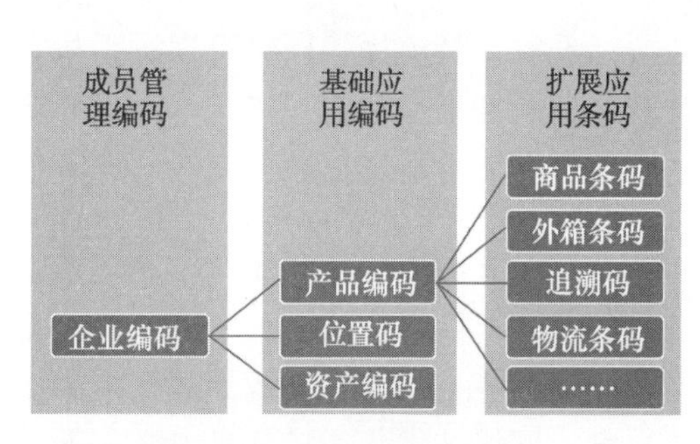


图 10-29 各类编码关系图

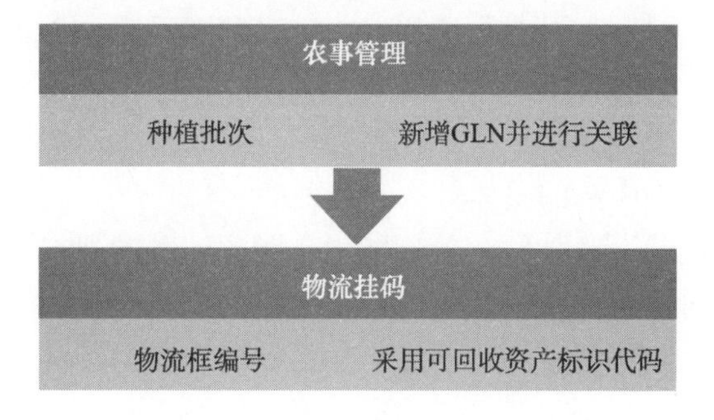


图 10-30 平台应用实施的简要流程

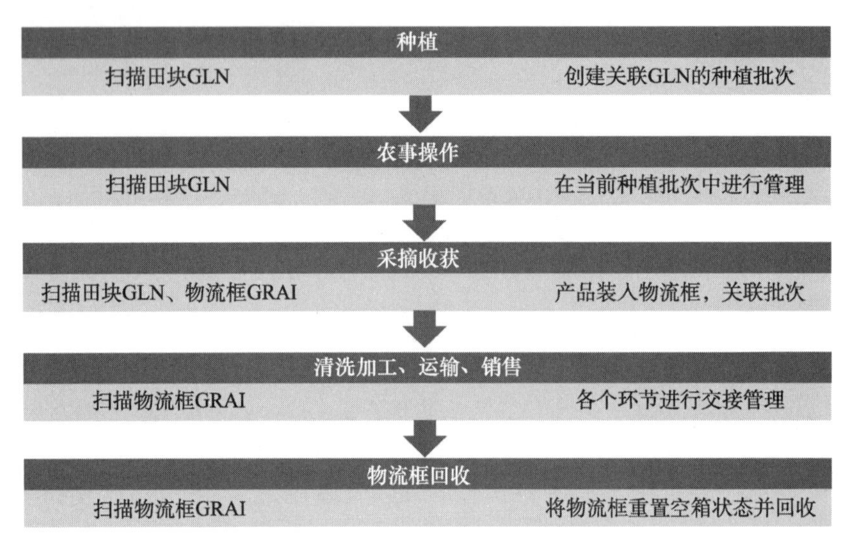


图 10-31　流程中应用的编码内容

目前生鲜类从采摘到销售整个过程中，丽水山耕已有物流箱作为标准化容器进行管理。具体操作如下：

（1）位置编码环节。通过生产企业等组织为所属的农户或田块用全球位置码（GLN）进行标识，并在田块头用条码标识。利用移动终端（如手机客户端等）进行扫码操作，便于进行信息录入和管理。

（2）物流框编码管理环节。平台可将物流框采用 GS1 编码体系的全球可回收资产代码（GRAI）进行标识和管理，在物流框上采用条码或射频标签进行标识。

在收获时将生鲜产品按标准放入物流框，同时可通过手机客户端扫描物流框条码进行关联产品批次等。在收获之后的加工、运输、销售等流通环节，均以物流框为单元进行操作管理，在整个链条中各个环节可通过扫描物流框进行信息传递与交接。

### 3. 实施效果

（1）提升“丽水山耕”全程追溯智慧管理能力。基于 GS1 全球统一标识创建农产品标识编码管理体系，以条码、射频等自动识别技术为数据采集手段的农产品质量安全溯源信息管理体系，将条码技术、网络技术、通信技术、数据库技术等多种高新技术融合在一起，建设生态精品农业。

（2）提升“丽水山耕”追溯数据应用能力。目前亚马逊、天猫等电子商务平台均因产品管理等需求将 GS1 系统纳入其产品管理系统中。丽水山耕平台在统一的标准编码体系下，可以方便与这些平台开展信息交换与共享，同时与生产企业、零售企业、流通企业一起参与管理，提升供应链的整体效率和准确率。

（3）提升“丽水山耕”整体物流管理能力。溯源体系的建立不仅有利于企业对产品流动、仓储管理以及对不合格原料和生产过程的控制，而且有利于加强企业与消费者、政府的沟通，增强产品的透明度和可信度，从而提高企业的经济效益。今后，在统一编码 GS1 的基础上，实现上下游企业间信息传递的“无缝”对接，实现数据的自动采集与分析，从而优化仓储物流管理，降低物流成本，提升供应链效率与透明度。

### 案例 4：GS1 标准在浙江大学附属第二医院药房管理中的应用

#### 1. 项目背景

大多数情况下，药品流通过程到达消费者（患者）终端的前一环经常与医院相关联。消费者（患者）大多会通过医院药房获取药品。医院药房通常对药品采取小批量、多品种的模式仓储。传统药品管理模式，各类药品通过人工进行处理，需耗费大量的人力及时间成本。因此，药房并未高速、有效地进行运作。

药房基础功能为发放药品。药师在传统模式下发放药品时需进行一系列手工操作，相对单一烦琐，无法快速、高效完成。当门诊量大时，患者需排队等待取药，由此产生服务体验感差等效果。除药品发放外，药品的采购、验收入库、仓储、定期盘点（数量、保质期等）也是药师的工作之一。在传统药房管理模式下，药师大量时间消耗在简单重复的劳动中。药师的职责在于确保患者安全、合理地用药，减少药源性疾病的发生，提供相关药物咨询，药学服务。在传统的管理模式下，药师无法有效地发挥其职能作用，更无法为患者带来良好的服务体验感。

因此，浙江大学附属第二医院在药房管理体系中引入并实施了 GS1 标准，以此达到有效提高药房工作效率，提升患者服务体验的目的。

#### 2. 项目实施

通过 GS1 标准的条码技术能有效地为医院药品管理自动化提供相应的帮助。建立标准化数据中心，与医院管理信息系统（Hospital Information System，HIS）、药房自动化设备相结合，可实现医院药房药品管理自动化和信息化。

（1）条码技术在医院药品入库环节的应用。医药配送中心按照医药产品 GS1 编码规则，编制适合物流运输、涵盖大量信息的 EAN-128 及二维码（内容包括药品批号、生产日期、包装日期、保质期、有效期及变量贸易项目数量等）。药品仓库使用 PDA 条码扫描器通过扫描条码可对客户（医院）需要的药品具体信息，快速点算数量确认出库，实现药品仓库管理中信息和实物流通的统一，防止因手工输入内容出现的数据信息错误。

医药配送中心出库药品通过物流运输将药品送达医院。通过条码技术，能将配送中心的 ERP 系统和 HIS 进行有效对接。在确保 HIS 安全的前提下，实现双方系统的电子数据交换。通过无线手持式条码扫描器逐笔扫描药品外包装箱箱码，识读相关信息，确定需验收药品，医药配送包装箱条码见图 10-32。

图 10-32　医药配送包装箱标签

（2）医药收药按照 GS1 标准打印二维码。由于医院药房管理最小包装上基本没有包含药品批号、保质期等信息，医院接收后将药品拆箱分解，编制二维码包含（如药品商品条码、产品批号、有效期），使用在线条码打印机打印不干胶条码，自动贴在相应的药品（盒装）个体包装上，药品最小包装条码标签见图 10-33。操作完成后，定量单个包装的药品，通过药房相应容器使用专业滑轨、传送带等工具将药品便捷地运送到药房进行入库。

图 10-33　药品包装及 DATAMATRIX 条码

（3）药品自动化仓库管理。自动一体化封闭药柜（自动发药机）识读产品包装上的 DATAMATRIX 条码，获取药品具体信息（如药品名称、类型、规格、产品批号、有效期等）。通过红外线三维尺寸扫描。自动一体化封闭药柜自动记录药品的几何尺寸核对药品，通过检测系统可将错误药品进行排除，确保传送带上的药品无差错。药柜采用高密集的斜槽模块（节省空间）储存药品，使用机械手将单个包装药品快速送入药柜指定的位置进行储存，见图 10-34。药柜内部具有恒温、恒湿控制系统，并配备透明观察口，可实时监控药柜内部机械手的操作。

图 10-34　自动一体化封闭药柜内部结构

（4）条码技术在医院门诊取药环节的应用。在门诊医生开出处方，患者在医院缴费窗口交费时，工作人员通过有线条码识别设备读取患者相关编号，识读患者处方信息后经 HIS 自动分析，将需要自动配药的信息传至发药系统控制平台，提示药剂师自动配药。当选择自动配药并发出实施指令后，药柜的快速发药系统即自动将编号与患者处方信息绑定，通过药柜内机械手快速抓取相对应的药品。对应药品经螺旋式传输通道，采用重力落药模式，传输到相应取药窗口。药师通过有线条码识别设备读取药品外包装上的二维码，确认药品信息与患者处方信息相对应后，药师审核患者处方后，即可将对应药品发到患者手中，并根据药品用量用法以及禁忌，进行讲解。

### 3. 实施效果

使用 GS1 标准的条码技术、医院 HIS 与药房自动化设备的应用，可全自动控制药品发放，通过在单个药品包装上使用“唯一”的条码标识，医院能准确清晰地记录药品信息（药品、患者、处方等信息），建立有效的追溯体系。从而简化作业流程，提高工作效率，将原来货品验收和信息录入的时间缩短 40%左右，并保证药品信息的准确性。除此之外，将原先药品发放的错误率降低了 95%以上，基本上实现了药品无差错发放，并能及时有效地对药品有效期进行相应提醒，使患者获得安全有效的药品，提升患者服务体验。药房管理也能真正走向自动化，向多元化的技术服务型发展。实现提高药房人员工作效率，保证患者的用药安全，降低医院管理成本的目的。

## 案例 5：GS1 编码在工业消费品全生命周期质量追溯中的应用

本案例有大量的彩色图片，为了提高阅读效果，请读者扫码阅读。

拓展阅读：GS1 编码在工业消费品全生命周期质量追溯中的应用

## 案例 6：重庆汽摩零部件质量追溯系统在企业管理中的应用

### 1. 项目背景

随着经济全球化和世界多极化进程的不断加快，对企业的综合管理能力提出了更高要求，以往粗放式的管理已不能适应现代企业发展的需要，企业需要通过实行精细化管理降低运营成本，增强竞争力。尤其假冒伪劣的汽车零部件，致使消费者上当受骗，不仅给消费者造成巨大的经济损失，还直接影响行车安全；同时，对缺陷产品召回、汽车产品的维修保养、保险理赔、市场监管、消费者权益保障等造成了极大的影响。假冒伪劣产品的生产和流通不仅严重损害了国家、集体、消费者和厂家的利益，甚至危害公民的人身和财产安全。

产品可追溯性与追溯系统的建立引起了社会各方的广泛关注，基于 GS1 系统的汽摩零部件质量追溯系统具有低成本和高技术的特性，在现代化、大规模的汽车整车和零部件生产行业中，对生产数据、质量信息的实时采集，并根据需要及时向设备管理、质量保证、计划财务等部门传送各类信息，这对原料供应、质量监控、成本核算等都发挥重要的作用，同时这些数据对整车的质量跟踪和售后服务也有着重要意义，也是反映企业管理能力的重要指标。

**2. 项目实施**

为此，由重庆市质量和标准化研究院承担，中国物品编码中心资助、中国自动识别技术协会参与的“基于 GS1 系统的汽摩零部件质量追溯系统应用示范研究”项目于 2014 年 9 月在重庆力帆汽车发动机有限公司达产运行，纳入零部件追溯系统的有变速器、缸体、缸盖、曲轴以及发动机总成等。

基于 GS1 系统的汽摩零部件质量追溯系统是将 GS1 物品编码规范和直接零件标识技术相结合，采用我国拥有自主知识产权的汉信码，针对汽车发动机中关键件、重要件的质量信息，先按照 GS1 编码规则进行统一编码，再通过汉信码激光打标系统，利用激光蚀刻技术将编码生成的汉信码标识在零部件本体上（见图 10-35），从而使零部件终身携带自身质量的信息。在零部件组装时，预先给汽车发动机总成进行编码，再利用汉信码打标系统在发动机总成上蚀刻一个对应的汉信码标识。这样一来，在汽车零部件总装线上通过扫描关键件、重要件和发动机总成上的汉信码，便可以实现将三者的质量信息在零部件追溯系统中进行绑定。

图 10-35　汽车零部件上的汉信码

**3. 实施效果**

力帆公司装配了基于 GS1 系统的汽摩零部件质量追溯系统后，为 1.8/2.4 升汽车发动机复合线，配备了专门的“汉信码”蚀刻设备，为每一个零部件蚀刻独一无二的“身份证”。这样提高了企业生产自动化程度，替代和节省了大量手动作业流程，工作人员只需通过扫描零部件总成上的汉信码或在零部件追溯系统中输入发动机号条码，就可以查询到与之组合绑定的关键件、重要件的质量信息，如工位号、批次、系列号、零部件二维码及厂商等信息；同理，通过扫描关键件、重要件上的汉信码，也同样可以通过零部件追溯系统查询到与之组合绑定的汽车发动机总成信息。该系统的应用实现了提高力帆信息化管理水平，促进了企业管理的精细化，经实地测算，在当年就降低成本 130 多万元。

同时，基于 GS1 系统的汽摩零部件质量追溯系统的应用提高了力帆公司和配套供货商信息化管理水平，使零配件供货商与总成厂之间信息交互变得顺畅，提高了产品出入库工作效率，减少了人力资源成本，缩短了产品的制造周期；解决了供货商针对不同总成厂的产品因编码方式不一而引起的在生产计划、库存管理方面的各类问题；消除由于信息不对称而造成的各种生产过程延误，从而使生产管理人员能在生产车间外实时掌握第一手生产信息，对突发状况做出快速反应，使生产与计划结合更加紧密；加强了供货商对所生产的零配件质量跟踪和管理，有利于问题产品的精准召回，减少了因盲目排查问题产品而产生的其他成本，在激烈的市场竞争中获得优势。随着新技术的不断革新以及由此提出的企业管理挑战，人们解决企业管理方面问题的方法和手段，必将会更加完善和丰富。

**案例 7：深圳市基于 GS1 系统的进口冷链食品追溯**

### 1. 项目背景

深圳市标准技术研究院通过建立“深圳市进口冷链食品追溯系统”，创新推动进口冷链食品不贴“码”追溯技术，利用进口冷链食品外包装箱上原有的 GS1 编码或标签，在国内率先实现对进口冷链食品从海关“源头”到消费“终端”的“不贴码”追溯。

### 2. 项目实施

项目实施过程中，“深圳市进口冷链食品追溯系统”将进口冷链食品从境外生产企业到海关通关、境内生产经营、贮存使用等环节纳入其中，实现全链条监管闭环；系统采用“收发货 + 出入库”双重纠偏模式，细化进口冷链食品逐级流通数据，确保境外厂家、货主、冻库、商品、批次、数量、车辆及人员精确对应，实现全链条精准追溯。面向进口冷链食品生产加工、流通、贮存、零售、餐饮企业提供外部追溯体系，面向基层监管人员建立移动监管执法体系。

在移动端开设便捷入口（见图 10-36），外包装箱上有 GS1 系统编码的（见图 10-37），扫描 GS1 编码快速查询进口冷链食品全链条追溯信息；外包装箱上无 GS1 系统编码的，引入人工智能文字识别技术（OCR+NLP），智能识别匹配标签中的批次号等关键信息实现“拍标签”追溯。通过扫描 GS1 编码或拍照产品标签，监管人员和消费者查询进口冷链食品的来源、基本信息、通关及质量检测等追溯信息（见图 10-38）。系统可实现企业身份及质量信息在线查验，追溯信息全面查询。

图 10-36　“进口冷链食品追溯”微信小程序

图 10-37　进口冷链食品外包装具有 GS1 编码体系的标签

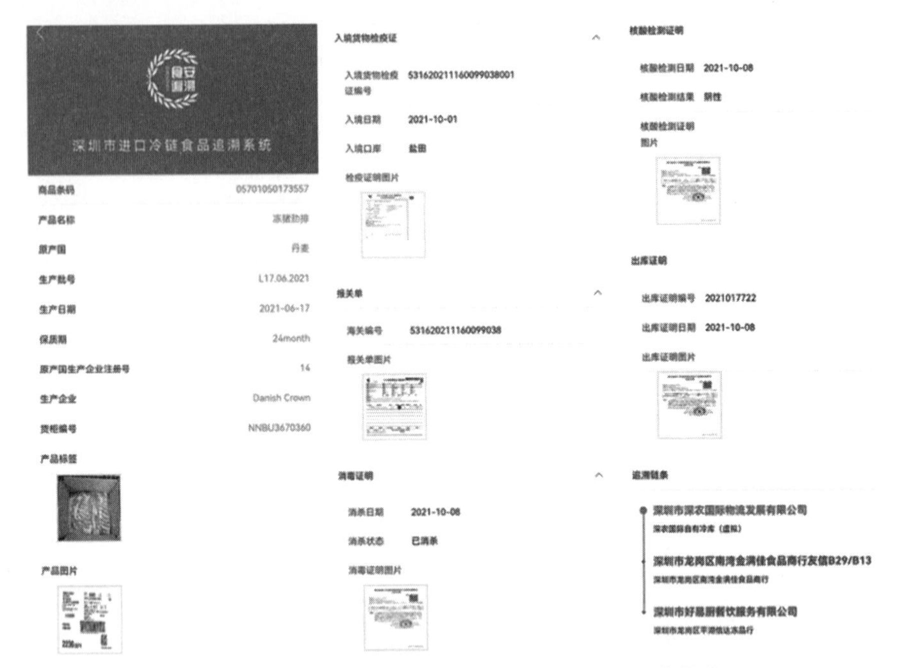


图 10-38　监管人员通过扫描 GS1 编码查验追溯信息

### 3. 实施效果

2022 年，加入冷链追溯系统的深圳市食品生产经营及贮存主体有 4551 家，可追溯的冷链食品品类含 5814 种，冷链食品出入库总数达 66096 条。冷链追溯系统对严防输入风险，实现冷链精准追溯具有重要作用，对保障民生、稳定市场、促进国内国际双循环新发展格局提供技术保障。通过严控海关入关、仓储、生产加工、销售、餐饮等全链条，织密冷链防控网络，实现对进口冷链食品境内流通各环节的透明化管理和全流程动态跟踪。

目前“深圳市进口冷链食品追溯系统”具有进口冷链食品信息申报、质量检测查验、收发货、出入库、追溯信息查询以及责任主体及时定位等功能；系统可推进追溯数据共享和流程互通，并推动企业数据和系统接入，实现政府和社会追溯数据融合，面向公众提供进口冷链食品追溯信息查询服务。

第 11 章

CHAPTER 11

# GS1 全球可追溯一致性评估

社会上有很多自称是“追溯系统”的信息系统，如何评价一个追溯系统的质量和追溯效果呢？本章介绍 GS1 提出的全球可追溯一致性评估体系。

## 11.1 可追溯一致性评估概述

评估是保证产品、服务、管理体系符合技术法规和标准要求的评价活动。开展评估工作，对从源头上确保产品安全，规范市场行为，指导消费和促进贸易具有重要的作用。为了确保基于 GS1 系统的产品追溯系统的有效性，国际物品编码组织（GS1）推出了全球可追溯一致性评估体系。

该评估体系包含有多个追溯控制点，可满足其他追溯标准或最佳制造实践标准中的追溯要求，共包含 12 个部分、73 个控制点，其中强制控制点 29 个、有条件强制控制点 24 个、可选控制点 10 个、推荐性控制点 10 个。

### 11.1.1 全球可追溯一致性准则

可追溯一致性准则是指为进行产品可追溯的实施和审核而设定的关键控制点的符合性标准。通过建立和实施可追溯评估体系，确保产品或服务的历史、应用情况、所处场所或类似产品或活动能够被准确追踪。这一体系包括两个主要途径：跟踪（Tracking）和追溯（Tracing），旨在通过已记录的标识，如唯一的产品标识码，来记录产品的原材料来源、生产过程以及最终产品的去向等信息。这种方法不仅适用于食品行业，如畜产品，还包括其他重要产品如食用农产品、食品、药品等，确保了从原材料到最终产品的整个供应链的透明度和可追踪性。

可追溯性评估的实现对于企业而言，不仅提升了管理能力，降低了纠错成本，还在出现问题时能够及时解决，维护消费者权益，将损失降到最低。此外，它也是企业社会责任的体现，符合许多国家的政府机构监管和消费者权益保护的要求，并以法规的形式将可追溯性纳入产品质量管理体系中。

### 11.1.2 可追溯一致性控制点及级别

可追溯一致性控制点是指在追溯质量控制过程中，能够确保产品或服务的质量持续符合预定标准的关键环节和操作事项，涉及产品的原材料采购、生产过程、加工、运输以及销售等各个环节。通过建立完善的追溯体系，采用信息化技术如条码、二维码、RFID等，加强数据安全保护，并培训员工提高对追溯体系的认识和操作技能，企业能够实现产品信息的快速录入和高效管理，从而快速识别问题、定位原因并采取措施，确保产品的可靠性和安全性。在食品、药品、医疗器械等行业，可追溯一致性控制点尤为重要，不仅是法规要求的重要内容，也是确保产品安全性和合规性的关键。

GS1 全球追溯一致性控制点分为以下 4 个级别：

**1. 强制**

“强制”控制点共有 29 个，这些控制点是企业在运营过程中最为重要的，不能被标为“不适用（N/A）”。为了通过 GS1 全球追溯一致性评估，该控制点必须 100%合规。

**2. 有条件强制**

“有条件强制”控制点共有 24 个，这些控制点也是企业在运营过程中非常重要的，根据特定企业或组织的实际情况，这些控制点可以被标注为“不适用（N/A）”。为了通过 GS1 全球追溯一致性评估，所有符合条件的强制控制点必须 100%合规。

**3. 可选**

“可选”控制点共有 10 个，这些控制点是企业在运营过程中需要的，审核机构要求企业对其承担责任。GS1 全球追溯一致性评估并没有设定该控制点的最低一致性比例。

**4. 推荐**

“推荐”控制点共有 14 个，这些控制点是其他标准、生产质量管理规范或国际追溯指南中的要求。GS1 全球追溯一致性评估并没有设定该控制点的最低合规比例。

针对每个控制点可以选择：一致（是）；不一致（否）或不适用（N/A）。在表示“必须适用（No N/A）”的控制点中，不能选择“不适用”。只有审核员可以确定该控制点是否为“不适用（N/A）”。

## 11.2 可追溯一致性控制点结构

可追溯一致性控制点共包含 12 个部分和 73 个控制点。每一个部分，都对应一个不同的追溯目标，依据这些目标可以充分评估任何追溯系统。表 11-1 给出了可追溯一致性控制点结构，并详细解释了每一部分的评估内容。

表 11-1　可追溯一致性控制点结构及说明

| 组成 | 对应控制点序号 | 说明 |
| --- | --- | --- |
| 1. 目标 | 1.1 - 1.4 | 了解当地、商业和国际可追溯体系的要求。<br>均为强制项 |
| 2. 产品定义 | 2.1 - 2.5 | 主数据系统中接收、生产和/或装运的所有贸易项目的分配 |
| 3. 供应链布局 | 3.1 - 3.3 | 主数据系统中内外部追溯参与方的标识。<br>3.2 为强制性 |
|  | 3.4 - 3.7 | 主数据系统内外部位置的标识。<br>3.5 为强制项 |
| 4. 建立流程 | 4.1 - 4.5 | 记录了所有以批次和/或系列号接收、生产和分销的追溯贸易项目和中间项目的流程 |
|  | 4.6 - 4.7 | 定义了在贸易伙伴之间协调关键主数据的流程。<br>4.6 为强制项 |
|  | 4.8 - 4.11 | 定义了用于在内部和关键利益相关方之间收集、记录、共享和交流追溯信息的流程或工具。<br>4.8、4.9、4.10 为强制项 |
| 5. 物流 | 5.1 - 5.10 | 接收、生产和/或装运的各层级追溯项目的实体标识和符号：<br>• 唯一的全球贸易项目代码（如，GTIN/ UPC）;<br>• 生产批次代码（消费单元、箱子、托盘）;<br>• 唯一的系列号（仅物流——托盘级别）;<br>• 唯一的装运标识号（仅限装运单元）。<br>5.8、5.9 为强制项 |
|  | 5.11 - 5.12 | 转换/制造的流程（从原材料/包装到成品）和贸易伙伴之间的追踪请求响应。<br>5.11、5.12 为强制项 |
| 6. 信息要求 | 6.1 - 6.8 | 生产、接收和/或运输给任何方的各层级追溯项目的最基本的追溯信息：<br>• 装运标识代码（仅针对装运，如 GSIN）;<br>• 物流单元代码或物流单元系列货运包装箱代码（仅针对物流单元，如 SSCC）;<br>• 贸易项目代码或全球贸易项目代码（如 GTIN）;<br>• 生产批次代码（消费单元、贸易单元、箱子、托盘各层级）;<br>• 系列号（消费单元、贸易单元、箱子、托盘各层级）;<br>标识的每个追溯项目必须或可以通过属性字段进行进一步描述，例如：<br>• 数量；<br>• 代码日期（如“最迟销售日期”“最佳使用日期”“有效期”“包装日期”“生产日期”）;<br>• 追溯项目的接受方和/或供应方；<br>• 发货日期和发货时间（如适用），每一方的标识号或全球位置码必须或可能是相关的属性信息，比如地址和/或电话号码。<br>6.4、6.6、6.8 为强制项 |
|  | 6.9 - 6.10 | 内部管理系统中追溯项目输入和输出信息（各层级追溯项目）之间相互关联 |
|  | 6.11 - 6.13 | 与外部贸易伙伴共享追溯信息。<br>6.12 为强制项 |
| 7. 文件要求 | 7.1 - 7.2 | 记录所有追溯活动的相关角色、职责、组织架构及追溯过程的文件。<br>7.1、7.2 为强制项 |
|  | 7.3 - 7.5 | 追溯文件和追溯记录的维护。<br>7.3、7.4 为强制项 |

续表

<table>
<tr><th>组成</th><th>对应控制点序号</th><th>说明</th></tr>
<tr><td>8. 结构和职责</td><td>8.1 - 8.3</td><td>追溯团队对追溯程序的正确认知。<br>8.1、8.2、8.3 为强制项</td></tr>
<tr><td>9. 培训</td><td>9.1 - 9.2</td><td>针对追溯活动负责人员的培训计划和记录。<br>9.1 为强制项</td></tr>
<tr><td rowspan="2">10. 供应链协作</td><td>10.1</td><td>可从贸易伙伴处获得追溯信息，包括以下内容：<br>• 贸易项目代码（如 GTIN）；<br>• 数量；<br>• 批次号和/或系列号；<br>• 代码日期；<br>• 承运人名称</td></tr>
<tr><td>10.2 - 10.6</td><td>有关解决潜在安全隐患的团队架构、职责和流程的描述性文件，包括通讯和联系信息</td></tr>
<tr><td>11. 监控</td><td>11.1 - 11.2</td><td>用于审查追溯流程有效性的监控计划。<br>11.1 为强制项</td></tr>
<tr><td rowspan="2">12. 内部和外部审核</td><td>12.1 - 12.2</td><td>规范或其他类似文件中对所有生产和接收的贸易项目的定义。<br>12.1、12.2 为强制项</td></tr>
<tr><td>12.3</td><td>旨在解决追溯不合规情况的纠正性行动方案</td></tr>
</table>

## 11.3 一致性控制点与一致性准则

可追溯一致性控制点及一致性准则见表 11-2。

**表 11-2 可追溯一致性控制点及一致性准则清单**

<table>
<tr><th>编号</th><th>控制点内容</th><th>一致性准则</th><th>级别</th><th>适用情况</th></tr>
<tr><td colspan="5">1. 目标</td></tr>
<tr><td>1.1</td><td>组织是否知晓其贸易项目交付/发货/出口和/或销售地（全球或特定国家）的追溯法规、标准和实施指南</td><td>本组织的管理层和负责人知晓其贸易项目交付/发货/出口和/或销售地（全球或特定国家）最新的追溯法规、标准和/或实施指南</td><td>强制</td><td></td></tr>
<tr><td>1.2</td><td>组织是否知晓其贸易项目所销售客户的所有追溯要求</td><td>组织应设有一个体系，以确保记录贸易销售客户最新的追溯要求</td><td>强制</td><td></td></tr>
<tr><td>1.3</td><td>是否有文件（纸质/电子文件）界定了组织在追溯体系方面的目标、方法和范围，并有指定的负责人员</td><td>组织必须编制包含以下内容的适当文件：<br>（1）追溯体系范围、目标和相关步骤的描述，如：追溯计划；<br>（2）追溯体系中链接管理的描述；<br>（3）追溯体系范围内管理职责和人员的描述</td><td>强制</td><td>必须适用</td></tr>
<tr><td>1.4</td><td>管理团队是否知晓其组织的追溯系统的目标和范围</td><td>管理团队有能力解释组织追溯体系的范围和目标，并已签署包含追溯体系范围和目标的文件</td><td>强制</td><td>必须适用</td></tr>
</table>

续表

| 编号 | 控制点内容 | 一致性准则 | 级别 | 适用情况 |
|---|---|---|---|---|
| **2. 产品定义** | | | | |
| 2.1 | 组织收到的所有贸易项目是否都有唯一的标识代码，并在主数据记录中描述了须追踪的每个产品层级 | 该组织收到的所有需要追溯的贸易项目都必须具有包含唯一的标识代码和产品描述的主数据记录。这适用于任何产品层级 | 有条件强制 | |
| 2.2 | 组织收到的贸易项目是否都有全球贸易项目代码（GTIN）并在主数据记录中描述了须追溯的每个产品层级 | 该组织收到的所有需要追溯的贸易项目都必须具有包含全球贸易项目代码（GTIN）和描述信息的基于全球数据同步网络（GDSN）的主数据记录。这适用于任何产品层级 | 可选 | |
| 2.3 | 组织生产的关键性中间项目是否具有可追溯性，是否有唯一的标识代码并予以记录 | 该组织制造的此类中间项目必须具有包含唯一标识代码和描述信息的文件或记录 | 有条件强制 | |
| 2.4 | 组织分销的所有贸易项目是否都标明全球贸易项目代码（GTIN）并在主数据记录中描述了须追溯的每个产品层级 | 该组织分销的所有需要追踪的各产品层级的贸易项目，都必须具有包含全球贸易项目代码（GTIN）和描述信息的主数据记录 | 有条件强制 | |
| 2.5 | 在主数据记录中，所有须追溯的资产是否都标明全球可回收资产标识代码（GRAI）和/或全球个人资产标识代码（GIAI） | 所有需要追踪的资产都必须具有包含 GS1 标识关键字的主数据记录（GRAI 或 GIAI） | 可选 | |
| **3. 供应链布局** | | | | |
| 3.1 | 在主数据记录中，组织的所有直接参与人员（生产和分销领域）是否都有描述信息和标识代码 | 在生产和分销过程中的所有相关人员，都必须具有包含描述信息和标识代码的主数据记录。描述信息必须至少包括：名称、身份证号码（或徽章卡）和职务 | 推荐 | 必须适用 |
| 3.2 | 所有贸易伙伴是否都有标识代码并在主数据记录中有描述信息 | 所有贸易伙伴都必须具有包含描述信息和标识代码的主数据记录。描述信息必须至少包括如下内容：<br>• 组织名称；<br>• 地址；<br>• 联系人；<br>• 电话号码；<br>• 传真；<br>• 电子邮件 | 强制 | 必须适用 |
| 3.3 | 所有贸易伙伴是否都有全球位置代码（GLN）并在主数据记录中有描述信息 | 所有贸易伙伴都必须具有包含全球位置代码和描述信息的主数据记录。描述信息必须至少包括如下内容：<br>• 组织名称；<br>• 地址；<br>• 联系人；<br>• 电话号码；<br>• 传真；<br>• 电子邮件 | 可选 | 必须适用 |

续表

| 编号 | 控制点内容 | 一致性准则 | 级别 | 适用情况 |
|---|---|---|---|---|
| 3.4 | 是否所有须追溯的内部位置都有标识代码并在主数据记录中有描述信息 | 所有需要追溯的组织内部位置（如：办公地点、生产线和仓储位置），都必须具有包含标识代码和描述信息的主数据记录 | 有条件强制 | |
| 3.5 | 所有与贸易伙伴相关联的内部位置是否都用全球位置代码（GLN）标识并在主数据记录中有描述信息 | 组织中所有与贸易伙伴相关联的内部位置（如：配送中心、收货点、配送点、制造厂、农场），都必须具有包含 GS1 标识关键字（GLN）和描述信息的主数据记录。每个组织至少应确定其法律实体的位置。<br>描述信息必须至少包括以下内容：<br>• 位置名称；<br>• 地址；<br>• 电话号码；<br>• 传真；<br>• 电子邮件 | 强制 | |
| 3.6 | 所有需要追溯的外部位置（如：仓库、配送中心、贸易伙伴）是否都用标识代码进行了标识并在主数据记录中有描述信息 | 需要追溯的所有贸易伙伴的位置（如：仓库、配送中心），都必须具有包含标识代码和描述信息的主数据记录。该位置必须是供应链中相关法人或实体。<br>描述信息必须至少包括以下内容：<br>• 位置名称；<br>• 地址；<br>• 电话号码；<br>• 传真；<br>• 电子邮件 | 有条件强制 | |
| 3.7 | 所有需要追溯的外部位置（如：仓库、配送中心、贸易伙伴）是否都用全球位置代码（GLN）标识并在主数据记录中有描述信息 | 所有需要追溯的贸易伙伴的位置，都必须具有包含全球位置代码（GLN）和描述信息的主数据记录。该位置必须是供应链中相关法人或实体。<br>描述信息必须至少包括以下内容：<br>• 位置名称；<br>• 地址；<br>• 电话号码；<br>• 传真；<br>• 电子邮件 | 可选 | |
| **4. 程序建立** | | | | |
| 4.1 | 是否制定了用来描述和记录组织机构接收、生产和配送的追溯贸易项目的流程 | 存在详细描述组织接收、生产和配送的每个可追溯贸易项目的书面流程。<br>该文件必须包括以下内容：<br>• 程序文件编号；<br>• 产品名称；<br>• 成分；<br>• 数量；<br>• 包装；<br>• 分销方法 | 有条件强制 | |

续表

| 编号 | 控制点内容 | 一致性准则 | 级别 | 适用情况 |
|---|---|---|---|---|
| 4.2 | 是否存在详细定义组织创建的每个贸易项目的生产批次和/或系列号的书面流程 | 该组织拥有一个书面流程，用以详细定义组织创建的每个贸易项目生产批次和/或系列号 | 有条件强制 | |
| 4.3 | 组织是否按照 GS1 标准设立了条形码审查和编码分配流程 | 该组织必须制定书面流程，以证明其每个贸易项目均符合 GS1 标准中有关条形码质量、编码分配和全球贸易项目代码分配维护方面的规定 | 有条件强制 | |
| 4.4 | 是否制定了流程，以描述和记录组织机构所生产的可追溯的中间产品 | 拥有详细描述组织生产的追溯中间产品的书面流程。该文件必须包括以下内容：<br>程序文件编号；<br>• 产品名称；<br>• 成分；<br>• 数量；<br>• 包装；<br>• 分销方法 | 推荐 | |
| 4.5 | 组织内部是否制定了针对每个需要追溯的库存中间产品和/或返工产品的生产批次和/或系列号的流程 | 组织内部已针对每个需要追溯的库存中间产品的生产批次和/或系列号制定了书面流程 | 推荐 | |
| 4.5a | 组织内部是否存在描述各种生产流程中质量平衡计算的流程 | 对于任何给定的生产流程，该组织针对任何生产流程都制定了书面文件，该文件包括：<br>• 记录每个生产流程的输入和输出；<br>• 描述如何计算目标收益率以及审查频率 | 有条件强制 | |
| 4.6 | 组织是否制定了将关键主数据与贸易伙伴的追溯相关联的流程 | 该组织制定了一个书面流程，用以描述如何将关键主数据与贸易伙伴的追溯相关联。主数据必须包括：<br>• 参与方；<br>• 物理位置；<br>• 资产；<br>• 追溯贸易项目 | 强制 | 必须适用 |
| 4.7 | 组织是否使用全球数据同步网络（GDSN）与其贸易伙伴建立了有效的同步流程 | 该组织制定了一个有效、详细的书面流程，用于使用 GDSN 与贸易伙伴同步主数据。同步的主数据必须包括：<br>• 参与方；<br>• 物理位置；<br>• 资产；<br>• 追溯贸易项目 | 可选 | |
| 4.8 | 在追溯流程的每个阶段，是否制定了相关流程或机制，以收集准确和及时的数据、记录和分享贸易伙伴之间的信息以及标识信息记录责任人（电子或纸质版） | 制定了电子或纸质表格和/或机制，以详细说明追溯流程中每个阶段收集、记录和共享追溯信息、标识信息记录责任人的流程 | 强制 | 必须适用 |

续表

| 编号 | 控制点内容 | 一致性准则 | 级别 | 适用情况 |
| --- | --- | --- | --- | --- |
| 4.9 | 是否制定了内部和外部追溯请求流程 | 组织制定了一个书面流程，以定义危机事件中追溯信息的请求过程。它应该包含以下内容：<br>• 内部和外部参与方清单；<br>• 确定负有明确职责的危机管理（如召回）关键人员；<br>• 内部和外部追溯请求的沟通计划；<br>• 关键产品属性，如产品标识代码、批次和/或系列号、数量、成分等；<br>• 原材料类型以及批次/制造日期；<br>• 组织内部和贸易伙伴之间的位置标识（或位置属性）；<br>• 提供给内部和外部各方的文件清单 | 强制 | 必须适用 |
| 4.10 | 在发生召回/撤回/食品安全危机时，是否有与内部和外部关键方沟通的流程 | 制定了书面流程，用以准确描述在召回和/或撤回事件中与关键利益相关方沟通的方案：<br>• 质量和安全团队（内部）；<br>• 产品经理（内部）；<br>• 品牌所有者；<br>• 供应商；<br>• 制造商；<br>• 专业实验室；<br>• 监管机构；<br>• 法律机构；<br>• 市场监督和消费者团体 | 强制 | 必须适用 |
| 4.11 | 是否制定了相关流程或程序，适当存储多个特定批次的代表性追溯项目的样品？并保存在“使用有效期”“最佳使用期”或（如有必要）某个确定时间之前 | 在客户要求下，某个制造批次的代表性样品应加盖适当的时间戳记，并在“使用有效期”“最佳使用期”或（如有必要）某个确定时间之前适当存储并保存 | 有条件强制 | |
| **5. 物流** | | | | |
| 5.1 | 是否采用标识代码对组织收到的、需要追溯的装运单元进行标识 | 组织收到的装运货物必须有标识代码，否则至少应在其容器或随附文件上带有标识代码 | 有条件强制 | |
| 5.2 | 是否采用全球唯一装运标识代码对组织收到的、需要追溯的装运单元进行标识 | 本组织收到的装运货物必须带有标准的标识代码，否则至少应在其容器或随附文件上带有标准标识代码 | 可选 | |
| 5.3 | 是否采用标识代码对组织接收的物流单元进行标识 | 该组织收到的物流单元必须有一个标识代码，否则至少应在其容器或随附文件上带有一个标识代码 | 有条件强制 | |
| 5.4 | 组织收到的物流单元是否有系列货运包装箱代码（SSCC）和 GS1 数据载体（GS1-128 或 EPC 标签） | 该组织收到的物流单元必须在外包装/包装上或至少在其容器或随附文件上有一个系列货运包装箱代码（SSCC）和一个 GS1-128 或 EPC/RFID 标签 | 可选 | |

续表

| 编号 | 控制点内容 | 一致性准则 | 级别 | 适用情况 |
| --- | --- | --- | --- | --- |
| 5.5 | 组织收到的需要追溯的贸易项目是否有全球贸易项目代码（GTIN）和 GS1 数据载体的实体标识 | 该组织收到的贸易项目必须在包装上或至少在其容器或随附文件上有一个全球贸易项目代码（GTIN）和一个 GS1 数据载体。<br>数据载体相应的 GS1 标准包括：<br>• 对于零售贸易项目（消费单元）：EAN-13、EAN-8、UPC-A、UPC-E、GS1DataBar、GS1DataMatrix*、GS1 QR 码*；<br>• 对于非零售贸易项目（贸易项目组）:EAN-13、ITF-14、GS1-128、GS1DataMatrix*、GS1DataBar，EPC/RFID 标签 | 可选 | |
| 5.6 | 组织（接收和/或分销的）中间产品是否有标识代码和/或生产批次或系列号 | 所有库存的中间产品都应在包装上或（否则）至少在其容器或随附的文件上标明标识代码和/或生产批次和/或系列号 | 有条件强制 | |
| 5.7 | 组织装运的需要追溯的货物是否标明全球货物装运标识代码（GSIN AI 402） | 组织配送装运货物必须在货物上或至少在其容器或随附文件上标明全球货物装运标识代码（GSIN），该代码包括 GS1-128、GS1 DataMatrix 和 GS1QR 码 | 有条件强制 | |
| 5.8 | 组织配送的物流单元是否标明系列货运包装箱代码（SSCC）并带有 GS1 数据载体（GS1- 128 或 EPC 标签） | 组织配送的物流单元必须在物品/包装上或至少在其容器或随附文件上标明系列货运包装箱代码和 GS1-128 或 EPC/RFID 标签 | 强制 | 必须适用 |
| 5.9 | 组织配送的贸易项目是否有全球贸易项目代码（GTIN）和 GS1 数据载体的实体标识 | 组织配送的贸易项目必须在包装上或至少在其容器或随附文件上标明一个承载全球贸易项目代码的 GS1 数据载体。<br>数据载体的相应 GS1 标准包括：<br>• 对于零售贸易项目（消费单元）：EAN-13、EAN-8、UPC-A、UPC-E、GS1DataBar、GS1DataMatrix* GS1QR 码*；<br>• 对于非零售贸易项目（贸易项目组）：EAN-13、ITF-14、GS1- 128、GS1DataMatrix*、GS1DataBar、EPC/RFID 标签 | 强制 | 必须适用 |
| 5.10 | 由组织储运的贸易项目是否标明生产批次或系列号或全球贸易项目系列号代码（SGTIN） | 该组织储运的贸易项目必须在包装上/容器或随附文件上标明生产批次和/或系列号或全球贸易项目系列号代码（SGTIN） | 有条件强制 | |
| 5.11 | 是否有图表或追溯链接方案可反映组织从产品供应、包装和原材料配送到将贸易项目交付给客户的整个制造运营流程 | 必须有一个示意性的系统流程图，用来反映从产品供应、包装和原材料配送直到将贸易项目交付给客户的整个制造过程 | 强制 | |
| 5.12 | 是否有说明内部追溯请求流程的流程图 | 必须有一个示意性的系统流程图，可以将跟踪请求流程与机构的贸易项目和/或不合格产品的生产流程联系起来 | 强制 | |

续表

| 编号 | 控制点内容 | 一致性准则 | 级别 | 适用情况 |
|---|---|---|---|---|
| **6. 信息要求** | | | | |
| 6.1 | 组织收到的所有需要追溯的装运货物以及物流单元的信息是否被记录在案 | 对于组织收到的每件可追溯货物和物流单元，都必须在一个或多个系统（电子或实体）中创建了描述性注册表。该描述必须至少包括以下内容：<br>• 装运单元代码；<br>• 物流单元代码；<br>• 供应商标识；<br>• 收货日期 | 有条件强制 | |
| 6.2 | 组织收到的所有需要追溯的全球唯一标识的装运货物和物流单元的信息是否记录在案 | 对于组织收到的每件具有全球唯一标识的装运货物和物流单元，都必须在一个或多个系统（电子或实体）中创建描述性注册表。该描述必须包括以下内容：<br>• 全球装运货物标识代码（可用 GSIN）；<br>• 系列货运包装箱代码（可用 SSCC）；<br>• 供应商标识（可用 GLN）；<br>• 收货日期 | 可选 | |
| 6.3 | 组织收到的所有可追溯贸易项目的交货信息是否记录在案 | • 必须存在已收到贸易项目的交货记录，记录应包含以下详细信息：<br>• 贸易项目标识（可用 GTIN）；<br>• 批次和/或系列号（可选）；<br>• 数量；<br>• 供应商（可用 GLN）；<br>• 进口商（进口）（可用 GLN）；<br>• 发货文件；<br>• 物流商信息（可用 GLN）、地址、电话号码、传真号码和电子邮件地址；<br>• 收货日期 | 有条件强制 | |
| 6.4 | 是否可获得用来确定某批次和/或系列号的贸易项目已发货或仍在组织内部的信息 | 有一个记录某批次和/或系列号的贸易项目是否已发货或仍在该组织机构内部的注册表 | 强制 | 必须适用 |
| 6.5 | 组织储运的所有需要追溯的装运货物和物流单元的信息是否记录在案？（虽然该控制点未要求 GS1 标准，但 GS1 标准是“条件性强制”要求。即使组织没有对该控制点应用全球标准，这对于确保追溯链接的良好管理来说也是必要的。） | 对于组织交付的每件可追溯的装运货物和物流单元，都必须在一个或多个系统（电子或实体）中创建描述性记录。该描述必须至少包括以下内容：<br>• 装运标识代码；<br>• 物流单元代码；<br>• 批次或系列号；<br>• 收货人标识；<br>• 发货日期 | 有条件强制 | |
| 6.6 | 组织发送的所有需要追溯的全球唯一标识的装运货物和物流单元的信息是否被记录在案 | 对于组织交付的每件全球唯一标识的装运货物和物流单元，都必须在一个或多个系统（电子或实体）中创建描述性记录。该描述必须至少包括以下内容：<br>• 全球装运货物标识代码（可用 GSIN）；<br>• 系列货运包装箱代码（可用 SSCC）；<br>• 收货人标识（可用 GLN）；<br>• 发货日期 | 强制 | |

续表

<table>
<tr><th>编号</th><th>控制点内容</th><th>一致性准则</th><th>级别</th><th>适用情况</th></tr>
<tr><td>6.7</td><td>组织已发送的所有可追溯贸易项目的信息是否被记录在案</td><td>必须存在可追溯贸易项目标识的记录，记录应包含以下详细信息：<br>• 贸易项目标识（可用 GTIN）；<br>• 批次或系列号（可选）；<br>• 数量；<br>• 客户信息（可用 GLN）；<br>• 经销商（出口）（可用 GLN）；<br>• 收货方信息（可用 GLN）；<br>• 运输商信息（可用 GLN），地址、电话号码、传真号码和电子邮件地址；<br>• 发货文件；<br>• 发货日期</td><td>有条件强制</td><td></td></tr>
<tr><td>6.8</td><td>组织储运的所有需要追溯的全球唯一标识贸易项目的信息是否记录在案</td><td>对于组织储运的每件全球唯一标识贸易项目，都必须在一个或多个系统（电子或实体）中创建描述性记录。该描述必须至少包括以下内容：<br>• 全球贸易项目代码（可用 GTIN）；<br>• 批次或系列号；<br>• 数量；<br>• 潜在客户（可用 GLN）；<br>• 收货方信息（可用 GLN）；<br>• 物流商信息（可用 GLN）、地址、电话号码、传真号码和电子邮件地址；<br>• 发货文件；<br>• 发货日期</td><td>强制</td><td></td></tr>
<tr><td>6.9</td><td>是否可以在所有层级将输入与输出的信息联系起来（一对多、多对一、多对多）</td><td>可以通过文件将以下输入和输出信息联系起来：<br>• 收到的每个物流单元的信息（如：托盘号、供应商标识）与贸易项目的生产批次和/或系列号相关联；<br>• 贸易项目的生产批次和/或系列号的信息（如：产品代码、最佳使用日期）与贸易项目的转换（例如制造时间、日期）相关联；<br>• 已收到贸易项目的批次/和/或系列号的信息（例如箱号）与物流单元（例如托盘号）、货物（例如装运标识）和所分发贸易项目的批次和/或系列号（如：产品号、发货日期、地点名称）相关联；<br>• 已发送贸易项目的批次和/或系列号信息与交付中的物流单元和装运货物相关联</td><td>有条件强制</td><td></td></tr>
<tr><td>6.10</td><td>是否可以使用全球唯一标识代码将物流单元信息与组织内贸易项目的批次和/或系列号联系起来</td><td>可以使用全球唯一标识代码将组织配送的物流单元与贸易项目信息联系起来：<br>• 对于组织分销的每个物流单元，其系列货运包装箱代码（SSCC）均与全球贸易项目代码（GTIN）和贸易项目的生产批次和/或系列号相关联；<br>• 对于组织分销的每个贸易项目，其全球贸易项目代码（GTIN）和批次和/或系列号均与相关物流单元的系列货运包装箱代码（SSCC）相关联</td><td>有条件强制</td><td></td></tr>
</table>

续表

| 编号 | 控制点内容 | 一致性准则 | 级别 | 适用情况 |
| --- | --- | --- | --- | --- |
| 6.11 | 是否采用书面文档将每个发送的贸易项目的批次和/或系列号及物流单元信息与客户/目的地联系起来 | 创建了注册表，可将每个发送贸易项目的批次和/或系列号信息与客户代码、目的地和发货日期联系起来 | 有条件强制 | |
| 6.12 | 在出现追溯请求或商业需求时，组织机构能否与贸易伙伴共享分销贸易项目的详细追溯信息 | 对于该组织分销的每个批次和/或系列号的贸易项目，都有可与贸易伙伴共享的追溯信息文件：<br>• 贸易项目标识（可用 GTIN）；<br>• 数量；<br>• 发货日期；<br>• 向其发送某批次和/或系列号的贸易项目的潜在客户（可用 GLN）；<br>• 发货使用的运输商（可用 GLN）、地址、电话号码、传真号码和电子邮件地址；<br>• 发货文件；<br>• 作为输入项的贸易项目批次和/或系列号和供应商；<br>• 作为输入项的某批次和/或系列号贸易项目的接收日期；<br>• 作为输入项的贸易项目交付过程中的运输商（如使用 GLN）、地址、电话号码、传真号码和电子邮件地址 | 强制 | 必须适用 |
| 6.13 | 是否采用GS1电子文件“发货通知”（DESADV）在实际货物交付前向贸易伙伴发送贸易项目信息 | 在交付贸易项目之前，已将包含发送的贸易项目的电子消息发送给贸易伙伴。对应的 GS1 标准可采用 EANCOM 或 GS1 XML | 可选 | |
| **7. 文件要求** | | | | |
| 7.1 | 从收到贸易项目到将贸易项目交付给贸易伙伴，组织是否存有验证所有相关流程阶段的记录 | 为了验证该组织从接收贸易项目到将贸易项目交付给贸易伙伴的全部流程，必须存有相关记录和日志 | 强制 | 必须适用 |
| 7.2 | 是否拥有关于可追溯信息管理（如：组织结构、运营职责和可追溯系统能力）的描述性文件 | 必须存在关于组织结构、运营职责和可追溯系统能力的描述性文件，具体包括：<br>• 组织架构；<br>• 关联性；<br>• 角色；<br>• 人员；<br>• 基础设施；<br>• 文件编制方法；<br>• 所用软件（如使用） | 强制 | 必须适用 |
| 7.3 | 是否拥有在整个生命周期内贸易项目追溯信息的文件并至少保存1年 | 根据组织追溯系统目标中定义的规章、标准或商业要求，所有记录必须持续更新（至少每年更新一次） | 强制 | 必须适用 |
| 7.4 | 追溯系统的所有文件是否持续更新（至少每年更新一次），以反映当前的流程和程序 | 当前的可追溯流程和文件记录具有同步性。必须确保生产线上发生的情况实时反映在文件中 | 强制 | 必须适用 |
| 7.5 | 有关追溯的文件（追溯数据）是否保存在限制区/受限位置，且仅能在指定人员授权的情况下访问 | 组织对记录、存储和/或管理所有追溯数据的受控文件设有限制访问授权区域，需授权访问 | 推荐 | 必须适用 |

续表

| 编号 | 控制点内容 | 一致性准则 | 级别 | 适用情况 |
|---|---|---|---|---|
| **8. 结构和职责** | | | | |
| 8.1 | 是否设立了追溯运营团队？是否界定并以文件方式记录了他们的角色和职责 | 组织设立了追溯运营团队，且已经界定并记录了团队成员的角色和职责 | 强制 | 必须适用 |
| 8.2 | 追溯团队是否拥有必要的资源来维护追溯系统？资源包括人员、信息技术和经费 | 组织必须确保追溯人员、使用技术和经费之间的直接关联性 | 强制 | 必须适用 |
| 8.3 | 团队成员是否知晓有关其职能的追溯流程和说明，并知道何时、何地获得信息以及如何正确使用它们 | 工作人员知晓有关其职能的可追溯流程和说明，他们也知道何时、何地获得信息以及如何正确使用它们 | 强制 | 必须适用 |
| **9. 培训** | | | | |
| 9.1 | 是否向组织人员提供追溯系统的培训，这些培训是否定期更新及实施 | 应详细记录何时（培训日期）向追溯负责人员提供有关组织追溯系统的指南和/或培训 | 强制 | 必须适用 |
| 9.2 | 是否有负责组织追溯系统的人员接受过 GS1 全球追溯标准和 GS1 系统的培训 | 应详细记录组织内支撑追溯系统的负责人员接受了 GS1 全球追溯标准和 GS1 系统的培训。参加培训的证书或签到表副本可作为参加培训的证据 | 有条件强制 | 必须适用 |
| **10. 供应链协作** | | | | |
| 10.1 | 是否有可能及时从相关贸易伙伴获得所有贸易项目的追溯信息 | 对于每一个贸易伙伴的每个批次/批号和/或系列号的追溯贸易项目，至少获得以下追溯信息：<br>• 产品标识（可用 GTIN）；<br>• 数量；<br>• 生产日期；<br>• 发货日期；<br>• 承运商（可用 GLN）、地址、电话号码、传真号码和电子邮件地址 | 有条件强制 | |
| 10.2 | 是否有可能根据行业协议，及时向提出请求的各方提供相应的详细信息，并从贸易伙伴处获取信息 | 对于每个贸易伙伴的每个批次/批号和/或贸易项目系列号的贸易项目，都能够及时获得追溯信息 | 推荐 | |
| 10.3 | 是否有关于如何管理追溯危机的详细书面管理流程 | 必须有文件来定义何时启动危机管理流程，并指出为管理危机应采取的所有行动 | 推荐 | |
| 10.4 | 本组织内是否设有安全危机处理小组，并有明确的任务和职责 | 组织管理危机的团队，该团队必须明确成员角色和职责。 | 推荐 | |
| 10.5 | 是否有涉及产品召回的书面计划 | 文件详细说明了如何召回涉及的产品 | 推荐 | 必须适用 |
| 10.6 | 安全风险管理或召回流程是否能够随时运行 | 可以证明风险管理或召回流程全天候运行 | 推荐 | 必须适用 |

续表

| 编号 | 控制点内容 | 一致性准则 | 级别 | 适用情况 |
|---|---|---|---|---|
| **11. 监控** | | | | |
| 11.1 | 追溯系统是否有监控和控制计划，该计划是否定期执行 | 追溯系统有监控和控制计划，根据范围和目标定期检验当前的操作 | 强制 | 必须适用 |
| 11.2 | 根据已实施的监控计划，本组织是否有其追溯系统审核的反馈或结果 | 组织必须根据监控计划提供追溯系统监控和控制结果的证据 | 推荐 | 必须适用 |
| **12. 内部和外部审核** | | | | |
| 12.1 | 组织是否保持内部或外部审核登记，以确保符合追溯标准，是否每年开展至少一次相关审核 | 存档文件表明每年开展一次内部或外部审核 | 强制 | 必须适用 |
| 12.2 | 是否有过去的追溯审核和审计记录 | 组织内部有过去的追溯性审查和审核结果记录 | 强制 | 必须适用 |
| 12.3 | 内部和外部（第三方）审核中是否有纠正行动计划，以解决涉及追溯系统要求的不符合项目 | 文件描述了为解决追溯系统要求的不符合项目而采取的措施 | 有条件强制 | |

第 12 章

CHAPTER 12

# 产品追溯发展问题及趋势分析

在发达国家，政府主要发挥规范和引导作用，而不直接参与追溯体系建设。政府除了制定完善法律法规和技术标准外，主要通过资金支持和企业监督等方面引导企业自主建立追溯系统。例如，2022 年，澳大利亚政府出资 6800 万美元支持建设农产品追溯系统，举办“国家可追溯峰会”，让政府、企业、科研机构共同探讨追溯体系建设问题，投资追溯技术，以减少监管成本。英国政府注重调动农产品行业协会等民间组织的积极性，鼓励它们帮助超市建立可追溯系统。美国政府对食品企业进行不定期抽查，对有风险隐患的厂房每年检查一次，其他厂房至少每四年检查一次，迫使食品企业加强自身追溯系统建设。

在我国，政府部门直接参与追溯体系建设，是追溯体系建设的主导力量，这与欧美既有相似又有不同之处。一方面，我国政府通过制定法律法规、技术标准，加强市场监管等方式要求企业参与追溯，在这方面与发达国家相似，例如，制定了《食品安全法》等法律和追溯体系建设相关国家标准。另一方面，我国各部委、各地方政府部门主导建设多个追溯平台，例如，商务部在 58 个大中城市开展肉菜追溯试点建设；市场监管总局建立全国进口冷链食品追溯管理平台，这在发达国家是少有的。

## 12.1 我国追溯发展存在的问题及误区

### 12.1.1 存在问题

经过几年的不懈努力，我国追溯体系建设在促进监管方式创新、提升企业质量管理能力、保障消费安全等方面取得了积极成效，但同时也存在一些问题。

**1. 追溯法规制度尚待完善**

国家层面欠缺全国统一的、覆盖全程的追溯法律法规。虽然新《食品安全法》在追溯制度立法方面取得了突破，但是对应的管理实施细则尚未颁布，在规范性和可操作性等方面还需要完善；追溯制度尚未形成一套完整体系，导致追溯工作的开展缺乏强有力的法律保障。此外，产品生产销售的全国性和全球性，决定了可追溯制度是一项全国性的系统工程，需要国家统一管理和规划。而目前国家各个部委，各地方监管部门已建立了众多追溯系统，这种区域分割、各成一体的追溯制度存在难以共享信息、难以全程追踪、追溯成本高等问题，很难实现全国乃至全球的追溯。

**2. 追溯标准化程度有待提升**

我国产品追溯标准体系尚未形成。截至目前，虽然有关肉菜、果蔬、酒类、水产品、中药材等追溯标准（包含国标、地标、行标、团标等）已达近百项，但标准之间存在内容交叉、标准不统一、质量参差不齐等问题。标准体系重叠混乱，顶层设计和统筹管理不足，导致各类各层级标准尚未形成协调发展的局面，难以为追溯体系建设提供有效指导，急需统筹规划。

**3. 追溯编码混乱，形成信息孤岛**

追溯标准化最大的问题是追溯编码不统一问题，这也是制约追溯系统互联互通的最大因素。目前，我国追溯工作存在管理部门多、平台多、种类多等问题，各个部委乃至地方政府监管部门都各建追溯平台，采用不同的追溯编码，例如，国家质量监督检验检疫总局采用商品条码开展产品追溯；全国多地食药监采用商品条码进行食品追溯监管；农业农村部采用 OID 编码开展农产品追溯；商务部采用自己制定的行业标准对肉菜、中药材和酒类进行追溯等。编码的不统一形成混乱局面和一个个的“信息孤岛”，导致系统互不兼容，追溯信息不能共享和互联互通，使得生产销售中各节点的追溯信息无法真正形成完整的追溯链条，实现全过程的追溯。另外，产品包装上多码并存，不仅给企业带来成本，还不利于追溯系统的互联互通，更让消费者无所适从。

**4. 追溯平台众多，且相互孤立**

近年来，我国相关部门、行业协会以及企业相继建立众多追溯系统，如商务部“肉类蔬菜流通追溯平台”、工信部“食品工业企业质量安全追溯平台”、农业农村部“农垦农产品质量追溯平台”和“国家农产品质量安全追溯信息平台”、地方政府建立的地方追溯平台等，多头管理导致国内追溯各自为政，缺乏统一的管理和规划，重复建设严重。此外，这些平台在追溯编码、追溯精度、追溯模式等各方面具有较大差异。有的平台侧重于责任主体的监管；有的侧重于产品的追溯监管；有的侧重于企业生产管理的监管；有的是追溯到产品批次；有的追溯到单品。企业面对各级政府部门不同的监管需求，在不相同且无法互联互通的追溯平台上填报不同的追溯信息，导致无所适从。

**5. 追溯数据质量需进一步加强**

当前，我国存在追溯数据量少、数据质量差、数据关联性弱等问题。其形成主要有以下原因：其一，我国生产、流通过程复杂，标准化程度低（特别对于农产品行业），产品品类多，经营主体规模小，技术水平低，产业化、标准化程度低，难于标准化作业和管理，分散的主体和经营对采集全面完整真实的追溯数据带来了巨大挑战，增加了追溯体系建设的成本和难度；其二，目前有关追溯数据的法律法规尚不完善，可追溯数据的录入主要凭借企业的自觉自律，数据质量难以保证。

#### 6. 追溯成本居高不下

追溯成本高昂是导致追溯难以实施的一个重要原因，追溯本身是复杂的，需要追溯系统的支持，需要采集各环节追溯信息，涉及企业采购、生产、销售、流通等各部门、与上下游企业的沟通与协调，因此实施追溯会给企业产生人力、物力等成本。此外，各级政府部门出于自身监管需要，要求企业填报追溯信息，而不同部委、不同地域的追溯平台由于无法实现互联互通，企业需要在多个追溯平台上重复填报追溯信息，会给企业带来极大的负担。

#### 7. 企业积极性亟待激发

作为追溯的主体，企业参与的积极性不高的主要原因有：一是相关部门纷纷建立追溯平台，而且平台多从监管角度出发，与企业内部经营管理和质量控制结合不紧密，在帮助企业优化供应链流程、提升经营管理水平、品牌提升等方面发挥的作用不大，短期内企业看不到效益；二是追溯系统可行性与可操作性差，追溯系统设计未充分考虑实际应用场景复杂性和需求多样性，满足不了企业个性化需求；三是缺少持续的运作模式，过于依赖政策资金推动，一旦没有政策资金支持，持续运营会增加企业成本，导致企业积极性不高；四是涉及企业相关业务数据安全及商业秘密问题，追溯信息会涉及企业上下游供应链信息及企业经营数据等（如相关信息得不到保密）或多或少会对企业实际经营带来影响，从一定程度上降低了企业的积极性；五是追溯数据价值尚未充分挖掘，缺乏统一、方便的查询方式，导致追溯数据查询率较低，不能有效地发挥倒逼机制，从而影响企业的积极性。

### 12.1.2　认知误区

#### 1. 追溯概念认知不清晰

社会上对于追溯的概念认知不清晰，将追溯、追踪和溯源混为一谈；对追溯产品还是追溯责任主体不清晰。追溯是追踪产品在整个生产、加工和分销的特定阶段流动的能力。由此可见，追溯的是产品，而不是责任主体。而国内不少追溯系统强调对责任主体的监督和监管，而忽视对产品本身的追溯管理，导致作为本是追溯建设主体的企业，因担心被政府监管而对建立产品追溯体系存在顾虑和担忧。

#### 2. 过分夸大追溯的作用

目前我国政府和社会对追溯寄予厚望，但过分夸大追溯的作用，将追溯和食品质量安全混为一谈，甚至错误地认为产品能追溯产品质量就安全了，追溯的作用被过分夸大。然而追溯只是保障食品安全的一种事后补救的手段，实现追溯并不能直接解决食品的安全问题，它只是能够在出现食品安全事件之后，快速精准地召回问题产品，从而降低危害和减少损失，最大限度保障消费者的安全。

#### 3. 将追溯、监管、防伪、营销等概念混淆

从管理上讲，产品质量监管、追溯和防伪是有联系，但却又是目标迥异的应用诉求。

不同的应用诉求，其编码方案应有不同，在考虑编码方案时，要考虑用途是什么，目标是什么。比如很多企业将追溯码设为暗码，还以此宣传其编码方案的优越性，实为不了解追溯的本质。

追溯的终极目标是实现供应链的可视化，因此追溯码必须是明码，而且必须是统一标准的编码，只有这样各方才能通过追溯码实现追溯信息的采集、记录和共享，才能实现全链条的追溯。

而防伪码和营销码作为企业内部的管理需求，不涉及与供应链其他参与方的信息交互，可以设为暗码。众多的追溯平台将追溯、防伪、营销等混为一谈，将公众引入误区。

#### 4. 认为追溯的颗粒度越细越好的误区

追溯颗粒度一般分为品类、批次和单品，不同的追溯颗粒度的追溯编码不同，追溯系统的复杂化程度也不同，相应地带来追溯成本的差别化。追溯颗粒度越细，追溯系统越复杂，追溯成本就会越高。很多企业认为追溯颗粒度越细越好，非常推崇一物一码的单品追溯，最后由于目标太大，成本太高而半途而废。对于大多数工业化生产的低价值、易消耗的产品来说，每一个批次的质量都是完全相同的，一个产品出现质量问题，整个批次都要被全部追回和（或）召回，因此管理到批次即可，追溯到单品现阶段意义不大，实现也很困难。

#### 5. 内部编码、专用编码和再编码现象普遍

目前一些追溯系统，有的因权宜之计使用内部自编码，而非通用编码；还有的编码方案虽选用了国际标准，但是并不适合用于追溯领域；还有的虽然商品上已有商品通用编码，还要再编码；这些追溯编码由于不成体系而孤立应用，很难体现追溯的产品品种、批次、系列号、生产日期、有效期等与追溯相关的重要信息，即使编码中有相关的追溯信息，但由于其是内部编码或专用编码，仅能在系统内部或专有系统中使用，不能有效地与现有的通用编码相结合，也不能有效地和企业的经营管理相结合。总体上讲，内部编码、专用编码和再编码，不仅会大大提高追溯成本，还极易造成编码混乱而导致追溯系统失效。

#### 6. 对非单元化包装食品追溯的大力推进

目前，有些部门对很多关乎民生的散装食品花费大量的资金建设追溯体系，但是效果不理想，一个很重要的原因是散装食品没有进行单元化包装，追溯信息没有依附的载体，加上不健全的社会诚信体制，从而导致散装食品追溯难上加难。因此投入大量的资金在这类产品上进行示范，成效甚微，造成巨大的资源浪费。

## 12.2 走出追溯误区

#### 1. 正确认识追溯，不夸大追溯的作用

正确认识追溯的概念和本质，了解追溯的目的，不夸大追溯的作用。追溯只是质量

管理体系中的一部分，需要与其他管理体系相结合，才能发挥其最大作用。追溯系统也是企业管理系统的一部分，不能割裂开来，单纯为追溯而追溯。追溯与食品法律法规、认证、检测等一样，是食品安全保障的一种手段。只有各种手段齐头并进，才能最大化地实现食品安全的目的。

**2. 区分监管、追溯和防伪等，切勿混为一谈**

监管、追溯、防伪、防窜货、营销各自所满足的需求不同，不能混为一谈，追溯是政府和企业的共同需求，防伪、防窜货、营销是企业的自身行为，企业应按照国家法规标准建立追溯体系，结合自身需求，可以融合防伪、防窜货、营销等功能，满足企业自身的管理需求。

**3. 科学选择追溯颗粒度，兼顾成本效益**

管理需求的多样决定着追溯颗粒度的不同，企业应根据产品特点、自身管理需求、成本因素和监管需求确定追溯颗粒度，而不能盲目跟风。对于高风险、高价值的产品可以追溯到单品，对于一般的工业化生产的食品而言，追溯到批次即可满足政府监管和企业对管理的需求。

**4. 统一编码和源头赋码，实现追溯的最优方法**

内部追溯和外部追溯可区别对待，外部追溯编码必须采用统一的编码，甚至与国际接轨的追溯编码；内部追溯可以采用内部编码。但如果用内部编码去实现外部追溯，势必无法解决互联互通的问题。

源头赋码，便于分清责任主体，也便于供应链其他参与方多次使用，从整个社会来看，会提高供应链的效率、节省供应链的成本，是最经济的方式。任何中间环节的再编码和贴码，都极易出现编码混乱情况，从而造成追溯失败。

**5. 基于事实，充分利用现有技术基础**

充分利用现有基础，通过商品条码标识体系（GS1 系统）实现产品追溯。商品条码经过 50 多年的发展，已成为全球通用的商务语言，在全球 150 多个国家和地区，200 多万家企业广泛应用。涉及食品、饮料、药品、器械、服装、建材、物流、追溯、电子商务、移动商务、电子政务等 20 多个行业和领域，我国 30 多万家企业的上亿种产品都印有商品条码。全球有 60 多个国家采用 GS1 标准进行追溯。因此应充分利用现有基础，以包装上的商品条码，结合产品生产日期或批次实现产品追溯，这是目前最有效最经济的追溯方式。当然，对追溯效率更加关注的企业，可以将商品条码和批次、系列号、生产日期、有效期等追溯信息用一个条码或 RFID 标签表示，以实现追溯信息的快速采集。

## 12.3　产品追溯未来发展趋势

**1. 追溯机制和标准将更加完善**

目前我国已经将追溯写入了新《食品安全法》中，随着新《食品安全法实施条例》

和有关追溯法规细则相继出台，追溯将更加有法可依、有章可循，更加具有规范性和操作性。重要产品追溯系列标准的出台，将为我国追溯体系建设提供更加有效的指导，追溯制度将形成一套完整体系，为追溯工作的开展提供强有力的保障。

**2. 追溯范围将从国内向全球延伸**

如今，中国处于经济全球化的背景下，原材料和产品的流动呈现出全球化态势，作为全球最大的新兴经济体，中国的产品流通也在快速融入国际的大流通中。特别是近年来电子商务的飞速发展更加快了产品的全球流动性，在这种情况下，跨国追溯会成为越来越强烈的国际诉求。而跨国追溯一个很必要的条件是追溯信息在全球层面能够做到互联互通，这就要求追溯体系建设也要秉承开放发展的理念，紧跟国际形势，采用与国际一致的追溯方法和追溯标准，促进追溯信息在全球范围内供应链各环节的互联互通，从而确保产品能够在全球实现追溯。

**3. 追溯链条将从企业内部向供应链全链条发展**

食品供应链涉及种植、生产、加工、物流、销售等多个环节，目前的追溯更多的是侧重供应链某个或某几个环节的追溯，企业内部的追溯，而全链条的追溯体系尚未真正建立起来，随着法规的日益完善、标准的出台和技术的发展，实现全链条的追溯将成为可能。

**4. 追溯颗粒度将多元化并举**

随着追溯的发展，追溯的颗粒度会呈现出品种、批次、单品多元化并举的状态。随着技术的发展、成本的降低和企业管理的精细化，追溯的颗粒度会越来越细。另外，条码、RFID、物联网、区块链等技术的发展也会从一定程度上促进追溯体系的发展，使得追溯信息的采集、记录和分享更加便捷、准确和高效，减少人为因素对追溯的干扰，提升追溯的准确性和效率。

**5. 统一编码将是追溯的重要支撑技术**

目前国内追溯系统不能互联互通的根结是追溯编码的不统一，编码的不统一形成了一个个信息孤岛，未来要实现追溯系统的互联互通，统一编码是关键，并且要采用与国际一致的、被行业广泛应用且成熟的编码方案，只有这样，才能实现追溯系统的互联互通，才能实现全链条追溯和全球追溯。相信企业会从过去几年追溯试点建设中汲取经验，以更加开放的心态，推进我国追溯编码与国际接轨，规避技术性贸易壁垒，促进我国产品的出口。

**6. 追溯数据的分享将尤为关键**

追溯数据的完整性、准确性、一致性、有效性是确保有效追溯的前提，追溯数据的分享对于建立全链条追溯具有重要意义。追溯数据分为多种，一方面可以分为内部追溯数据和外部追溯数据；另一方面可以分为主数据、交易数据和事件数据，企业采集和记录的追溯数据并不意味着要与供应链各方全部分享，因此追溯数据分享机制的建立将是决定追溯能否有效实施的关键。追溯分享机制要明确企业面对政府、企业和消费者如何分享追溯信息，分享哪些追溯信息，追溯信息泄密的法律责任等，从而既能保证追溯链条的完整，又能保证敏感信息得到保护，不影响企业的经营，这就需要国家法规和技术手段的支持；追溯分享机制的建立将使供应链各方更有意愿共享追溯信息，只有这样，才能形成全国追溯数据的统一共享交换机制，实现有关部门、地区和企业追溯信息的互通共享。

## 12.4　产品追溯未来工作重点

保障产品质量安全是一个系统工程，需要有一套完善的保障体系。在这个系统工程中，产品安全追溯体系是“事后补救”的一种方法，起到尽快查找问题并阻止问题进一步恶化的作用。产品安全追溯在发挥事后补救作用的同时，还能够找到责任方，从而促进保障体系的完善。

### 1. 加快出台追溯法规

国家层面应该尽快出台追溯相关的法律法规，明确追溯对象、追溯信息、追溯环节、追溯主体的权利与义务、追溯数据分享和保护的机制等相关内容，特别是加大对提供虚假追溯信息行为的惩罚力度，保障追溯信息的准确性和可靠性；通过顶层设计，建立责任清晰、环环相扣的全供应链追溯体系。

### 2. 加快制定相关追溯标准

追溯标准的完善是建立有效追溯体系的基础，亟须从国家层面制定追溯标准体系，规范编码规则、接口标准、数据标准、追溯数据共享标准等，为全国追溯体系建设提供标准支持，结束目前追溯系统各自为政的状态。

特别是追溯编码、追溯数据、数据交换标准的统一，是确保追溯信息互联互通，实现全链条追溯的关键。追溯编码要采用与国际一致的编码体系，充分利用现有的基础，利用已经在全球范围内各行各业广泛应用的编码体系，只有这样才能确保追溯信息的互联互通和追溯工作的有效性，进而实现全国乃至在全球的追溯。

### 3. 明确政府、企业、消费者等各方职责

明确追溯体系建设中政府、企业、消费者等各方的定位和责任，实现产品安全追溯的社会共治。总的原则是：政府提要求、出法规、定标准、抓监督；企业按要求实施；第三方作认证，消费者倒逼。

政府：负责出台相应的追溯法律法规、标准和监管措施等，履行好引导和监管职能，督促企业确保追溯信息的完整性、真实性、一致性和有效性。在食品安全事件发生之后，负责启动预警和应急措施，必要时发出召回指令。

企业：企业是产品追溯体系建设的责任主体，应在国家法规标准的指导下，采用适合的追溯技术并建立追溯体系，尽量采用信息化技术，以提高追溯的准确性和时效性。

追溯系统可以自建，也可以采用第三方追溯平台和政府追溯平台等方式。

其他：发挥行业协会作用，加大对企业追溯法规和标准的培训力度，帮助企业理解法规和标准要求，推动会员企业提高建立追溯体系的积极性，组织会员企业分享追溯最佳实践案例，促进行业整体追溯能力的提高。第三方认证机构提供追溯认证服务，确保追溯体系的可靠性和有效性。技术机构加强追溯技术研发，降低追溯成本和提高追溯的准确性。消费者关心追溯，查询追溯信息，购买可追溯的产品，形成有效的倒逼机制。

### 4. 加强供应链各方协作

食品原料的多样性、食品链的复杂性决定了追溯的难度。每个企业都应具备内部和外部追溯能力。实施外部追溯时，需要供应链上各方的密切配合，各方遵循“向上一步、向下一步”的追溯原则，即每个企业只要向上溯源到产品的直接来源，向下追踪到产品的直接去向即可。实施外部追溯时，各方都应采用国际通用的编码、载体和数据交换标准，记录、共享、确保供应链追溯的关键信息，只有这样才能实现全链条的追溯成功。

### 5. 发展追溯技术降成本

鼓励和支持诸如条码技术、RFID 技术、区块链技术等追溯相关技术的开发和产业化，切实降低追溯成本，提高追溯效率。此外，有关部门应该出台相关政策，鼓励产品包装化，为追溯体系建设创造良好的基础条件。

### 6. 提高企业积极性

加强追溯法规的宣贯，提高企业履法意识；鼓励企业采用信息化手段建立追溯体系，与企业内部经营管理相结合；政府追溯平台进行统筹规划，追溯核心功能采用统一的编码、数据、交换等标准建设，以确保平台间互通共享，向有能力自建追溯体系的企业开放数据接口，保证企业在一个平台上填报追溯数据，多个平台可以查询，切实减轻企业录入数据的负担；鼓励和支持追溯新技术开发和产业化，通过技术手段降低企业追溯体系建设成本；出台追溯数据共享机制，确保数据有效共享；营造良好的社会氛围，鼓励消费者购买可追溯产品。

在经济全球化、社会信息化的今天，在“必须坚持质量第一、效益优先，以供给侧结构性改革为主线，推动经济发展质量变革、效率变革、动力变革，提高全要素生产率”的国家战略背景下，在以高质量发展来建设经济体系的战略目标方向下，我们相信随着产品追溯法规的日益完善、追溯标准的陆续出台、追溯技术的快速发展，企业责任主体意识的逐渐加强，消费者安全意识的日益提高及各方开放合作意识的日益增强，产品安全追溯的社会共治格局最终会实现，我国追溯体系建设将会朝着健康有序的方向不断发展，迈上新台阶。

# 参 考 文 献


[1] 中国物品编码中心，译. GS1 通用规范[M]. 24 版. 北京：中国标准出版社，2024.

[2] 张成海. 条码技术与应用[M]. 北京：清华大学出版社，2024.

[3] 刘鹏，刘文，张秋霞，等. 食品质量追溯技术、标准与实践[M]. 北京：中国标准出版社，2023.

[4] 张成海. 条码[M]. 北京：清华大学出版社，2022.

[5] 张成海，李素彩. 物流标准化——供给侧结构性改革新动力[M]. 北京：清华大学出版社，2022.

[6] 张成海. 二维码技术与应用[M]. 北京：中国标准出版社，2022.

[7] 中国食品行业追溯体系发展报告（2019—2020）[M]. 北京：中国财富出版社，2021.

[8] 农业农村部农产品质量安全中心. 国外农产品质量安全追溯概论[M]. 北京：清华大学出版社，2019.

[9] 张铎，张秋霞，刘娟. 电子商务物流管理[M]. 北京：高等教育出版社，2019.

[10] 张成海，张铎，张志强，等. 条码技术与应用[M]. 北京：清华大学出版社，2018.

[11] 张铎. 产品追溯系统[M]. 北京：清华大学出版社，2013.

[12] 张铎. 物品编码标识[M]. 北京：清华大学出版社，2013.

[13] 张铎，张倩. 物流标准实用手册[M]. 北京：清华大学出版社，2013.

[14] 张成海，张铎. 物流条码实用手册[M]. 北京：清华大学出版社，2013.

[15] 张铎. 移动物流[M]. 北京：经济管理出版社，2012.

[16] 张成海. 食品安全追溯技术与应用[M]. 北京：中国质检出版社，2012.

[17] 傅泽田，张小栓，张领先，等. 生鲜农产品质量安全可追溯系统研究[M]. 北京：中国农业大学出版社，2012.

[18] 张铎. 物流标准化教程[M]. 北京：清华大学出版社，2011.

[19] 张铎. 物联网大趋势[M]. 北京：清华大学出版社，2010.

[20] 张成海，张铎. 物联网与产品电子代码（EPC）[M]. 北京：武汉大学出版社，2010.

[21] GB/T 28843-2024，食品冷链物流追溯管理要求.

[22] GB/T 41438-2022，牛肉追溯技术规程.

[23] GB/T 40465-2021，畜禽肉追溯要求.

[24] GB/T 40204-2021，追溯二维码技术通则.

[25] GB/T 38155-2019，重要产品追溯 追溯术语.

[26] GH/T 1278-2019，农民专业合作社 农场质量追溯体系要求.

[27] 国家标准化管理委员会官网，www.sac.gov.cn.

[28] 标准信息官网，www.stdinfo.org.cn.

[29] 中国物品编码中心官网，www.ancc.org.cn.

[30] 中国条码技术与应用协会官网，www.cabc.net.cn.

[31] 中国自动识别技术协会官网，www.aimchina.org.cn.